矽谷頂尖
Python 工程師
面試攻略 資料結構、演算法、系統設計

本書簡體字版名為《矽谷 Python 工程師面試指南：數據結構、演算法與系統設計》，由機械工業出版社出版。本書繁體字中文版由機械工業出版社有限公司授權碁峰資訊股份有限公司獨家出版。未經出版者書面許可，任何單位和個人均不得以任何形式或任何手段複製或傳播本書的部分或全部。

序

筆者目前就職於谷歌（Google），擔任軟體工程師。與很多開發人員一樣，筆者在面試前也進行了充分的準備，其中「刷題」（對題庫進行大量練習的行為）似乎格外令人痛苦和感到疲憊。然而筆者發現，雖然刷題的過程很痛苦，但也有很多收穫。首先，現在寫出來的程式碼更加簡潔，程式設計也更高效。其次，提升了自己的系統設計能力，在面對實際問題時更有思路。最後，因為準備充分、發揮平穩，最終拿到了比一般軟體工程師更高的待遇。

在準備面試的過程中，筆者總結了一些經驗，現在把自己的經驗寫出來，分享給廣大讀者。

有一點需要說明：為什麼本書使用 Python 語言呢？Python 與 C++ 相比更加簡潔，可以方便地執行很多函式。使用 Python「刷題」，可以不必糾結煩瑣的細節。本書分為四個部分，第一部分介紹矽谷公司面試流程，第二～四部分對應一般面試需要考查的三個基本技能。

- 資料結構：主要介紹關於串列、堆疊、佇列、優先佇列、字典、集合、鏈結串列，以及樹和圖的一些基本應用。
- 演算法：主要介紹二分搜尋、雙指標法、動態規劃、深度優先搜尋、回溯、廣度優先搜尋等演算法，並提供了面試模擬題的實戰訓練。
- 系統設計：包括系統設計理論和實戰，介紹了多執行緒程式設計，也介紹了機器學習的系統設計案例，包括搜尋排名系統和 Netflix 電影推薦系統等。

本書具有以下特色。

- **內容新穎**：大多數案例都是目前大公司經常面試的實戰題目。

- **提供程式碼**：附有大量經過測試的程式碼。

- **經驗總結**：全面歸納和整理筆者積累的面試經驗

- **內容實用**：結合大量實例進行講解。

本書的完成離不開恩師蔣立源教授的鼓勵，雖然他已經離開了這個世界，但是沒有他，筆者不會產生寫書的念頭。謹以此書獻給敬愛的蔣老師！

感謝師妹杜亞勤博士，她在百忙之中閱讀了全書並做了修改。

任建峰
於美國聖地牙哥

譯者序

矽谷匯聚了來自世界各地的新創公司，也匯集了全球頂尖的科技人才。每年，都會有數以萬計的軟體工程師奔赴心怡的科技公司，試圖在面試中脫穎而出，成為矽谷的頂尖人才。由於招聘競爭異常激烈，求職者面對如此艱難的競爭，許多人都會感到不知所措。尤其是在面試時，求職者必需面對一堆複雜的演算法題、系統設計問題以及各類型程式碼的挑戰，心中不免產生焦慮。

作者以親身經歷和學習心得編寫出這本《矽谷頂尖 Python 工程師面試攻略》，旨在幫助每位正在準備面試的工程師，能有效率、有系統的統整自身所學，適度彰顯出自身能力，如此一來，才能在眾多求職者中脫穎而出。

本書背景雖然是設定於矽谷，但是全球各地科技公司的面試流程及面試試題皆大同小異，是以本書內容亦適用於國內、外大小科技公司。

對於希望提升自身程式編寫能力的讀者，本書的面試題，皆有詳細的解析，讓讀者能夠迅速上手，並且透過實戰演練，將理論知識轉化為實際能力，幫助讀者更深刻地理解程式流程，提升問題的解決能力，並且在面對實際工作中的挑戰時，能夠游刃有餘。

總之，這本書並非單純的考前總複習，本書是一位有經驗的導師，帶領讀者穿越面試的迷霧，逐步提升解題能力，並最終在面試中脫穎而出。如果你準備從事程式設計工作，或是想要在技術領域中走得更高、更遠，那麼這本書將是你通往成功的黃金道路。希望每位讀者都能夠從中受益，將自己打造為一位頂尖的 Python 工程師，並在職業生涯中獲取更加輝煌的成就。

資訊種子研究室

蔡文龍、何嘉益、張志成、張力元

關於本書

本書是一本全面的 Python 技術及面試指南，幫助讀者深入理解 Python 程式設計語言的核心概念，並掌握在技術面試中取得成功的關鍵技巧。全書分為 4 個部分。

第一部分 面試流程。這一部分詳細介紹了矽谷公司的面試流程，包括非技術電話面試、技術電話面試（包括閒談、技術溝通和提問環節）以及現場面試的準備和策略，既為讀者提供了面試前的全面準備指導，也幫助讀者在面試中展現出最佳的自己。

第二部分 資料結構。從基礎的串列、堆疊、佇列、優先佇列、字典和集合，到更複雜的鏈結串列、二元樹、其他樹結構（如前綴樹、線段樹、二元索引樹）和圖形的表示與應用，每一章都通過豐富的實例，來展示如何巧妙應用這些資料結構。

第三部分 演算法。這一部分涵蓋了二分搜索、雙指標法、動態規劃、深度優先搜索、回溯、廣度優先搜索、併查集等核心算法。結合面試模擬題，通過逐步分析，引導讀者掌握每種演算法的思想，及其在解決實際問題中的應用。

第四部分 系統設計。理論知識部分，從設計需求分析到高層建構，然後到具體元件設計，再到擴展設計，幫助讀者理解如何建構可擴展、高效的系統架構。實戰案例部分，包括分散式快取記憶體系統、網路爬蟲系統、

TinyURL 加密與解密、自動補全功能、新聞動態功能、社群媒體應用和叫車應用的設計，涵蓋系統設計的關鍵技術。此外，這一部分涵蓋了多執行緒程式設計與設計機器學習系統的知識，既幫助讀者理解並行處理的概念和應用，又擴展機器學習的重要知識和面試技巧，並提供設計搜尋排名系統和推薦系統的實例。

─── ・學習資源・ ───

本書範例程式請至以下碁峯網站下載，其內容僅供合法持有本書的讀者使用，未經授權不得抄襲、轉載與散布。

http://books.gotop.com.tw/download/ACL071900

（下載網址的最後六碼為數字）

目錄

PART 1　面試流程

CHAPTER 1　矽谷公司面試流程

1.1　非技術電話面試 4
1.2　技術電話面試 4
　　1.2.1　閒談環節 5
　　1.2.2　技術溝通環節 5
　　1.2.3　提問環節 6
1.3　現場面試 6
　　1.3.1　準備好閒談素材 8
　　1.3.2　保持積極溝通 8

PART 2　資料結構

CHAPTER 2　串列

2.1　串列的基礎知識 13
　　2.1.1　建立串列 13
　　2.1.2　向串列中添加元素 14
　　2.1.3　刪除串列中的元素 17
2.2　實例 1：最長連續 1 的個數 18

- 2.3 實例 2：二進位相加 19
- 2.4 實例 3：查詢範圍和 22
  - 2.4.1 利用一維陣列求解 23
  - 2.4.2 利用二維陣列求解 24
- 2.5 實例 4：隨機索引 25
- 2.6 實例 5：下一個更大排列 27
- 2.7 實例 6：驗證有效數字 30
- 2.8 實例 7：遞迴小數 31

CHAPTER 3　堆疊

- 3.1 堆疊的基礎知識 35
  - 3.1.1 堆疊操作及時間複雜度 35
  - 3.1.2 3 種實現方式 36
  - 3.1.3 堆疊的應用 40
- 3.2 實例 1：透過最小移除操作得到有效的括弧 40
- 3.3 實例 2：函式的專用時間 42

CHAPTER 4　佇列

- 4.1 佇列的 3 種實現方式 45
- 4.2 實例 1：設計循環佇列 49
- 4.3 實例 2：求和大於 K 的最短非空連續子陣列的長度 51

CHAPTER 5　優先佇列

- 5.1 優先佇列的 3 種實現方式 55
- 5.2 實例 1：僱用 K 個工人的最低成本 58
- 5.3 實例 2：判斷陣列是否可以拆分為連續的子序列 59

CHAPTER 6　字典

6.1　字典的基礎知識 63

　　6.1.1　建立字典 63

　　6.1.2　向字典中添加元素 65

　　6.1.3　存取字典中的元素 66

　　6.1.4　從字典中刪除元素 67

6.2　實例 1：和等於 K 的連續子陣列的總數 69

6.3　實例 2：標籤中的最大值 70

6.4　實例 3：以平均時間複雜度 $O(1)$ 實現插入、
　　　刪除和獲取隨機值 72

6.5　實例 4：最近最少使用快取記憶體 74

CHAPTER 7　集合

7.1　集合的基礎知識 77

7.2　集合的基本操作 79

　　7.2.1　添加元素 79

　　7.2.2　刪除元素 79

　　7.2.3　聯集 80

　　7.2.4　交集 81

CHAPTER 8　鏈結串列

8.1　雙指標技術 84

8.2　實例 1：判斷鏈結串列是否有循環 84

8.3　實例 2：兩個鏈結串列的交集 85

8.4　實例 3：複製隨機鏈結串列 87

8.5　實例 4：反轉鏈結串列 88

CHAPTER 9　二元樹

9.1　層次順序走訪 89
    9.1.1　前序走訪 89
    9.1.2　中序走訪 90
    9.1.3　後序走訪 91
    9.1.4　層序走訪 92

9.2　遞迴方法用於樹的走訪 93
    9.2.1　自上而下的解決方案 93
    9.2.2　自下而上的解決方案 95

9.3　實例 1：二元樹的最低共同祖先 96
9.4　實例 2：序列化和反序列化二元樹 97
9.5　實例 3：求二元樹的最大路徑和 99
9.6　實例 4：將二元樹轉換為雙鏈結串列 101

CHAPTER 10　其他樹結構

10.1　前綴樹 103
    10.1.1　前綴樹節點的資料結構 104
    10.1.2　在前綴樹中插入單字 105
    10.1.3　在前綴樹中搜尋單字 106

10.2　線段樹 108
10.3　二元索引樹 113
    10.3.1　二元索引樹的表示 114
    10.3.2　getSum 操作 114
    10.3.3　update 操作 116
    10.3.4　二元索引樹的工作原理 117

10.4　實例 1：範圍和的個數 118
    10.4.1　利用線段樹求解 119

        10.4.2 利用二元索引樹求解 123
        10.4.3 利用二分搜尋求解 125
    10.5 實例 2：計算後面較小數字的個數 126
        10.5.1 二元索引樹解法 126
        10.5.2 二分搜尋解法 128
        10.5.3 線段樹解法 128

CHAPTER 11 圖形

    11.1 圖形的表示 132
        11.1.1 相鄰矩陣 132
        11.1.2 相鄰串列 133
    11.2 實例 1：克隆圖 135
    11.3 實例 2：圖驗證樹 136
        11.3.1 深度優先搜尋解法 137
        11.3.2 廣度優先搜尋解法 139
        11.3.3 併查集解法 140

PART 3 演算法

CHAPTER 12 二分搜尋法

    12.1 實例 1：求平方根 145
    12.2 實例 2：在旋轉排序串列中搜索 146
    12.3 實例 3：會議室預訂問題 147
        12.3.1 問題 1：如何最佳化 148
        12.3.2 問題 2：如何預訂多個會議室 149

CHAPTER 13 雙指標法

13.1 實例 1：稀疏向量的內積 151
13.2 實例 2：最小視窗子字串 152
13.3 實例 3：區間交集 153
13.4 實例 4：最長連續 1 的個數 157
13.5 實例 5：搜尋字串中的所有字母 159

CHAPTER 14 動態規劃

14.1 動態規劃的基礎知識 161
14.2 實例 1：買賣股票的最佳時間 162
14.3 實例 2：硬幣找零 163
14.4 實例 3：計算解碼方式總數 164

CHAPTER 15 深度優先搜尋

15.1 深度優先搜尋的應用 168
15.2 實例 1：太平洋和大西洋的水流問題 169
15.3 實例 2：預測獲勝者 170
15.4 實例 3：運算式與運算子 171

CHAPTER 16 回溯

16.1 實例 1：數獨求解 174
16.2 實例 2：掃地機器人 176

CHAPTER 17 廣度優先搜尋

17.1 廣度優先搜尋的應用 181
17.2 實例 1：牆與門 182
17.3 實例 2：課程表 184
17.4 實例 3：公車路線 185
17.5 實例 4：判斷二分圖 187
17.6 實例 5：單字階梯 188

CHAPTER 18 併查集

18.1 併查集的基本概念 191
18.2 實例：朋友圈 195
    18.2.1 廣度優先搜尋解法 195
    18.2.2 深度優先搜尋解法 196
    18.2.3 併查集解法 197

CHAPTER 19 資料結構、演算法面試試題實戰

19.1 實例 1：檔案系統 200
    19.1.1 關於資料結構的探討 200
    19.1.2 面試題評分重點 203
    19.1.3 檔案系統程式碼 203
19.2 實例 2：最長單字鏈 205
    19.2.1 找到更快的解決方案 206
    19.2.2 關於儲存 / 快取的解決方案 206
    19.2.3 面試題評分重點 209
19.3 實例 3：圓圈組 209
    19.3.1 圓圈組的個數 211
    19.3.2 最大的 k 個圓圈組 212

PART 4 系統設計

CHAPTER 20 系統設計理論

20.1 設計步驟 215
    20.1.1 描述使用場景、約束和假設 215
    20.1.2 建立策略規劃 216
    20.1.3 設計核心元件 217
    20.1.4 擴展設計 220

20.2 網域名稱系統 222
20.3 負載平衡器 224
20.4 分散式快取系統 226
20.5 雜湊一致性 229

CHAPTER 21 系統設計實戰

21.1 設計分散式快取系統 233
    21.1.1 快取失效 233
    21.1.2 快取逐出策略 234
    21.1.3 設計分散式鍵值快取系統 235

21.2 設計網路爬蟲系統 237
    21.2.1 架構設計 237
    21.2.2 爬蟲服務 238
    21.2.3 處理重複連結 241
    21.2.4 更新爬網結果 241
    21.2.5 可擴展性設計 241

21.3 TinyURL 的加密與解密 242
    21.3.1 系統的要求和目標 242
    21.3.2 容量估算和約束 243
    21.3.3 系統 API 244
    21.3.4 核心演算法設計 245
    21.3.5 資料庫設計 246
    21.3.6 資料分區和複製 247
    21.3.7 快取 247
    21.3.8 負載平衡器 248

21.4 設計自動完成功能 249
    21.4.1 基本系統設計與演算法 249
    21.4.2 主資料結構 251
    21.4.3 最佳化設計 252

21.5　設計新聞動態功能..257
21.6　設計 X（Twitter）應用程式..261
21.7　設計 Uber/Lyft 應用程式...268

CHAPTER 22　多執行緒程式設計

22.1　多執行緒面試問題..271
22.2　實例 1：形成水分子..273
22.3　實例 2：列印零、偶數、奇數..274

CHAPTER 23　設計機器學習系統

23.1　機器學習的基礎知識..277
　　　23.1.1　什麼是機器學習..277
　　　23.1.2　為什麼使用機器學習..279
　　　23.1.3　監督學習和無監督學習..280
　　　23.1.4　分類模型和迴歸模型..281
　　　23.1.5　轉換問題..283
　　　23.1.6　關鍵資料..283
　　　23.1.7　機器學習工作流程..284
　　　23.1.8　欠擬合和過擬合..285
　　　23.1.9　偏誤和變異數..287
23.2　機器學習的進階知識..291
　　　23.2.1　處理不平衡的二進制分類..291
　　　23.2.2　高斯混合模型和 K 平均的比較...................................293
　　　23.2.3　梯度提升..293
　　　23.2.4　決策樹的約束..295
　　　23.2.5　加權更新..296
　　　23.2.6　隨機梯度提升..296
　　　23.2.7　懲罰性學習..297

23.3 機器學習面試 298
　　23.3.1 機器學習面試評分重點 298
　　23.3.2 機器學習面試的思路 300
23.4 實例 1：搜尋排名系統 302
　　23.4.1 題目解讀 302
　　23.4.2 指標分析 303
　　23.4.3 架構 304
　　23.4.4 結果選擇 308
　　23.4.5 訓練資料生成 315
　　23.4.6 排名 317
　　23.4.7 篩選結果 321
23.5 實例 2：Netflix 電影推薦系統 322
　　23.5.1 題目解讀 322
　　23.5.2 指標分析 326
　　23.5.3 架構 328
　　23.5.4 特徵工程 329
　　23.5.5 候選電影的產生 333
　　23.5.6 訓練資料生成 337
　　23.5.7 排名 338

PART 1

面試流程

- 第 1 章：矽谷公司面試流程

CHAPTER 1
矽谷公司面試流程

常見的外企面試流程通常包括以下幾個步驟。

首先,是非技術電話面試,一般由人力資源部門來主持,大致瞭解一下應聘人員的背景以及意願等。

然後,進行一次或幾次技術電話面試,主要問一些與簡歷相關的問題,通常會有程式設計面試,主要測試應聘人員的基本程式設計能力。

最後,是現場面試,一般有五輪面試,包括程式設計、系統設計以及企業文化等。

對於有工作經驗的應聘人員,一般有兩輪系統設計面試、兩輪程式設計面試以及一輪企業文化測試。對於剛畢業的學生來說,一般會有三輪程式設計面試(其中一輪是物件導向的問題或者和你論文相關的研究問題),以及一輪企業文化測試。

1.1 非技術電話面試

非技術電話面試是與招聘人員快速聯繫的電話面試，通常只有 10～20 分鐘，這個過程相對簡單，沒有技術問題。招聘人員一般不是程式師，通常來自公司的人力資源部門或者「獵頭」公司。

非技術電話面試的主要目的是收集相關求職的資訊，譬如：

- 你的基本情況，包括有沒有做過某個特定專案、有沒有特定的工作技能，還有你目前的工作簽證等。
- 你需要在最近入職公司嗎？還是要在三個月內開始新工作？
- 下一份工作對你來說什麼最重要？譬如：你希望進入一個能力超強的團隊、你希望有相對自由的工作時間、你比較喜歡有趣的技術挑戰、有晉升為高級職位的空間。
- 你最感興趣的工作是什麼？是前端設計、後端設計還是機器學習？

對所有這些問題說實話，會讓招聘人員更輕鬆地獲得想要的資訊。如果招聘人員詢問你有關此工作的期望薪水，最好不要回答。說出你想知道自己和公司是否合適後，再談薪酬，會處於更好的談判位置。

1.2 技術電話面試

一般溝通之後，通常是一個或多個小時的技術電話面試。面試官會給你打電話，或告訴你透過 Skype 或 Google Handouts 加入他們的電話面試。你需要確保可以在一個網際網路連接良好的安靜地方進行面試。

面試官希望即時看到你的程式碼。這意味著要使用基於 Web 的程式碼編輯器，例如 Coderpad 或 collabedit。如果你不熟悉的話，提前在這些工具中運行一些程式碼來適應它們。

技術電話面試通常分為三個部分：

- 閒談環節（5 分鐘）。
- 技術溝通環節（30 ～ 50 分鐘）。
- 提問環節（5 ～ 10 分鐘）。

1.2.1 閒談環節

一開始的閒談不僅僅是為了幫助你放鬆，還是面試的一部分。這一環節會在 5 分鐘左右完成，面試官可能會問一些開放性問題，舉例如下：

- 簡單介紹一下自己。
- 簡單介紹一下你引以為傲的成就。
- 簡單介紹一下你簡歷裡面的項目。

在此過程中，你需要對寫在簡歷裡面的任何專案和技能都非常熟悉。

1.2.2 技術溝通環節

這是技術電話面試的核心部分，一般需要 30 ～ 50 分鐘。你可能會遇到一個較長的問題或者幾個較短的問題。

新興企業的面試官往往會問一些建構或除錯程式碼的問題。比如，編寫一個可以輸入兩個矩形並判斷它們是否重疊的函式。

較大公司的面試官將主要考查資料結構和演算法。譬如，編寫一個函式來檢查二元樹是否在 $O(n)$ 時間內是「平衡的」。他們更在乎你如何解決和優化問題。

對於這些類型的問題，最重要的是始終與面試官保持溝通。解決問題時，你將需要「大膽思考」。對於這些電話面試的技術問題，參考本書的資料結構和演算法設計部分。

如果職位需要特定的語言或框架，則面試官會詢問類似的問題，譬如，在 Python 中，「global interpreter lock」是什麼？

1.2.3 提問環節

在面試技術問題後，面試官將會留出 5 ～ 10 分鐘讓你向他們提問。所以，你在面試之前需要花一些時間來瞭解你要面試的公司，問一些有關公司或和職位相關的具體問題。

電話面試完成後，他們會給你一個時間表，告知你接下來的步驟。如果一切順利，你可能會被要求進行另一次電話面試，或者被邀請到他們的辦公室進行現場面試。

1.3 現場面試

現場面試一般在面試公司的辦公室進行。如果你不在本地，很多矽谷公司都會為你支付機票和酒店客房的費用。

現場面試通常由 2 ～ 6 人組成，在小型會議室中進行。每次面試大約需要一個小時，首先進行自我介紹，然後進入技術面試環節，最後讓你提問題。

現場技術面試和電話面試之間的主要區別在於：你將在白板上進行程式設計。

在白板上寫程式碼，不像在電腦上寫程式碼，沒有自動完成功能，沒有除錯工具，沒有刪除功能，沒有複製功能等。在現場面試之前，需要不斷練習在白板上寫程式碼。在白板上寫程式碼的技巧如下：

- 從白板的左上角開始，這給你最大的空間編寫程式碼，因為你將需要比你想像中更多的空間。
- 在編寫程式碼時，請在每行之間留空行，使以後添加內容變得更加容易。

- 花幾秒的時間來決定你的變數名稱。這看起來似乎是在浪費時間，但是使用更具描述性的變數名稱，最終可以節省時間，因為這將使你在編寫其餘程式碼時不會感到困惑。

現場面試這一天可能會花費很長時間，最好保持開放狀態，不要在下午或晚上制訂其他計畫。

當一切順利時，你可以透過與 CEO 或其他董事聊天來結束面試。他們可能會邀請你下班後一起喝酒。

綜上所述，漫長的現場面試可能安排如下：

- 上午 10 點至中午 12 點：兩場背對背（Back-to-back）的技術面試（在短時間內進行多場連續的面試，通常沒有休息時間的面試安排），每場約一個小時；
- 中午 12 點至下午 1 點：一個或幾個工程師將帶你去吃午餐；
- 下午 1 點至下午 4 點：三場背對背的技術面試，每場約一個小時；
- 下午 4 點至下午 5 點：與 CEO 或其他董事面談；
- 下午 5 點至晚上 8 點：與公司同事一起享用飲料和晚餐。

目前很多公司增加了企業文化面試，用來評價應聘人員是否符合公司的企業文化。

如果他們在幾次面試後就讓你離開了，那通常表明他們對你不感興趣。

在白板面試的過程中，當然最核心的就是程式設計面試，這裡涉及大量的資料結構和演算法設計，還有系統設計問題等。為了更好地回答這些問題，需要大量的時間準備，因此本書的其他章節挑選了一些大公司比較經典的面試題目，來講解面試過程中會遇到的技術問題，以期拋磚引玉，讀者還需要去瀏覽一些程式設計網站（譬如 www.leetcode.com），進行大量的反覆練習，才能掌握面試的核心，以不變應萬變。

下面介紹一些面試策略和技巧。

1.3.1 準備好閒談素材

在深入考查程式碼能力之前，大多數面試官都喜歡聊一聊應聘人的背景，可能涉及如下話題。

- 關於程式設計的認知。你是否考慮如何編寫良好的程式碼？
- 領導力。你的工作是如何完成的？你是否會關注一些貌似「沒有必要」的問題？
- 溝通能力。你與別人討論技術問題的過程中是否會發生無法溝通的情況？

在談論這類話題時，你應該提前準備至少一個有說服力的案例或者故事，舉例如下。

- 你所解決的一個有趣的技術問題。
- 你克服的人際衝突的例子。
- 體現你領導力的例子。
- 關於你在過去的項目中做了些什麼的故事。
- 有關公司產品 / 業務的思考。
- 有關公司的工程策略（如測試、敏捷等）的問題。

1.3.2 保持積極溝通

不管是實際工作中還是在面試場合，一旦你在程式設計上遇到困難，溝通就是解決問題的關鍵。在面試過程中，能夠清晰地溝通自己需求的應聘人，可能比那些盲目埋頭於問題的應聘人更好。

技術面試的溝通一般分為兩種情況：程式設計和技術提問。程式設計時，面試官希望看到乾淨、有效的程式碼。技術提問時，面試官會引導你談論一些問題，通常與高級系統設計（譬如「你將如何建構像 Twitter 一樣的應用程式？」）或比較瑣碎的技術細節（譬如「Java 語言中的 static 是什麼？」）有關。有時，瑣碎的技術問題來自真實的開發場景，例如「如何快速對整數清單進行排序？現在假設我們擁有的整數……」。

在溝通時，除了技術實力，還有一些技巧可以使用。下面分享幾個能有效增強溝通效果的小技巧。

- 表現得像在自己團隊中一樣。面試官總是想知道與你一起解決問題的感覺，因此你應該注意表現出你是懂得協調合作的。首先，表達時可以使用「我們」而不是「我」。例如：「如果進行廣度優先搜尋，我們將在 $O(n)$ 的時間內得到答案。」。其次，如果可以選擇在紙上或者白板上程式設計，建議你選擇白板，這樣你可以面對面試官進行展示。

- 大膽思考。如果你遇到困難，可以大膽地說出你的想法，譬如提出可能有效的方法，說出你認為可行的部分以及無效部分的原因，例如：「我們可以嘗試以這種方式進行操作，雖然尚不確定它是否會起作用。」

- 對於確實不知道的事情，勇敢地說不知道。如果你遇到一個事實性問題（例如特定語言的細節、程式運行時的某個問題等），不要試圖對你不瞭解的知識不懂裝懂。你可以說「我不確定，但是我猜……因為……」。這樣你可以透過列舉一些解題思路、排除一些無效方案，或者用其他語言或相似場景的問題進行對比，來展示你的思考能力。

- 放慢節奏。在面試官提問時，不要立刻自信地脫口而出。即使你心中的答案是正確的，你也需要清晰地解釋它。回答速度過快不會讓你贏得任何東西，反而有可能讓你在沒聽完問題就打斷面試官，或者因為思考得不夠全面而給出不夠優秀甚至錯誤的答案。

PART 2

資料結構

- 第 2 章：串列
- 第 3 章：堆疊
- 第 4 章：佇列
- 第 5 章：優先佇列
- 第 6 章：字典
- 第 7 章：集合
- 第 8 章：鏈結串列
- 第 9 章：二元樹
- 第 10 章：其他樹結構
- 第 11 章：圖形

CHAPTER 2

串列

串列（list，或稱列表）是元素的集合，其中元素可以是整數、字串……等，這些元素以串列形式儲存在相鄰（連續）的儲存位址。因為串列元素儲存的位置相鄰，所以對整個串列元素集合進行檢查操作比較簡單。

2.1 串列的基礎知識

2.1.1 建立串列

只需將元素放在"[ ]"中即可建立 Python 串列。

如果建立的串列具有多個重複元素，則串列會包含這些重複值的不同位置。因此，可以在建立串列時將多個重複值的位置作為序列傳遞。

程式碼清單 2-1　建立串列

```
# 建立串列（有重複值）
List = [1, 2, 4, 4, 3, 3, 3, 6, 5]
print("\nList with the use of Numbers: ")
```

```
print(List)

# 建立混合類型的串列
List = [1, 2, 'Geeks', 4, 'For', 6, 'Geeks']
print("\nList with the use of Mixed Values: ")
print(List)
```

執行結果:

```
List with the use of Numbers:
[1, 2, 4, 4, 3, 3, 3, 6, 5]

List with the use of Mixed Values:
[1, 2, 'Geeks', 4, 'For', 6, 'Geeks']
```

2.1.2　向串列中添加元素

有 3 種方式向串列中添加元素：① append()、② insert()、③ extend()。

1. 使用 append() 函式

使用內建的 append() 函式，一次只能將一個元素添加到串列末尾；如果需要添加多個元素，則需要迴圈使用 append() 函式；還可以使用 append() 將串列添加到另一串列中。

程式碼清單 2-2　使用 append() 函式添加串列元素

```
# 向清單中添加元素
# 建立一個串列
List = []
print("Initial blank List: ")
print(List)

# 向串列中添加元素
List.append(1)
List.append(2)
List.append(4)
print("\nList after Addition of Three elements: ")
print(List)

# 使用迭代器將元素添加到串列中
```

```
for i in range(1, 4):
    List.append(i)
print("\nList after Addition of elements from 1-3: ")
print(List)

# 將元組添加到串列中
List.append((5, 6))
print("\nList after Addition of a Tuple: ")
print(List)

# 將串列添加到串列中
List2 = ['For', 'Geeks']
List.append(List2)
print("\nList after Addition of a List: ")
print(List)
```

執行結果：

```
Initial blank List:
[]

List after Addition of Three elements:
[1, 2, 4]

List after Addition of elements from 1-3:
[1, 2, 4, 1, 2, 3]

List after Addition of a Tuple:
[1, 2, 4, 1, 2, 3, (5, 6)]

List after Addition of a List:
[1, 2, 4, 1, 2, 3, (5, 6), ['For', 'Geeks']]
```

2. 使用 insert() 函式

append() 函式僅適用於在串列末尾添加元素，而對於將元素添加到所需位置，則應使用 insert() 函式。與僅使用一個參數的 append() 函式不同，insert() 函式需要兩個參數（位置和值）。

程式碼清單 2-3　使用 insert() 函式添加串列元素

```python
# 向串列中添加元素，首先建立一個串列
List = [1,2,3,4]
print("Initial List: ")
print(List)

# 將元素添加到指定位置
List.insert(3, 12)
List.insert(0, 'Geeks')
print("\nList after performing Insert Operation: ")
print(List)
```

執行結果：

```
Initial List:
[1, 2, 3, 4]

List after performing Insert Operation:
['Geeks', 1, 2, 3, 12, 4]
```

3. 使用 extend() 函式

extend() 函式用於在串列末尾同時添加多個元素。

程式碼清單 2-4　使用 extend() 函式添加串列元素

```python
# 建立一個串列
List = [1,2,3,4]
print("Initial List: ")
print(List)

# 添加多個元素到串列末尾
List.extend([8, 'Geeks', 'Always'])
print("\nList after performing Extend Operation: ")
print(List)
```

執行結果：

```
Initial List:
[1, 2, 3, 4]
List after performing Extend Operation:
[1, 2, 3, 4, 8, 'Geeks', 'Always']
```

2.1.3 刪除串列中的元素

刪除串列中的元素目前主要有兩種方式：① remove()、② pop()。

1. 使用 remove() 函式

Python 內建的 remove() 函式僅用於刪除指定元素，如果元素不在串列中，則會發生錯誤。remove() 函式一次只能刪除一個元素，要刪除一定範圍內的元素，則需要迭代使用 remove() 函式，並且 remove() 函式僅刪除搜索到的第一個匹配項元素。

程式碼清單 2-5　使用 remove() 函式刪除串列元素

```python
# 刪除串列中的元素，首先建立一個串列
List = [1, 2, 3, 4, 5, 6, 7, 8, 9, 10, 11, 12]
print("Intial List: ")
print(List)

# 從串列中刪除元素
# 使用 remove() 函式
List.remove(5)
List.remove(6)
print("\nList after Removal of two elements: ")
print(List)

# 從串列中刪除元素
# 使用迭代器方法
for i in range(1, 5):
    List.remove(i)
print("\nList after Removing a range of elements: ")
print(List)
```

執行結果：

```
Intial List:
[1, 2, 3, 4, 5, 6, 7, 8, 9, 10, 11, 12]

List after Removal of two elements:
[1, 2, 3, 4, 7, 8, 9, 10, 11, 12]

List after Removing a range of elements:
[7, 8, 9, 10, 11, 12]
```

2. 使用 pop() 函式

pop() 函式用於從串列中刪除最後一個元素，如果要刪除特定位置的元素，則只需要在 pop() 函式中給出具體刪除元素之前的位置。

程式碼清單 2-6　使用 pop() 函式刪除串列元素

```
List = [1,2,3,4,5]
# 從串列中刪除元素，使用 pop() 函式
List.pop()
print("\nList after popping an element: ")
print(List)

# 從特定位置移除元素，使用 pop() 函式
List.pop(2)
print("\nList after popping a specific element: ")
print(List)
```

執行結果：

```
List after popping an element:
[1, 2, 3, 4]

List after popping a specific element:
[1, 2, 4]
```

2.2　實例 1：最長連續 1 的個數

指定一個二進位陣列（array，或稱數組，Python 可使用串列處理陣列資料結構），請找到此陣列中最長連續 1 的個數，例如：

- 輸入：[1, 1, 0, 1, 1, 1]
- 輸出：3

說明：前兩位或後三位是連續的 1，因此最長連續 1 的個數為 3。

解題思路：設置一個變數 ones，如果遇到列的值是 1，則加 1，否則設定為 0。

程式碼清單 2-7　最長連續 1 的個數

```python
class Solution(object):
    def findMaxConsecutiveOnes(self, nums):
        max_ones = 0
        ones = 0
        for i in range(len(nums)):
            if nums[i] == 1:
                ones += 1
            else:
                # 重置為零
                max_ones = max(max_ones, ones)
                ones = 0
        return max(max_ones, ones)
```

複雜度分析：時間複雜度是 $O(n)$。

2.3　實例 2：二進位相加

指定兩個二進位字串，返回它們的和（也是一個二進位字串），例如：

- 輸入：a = "11"，b = "1"

- 輸出："100"

說明：輸入字串均為非空字串，並且僅包含字元 1 或 0。

解題思路：這道題主要考查字串操作的基礎知識，透過從右向左逐位相加得到數值。首先獲取每個數對應位置上的數字，譬如 element_a 和 element_b，需要定義一個進位字元值 carry。計算二進位的加法可以利用（element_a + element_b + carry）÷ 2，其餘數就是當前位置的值，商就是傳遞給下一個位置的 carry 值。當然，這裡需要注意兩個數的長度可能不一樣。最後需要考慮 carry 值是否為 1，如果為 1，則需要把 1 添加到結果最前面的位置。二進位相加示意圖如圖 2-1 所示。

```
              carry = 0
    1  0  1  1  1
+   1  0  1  1  1  0
————————————————————
 1  0  0  0  1  0  1
```

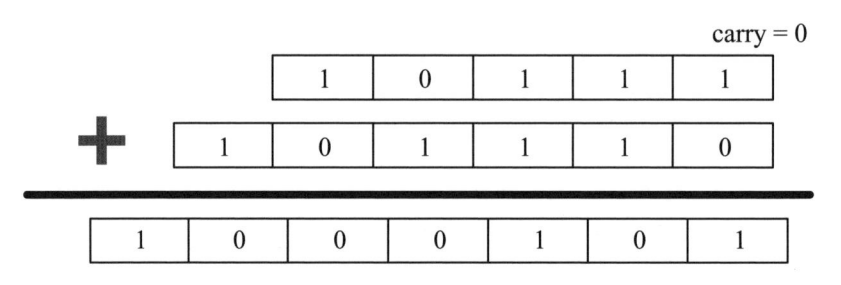

圖 2-1　二進位相加示意圖

這裡我們利用輔助變數 carry，初始化為 0。

- 第一步：利用 1 + 0 + carry = 1，1 % 2 = 1，商為 0，填充第一位為 1，同時更新 carry = 0；

- 第二步：利用 1 + 1 + carry = 2，2 % 2 = 0，商為 1，填充第二位為 0，同時更新 carry = 1；

- 第三步：利用 1 + 1 + carry = 3，3 % 2 = 1，商為 1，填充第三位為 1，同時更新 carry = 1；

- 第四步：利用 0 + 1 + carry = 2，2 % 2 = 0，商為 1，填充第四位為 0，同時更新 carry = 1；

- 第五步：利用 1 + 0 + carry = 2，2 % 2 = 0，商為 1，填充第五位為 0，同時更新 carry = 1；

- 第六步：利用 1 + carry = 2，2 % 2 = 0，商為 1，填充第六位為 0，同時更新 carry = 1；

- 第七步：查看 carry 值是否為 1，如果是，則把 1 添加到最前面。

程式碼清單 2-8　二進位相加

```python
class Solution(object):
    def addBinary(self, a:str, b:str) -> str:
        len_a = len(a)      # 字串 a 的長度
        len_b = len(b)      # 字串 b 的長度
        # 取兩者較長的
```

```python
        max_length = max(len_a, len_b)
        carry=0     # 進位元標誌
        new_str=[]
        for i in range (-1,-max_length-1,-1):    # 從右往左走訪字串
            element_a = 0
            element_b = 0
            if abs(i) <= abs(len_a):    # 取字串 a 的值
                element_a = a[i]

            if abs(i) <= abs(len_b):    # 取字串 b 的值
                element_b = b[i]
            # 字串 a、b 的值相加,再加上進位元標誌
            add = int(element_a) + int(element_b) + int(carry)
            value = add % 2     # 當前位置的值
            carry = add // 2    # 進位
            new_str.insert(0,str(value))    # 將新產生的值插入新的字串首位
        if carry !=0:    # 最後不要忘記進位元標誌不為 0 的情況
            new_str.insert(0, str(carry))
        return ''.join(new_str)
```

複雜度分析:時間複雜度為 $O(n)$,空間複雜度為 $O(1)$。

與這個問題比較類似的是 Leetcode 第 445 題,如下:

- 輸入:(7 -> 2 -> 4 -> 3)+(5 -> 6 -> 4)

- 輸出:7 -> 8 -> 0 -> 7

該題只需把兩個相加的數放在兩個鏈結串列裡面,解法和上例一樣,每個數字從鏈結串列裡取出。首先透過不斷讀取鏈結串列裡的值,把它轉成一個數,比如(7 -> 2 -> 4 -> 3)可以轉成 7243,(5 -> 6 -> 4)轉成 564,然後把 7243 + 564 加起來,得到 7807。最後建立一個新的鏈結串列,把 7807 寫進鏈結串列裡。

程式碼清單 2-9　兩個數相加

```python
class Solution:
    def addTwoNumbers(self, l1: ListNode, l2: ListNode) -> ListNode:

        def fn(node): # 定義一個函式把字串轉化成數字
            """Return number represented by linked list."""
            ans = 0
```

```
            while node:
                ans = 10 * ans + node.val
                node = node.next
            return ans
    # 定義一個 dummy 節點
    dummy = node = ListNode()
    for i in str(fn(l1) + fn(l2)):
        node.next = ListNode(int(i)) # 不斷獲取每一個值作為節點
        node = node.next # 移到下一個節點
    return dummy.next
```

2.4　實例 3：查詢範圍和

指定二維矩陣，請找到由左上角 (row1, col1) 和右下角 (row2, col2) 定義的子矩陣內的元素之和。

如圖 2-2 所示，矩陣（帶有加粗邊框）由 (row1, col1)=(2,1) 和 (row2, col2)=(4,3) 定義，矩陣內的元素之和為 8。

```
Given matrix = [
    [3, 0, 1, 4, 2],
    [5, 6, 3, 2, 1],
    [1, 2, 0, 1, 5],
    [4, 1, 0, 1, 7],
    [1, 0, 3, 0, 5]
]
sumRegion(2, 1, 4, 3) -> 8
```

3	0	1	4	2
5	6	3	2	1
1	2	0	1	5
4	1	0	1	7
1	0	3	0	5

圖 2-2　查詢範圍和

2.4.1　利用一維陣列求解

第一種解題思路是利用一維陣列來求解。嘗試將二維矩陣視為一維陣列的 m 列（row）。為了求區域總和，只需逐列累積。

以第一列為例，我們定義一個動態陣列 dp[N + 1]，初始化為 0。

對於第一個元素，dp[1] = 3 + dp[0] = 3；

對於第二個元素，dp[2] = dp[1] + 0 = 3；

對於第三個元素，dp[3] = dp[2] + 1 = 4；

對於第四個元素，dp[4] = dp[3] + 4 = 8；

對於第五個元素，dp[5] = dp[4] + 2 = 10。

這樣，就可以快速知道陣列中每列從第一行（column）到第 N 行的元素和。

程式碼清單 2-10　利用一維陣列求解指定範圍的元素和

```
class NumMatrix:
    def __init__(self, matrix: List[List[int]]):
        if len(matrix) == 0 or len(matrix[0]) == 0: return
        M, N = len(matrix), len(matrix[0])
        self.dp = [[0] * (M + 1) for _ in range(N + 1)]
        for r in range(M):
            for c in range(N):
                self.dp[r][c + 1] = self.dp[r][c] + matrix[r][c]  # 利用一維陣列求解

    def sumRegion(self, row1: int, col1: int, row2: int, col2: int) -> int:
        sum = 0
        for row in range(row1, row2 + 1, 1):  # 走訪每列，把每列的數值加起來
            sum += self.dp[row][col2 + 1] - self.dp[row][col1]
        return sum
```

時間複雜度：每次查詢需要 $O(m)$ 時間，建構式中的預計算需要 $O(mn)$ 時間。sumRegion 查詢需要 $O(m)$ 時間。

空間複雜度：$O(mn)$，即該演算法使用 $O(mn)$ 空間儲存所有列的累積和。

2.4.2 利用二維陣列求解

第二種解題思路是將一維陣列求和的方法推廣到二維陣列中。在利用一維陣列求解的方法中使用了累積和陣列。注意到，累積總和是相對於索引 0 處的原點計算的。擴展為二維情況，可以相對於原點 (0, 0) 預先計算累積區域總和，如圖 2-3 ～圖 2-6 所示。

因此，有 Sum(ABCD) = Sum(OD) - Sum(OB) - Sum(OC) + Sum(OA)，這裡主要考查了索引位置的正確使用。

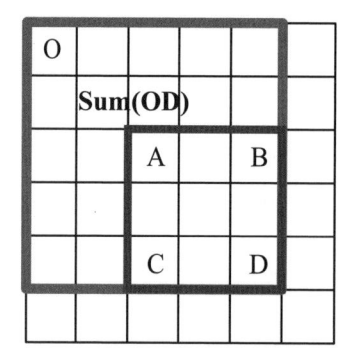

圖 2-3　Sum(OD) 是相對於原點 (0, 0) 的累積區域總和

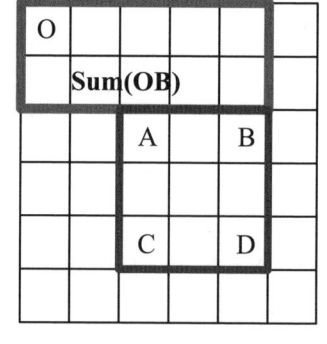

圖 2-4　Sum(OB) 是矩形頂部的累積區域總和

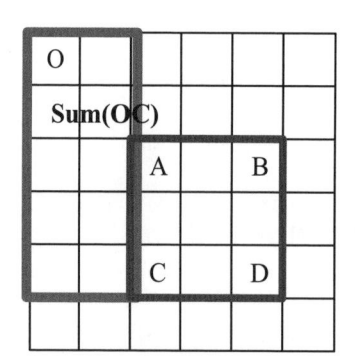

圖 2-5　Sum(OC) 是矩形左側的累積區域總和

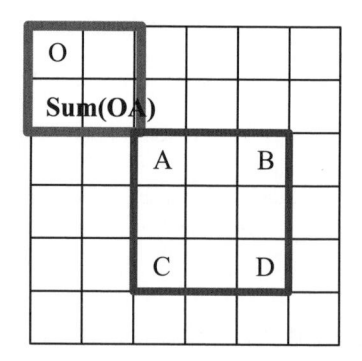

圖 2-6　Sum(OA) 是矩形左上角的累積區域總和

時間複雜度：每個查詢需要 $O(1)$ 時間，建構式中的預計算需要 $O(mn)$ 時間。

空間複雜度：$O(mn)$，即該演算法使用 $O(mn)$ 空間來儲存累積區域和。

📋 程式碼清單 2-11　利用二維陣列求解指定範圍的元素和

```python
class NumMatrix(object):
    def __init__(self, matrix: List[List[int]]):
        if not matrix or not matrix[0]:
            M, N = 0, 0
        else:
            M, N = len(matrix), len(matrix[0])
        self.sumM = [[0] * (N + 1) for _ in range(M + 1)]
        for i in range(M):
            for j in range(N):
                # 實現 Sum(ABCD)=Sum(OD)-Sum(OB)-Sum(OC)+Sum(OA)
                self.sumM[i + 1][j + 1] = self.sumM[i][j + 1] + self.sumM[i +
                    1][j] - self.sumM[i][j] + matrix[i][j]

    def sumRegion(self, row1, col1, row2, col2):
        return self.sumM[row2 + 1][col2 + 1] - self.sumM[row2 + 1][col1] - \
            self.sumM[row1][col2 + 1] + self.sumM[row1][col1]
```

2.5　實例 4：隨機索引

指定一個可能重複的整數陣列，隨機輸出指定目標編號的索引。可以假設指定的目標編號必須存在於陣列中。

```
Int[] nums = new int[] {1, 2, 3, 3, 3};
Solution solution = new Solution(nums);
// pick(3) 應隨機傳回索引 2、3 或 4，每個索引應該有相同的傳回概率
solution.pick(3);
// pick(1) 應該傳回 0，因為在陣列中只有 nums[0] 等於 1
solution.pick(1);
```

解題思路：利用雜湊表把所有相同元素的索引保存下來，然後利用隨機函式從中選擇一個。

程式碼清單 2-12　隨機索引

```python
class Solution:
    def __init__(self, nums: List[int]):
        self.nums = defaultdict(list)   # 定義雜湊表來儲存每個元素的索引位置
        for indx, ele in enumerate(nums):   # 走訪串列
            self.nums[ele].append(indx)   # 對於每個元素，壓入對應的索引位置

    def pick(self, target: int) -> int:
        return random.choice(self.nums[target])   # 執行 Python 函式 random.choice()
```

這種題目屬於水塘抽樣（Reservoir Sampling）類題型，是一組隨機抽樣演算法，而不是某一個具體的演算法。這類演算法主要用於解決這樣一個問題：當樣本總體很大或者在數據流上進行採樣時，往往無法預知總體的樣本實例個數 N。那麼 Reservoir Sampling 就是這樣一組演算法，即使不知道 N，也能保證每個樣本實例被採樣到的概率依然相等。

程式碼清單 2-13　從項目流中隨機選擇 k 個項目

```python
# 從項目流中隨機選擇 k 個項目
import random
# 列印陣列
def printArray(stream,n):
    for i in range(n):
        print(stream[i],end=" ");
    print();
# 從項目流 [0..n-1] 中隨機選擇 k 個項目
def selectKItems(stream, n, k):
    i = 0;
    # reservoir [] 是輸出陣列，用 stream[] 的前 k 個元素進行初始化
    reservoir = [0]*k;
    for i in range(k):
        reservoir[i] = stream[i];
    # 從第 (k + 1) 個元素迭代到第 n 個元素
    while(i < n):
        # 選擇一個從 0 到 i 的隨機索引
        j = random.randrange(i+1);
        # 如果隨機選擇的索引小於 k，則用流中的新元素替換索引中存在的元素
        if(j < k):
            reservoir[j] = stream[i];
        i+=1;
    print("Following are k randomly selected items");
    printArray(reservoir, k);
```

```
# 主函式
if __name__ == "__main__":
    stream = [1, 2, 3, 4, 5, 6, 7, 8, 9, 10, 11, 12];
    n = len(stream);
    k = 5;
    selectKItems(stream, n, k);
```

這個演算法是從總體 S 中抽取前面 k 個實例放入預置的陣列中，這個陣列就是最後要傳回的抽樣結果。對於後面的所有樣本實例，從 i = k 開始，對每一個生成 [0, i] 的隨機數 rnd，若 rnd < k，則用當前項目流中的元素替換 result[i]。

這樣做為什麼能保證每個實例被抽到的概率相等而且概率為 k/(n + 1) 呢？

分析如下：對於第 i 個實例，當演算法遇到它時，它被選中進入 result 的概率是 k/(i +1)，那麼它出現在最後的 result 的情況是，i 後面所有的實例都沒有取代它。i 後面任何第 t(t > i) 個實例取代 i 的概率是 k / [(t + 1) / k] = 1 / (t + 1)，即 t 被選中的概率是 k / (t + 1)，而且被選中取代原來 i 所在的位置的概率是 k / [(t + 1) / k]。所以後面任意一個實例不取代 i 的概率就是 1 − 1 / (t + 1)，那麼所有的情況都發生，最後 i 才能留在 result 中，這樣就是一個連乘的結果：(k / (i + 1)) × (1 − 1 / (i + 2))×(1 − 1 / (i + 3)) ×⋯× (1 − 1 / (n + 1)) = k / (n + 1)。

2.6　實例 5：下一個更大排列

將數字重新排列為下一個更大排列。如果無法進行這種排列，則必須將其重新排列為最小排列（即升冪排列）。例如（輸入在左列，其相應的輸出在右列）：

1, 2, 3 → 1, 3, 2
3, 2, 1 → 1, 2, 3
1, 1, 5 → 1, 5, 1

對於數字排列 1, 2, 3，比當前數字排列更大的下一個排列就是 1, 3, 2。而對於 3, 2, 1，無法找到下一個比當前數字排列更大的排列，因此必須輸出數字排列的升冪排列。

解題思路：首先在陣列中從後往前找到一個下降的數字，添加索引為 i；然後從後往前找到第一個比當前索引 i 所在的數值要大的索引 j，交換索引位置 i 以及 j 的數值；最後，把索引 i 以後的所有值從小到大排序，如圖 2-7～圖 2-9 所示。

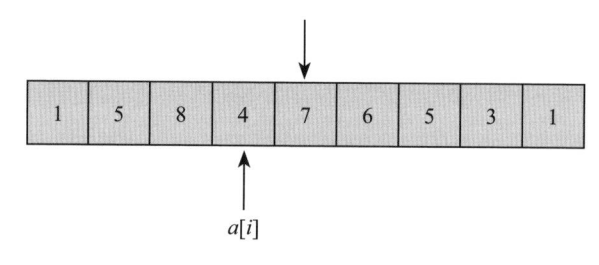

圖 2-7 下一個更大排列 (1)

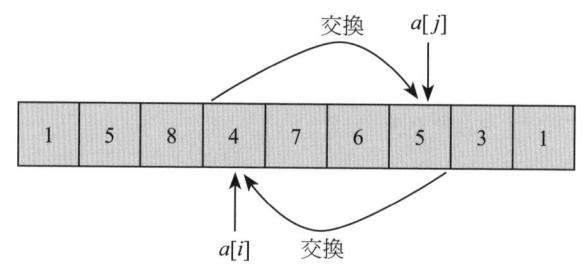

圖 2-8 下一個更大排列 (2)

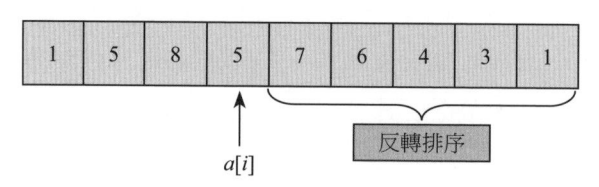

圖 2-9 下一個更大排列 (3)

程式碼清單 2-14　下一個更大排列

```python
def find_pivot(nums):
    m = nums[-1]
    i = len(nums) - 1
    while i >= 0 and nums[i] >= m:
        m = nums[i]
        i -= 1
    return i

def find_successor(nums, pivot):
    j = len(nums) - 1
    while nums[pivot] >= nums[j]:
        j -= 1
    assert j > pivot
    return j

def reverse(arr, start, end):
    while start < end:
        arr[start], arr[end] = arr[end], arr[start]
        start += 1
        end -= 1

class Solution:
    def nextPermutation(self, nums: List[int]) -> None:
        if len(nums) < 2:
            return
        # 找到第一個下降的索引
        i = find_pivot(nums)
        if i < 0:
            nums.sort()
        else:
            # 在 i 後面找到第一個大於 nums[i] 的索引 j
            j = find_successor(nums, i)
            # 把索引位置 i、j 上的數字交換一下
            nums[i], nums[j] = nums[j], nums[i]
            # 索引位置 i 之後的陣列排序
            reverse(nums, i+1, len(nums)-1)
```

複雜度分析：時間複雜度為 $O(n)$，空間複雜度為 $O(1)$。

如果現在要求解先前的數字排列，解題思路則正好相反。對於陣列 nums，首先找到第一個遞增的數，添加索引為 p，然後找到第一個比當前 nums[p] 小的數的索引 q，交換這兩個數，最後需要把索引 p + 1 後面的數從大到小排列。

如果面試官讓你求解下一個較大的數值，解題思路和本題一樣。

當然本題還可以進一步最佳化，比如利用二分法來尋找比 nums[p] 大的數的索引 q，因為 p + 1 以後的陣列都是已排序的。

2.7 實例 6：驗證有效數字

驗證指定的字串是否可以解釋為十進位數字，示例如下：

```
"0" => true
" 0.1 " => true
"abc" => false
"1 a" => false
"2e10" => true
" -90e3 " => true
" 1e" => false
"e3" => false
" 6e-1" => true
" 99e2.5 " => false
"53.5e93" => true
" --6 " => false
"-+3" => false
"95a54e53" => false
```

解題思路：首先確定輸入是否為指數（包含 e）。如果是，則確定底數是否為數字，並且冪有效（無小數，正負號 + 數字）。如果輸入不是指數，則確定它是否為數字。想要確定是否為數字，要先確定是否有小數點。如果不是，則應為"正負號 + 數字"。如果是，則兩部分之間用"."分隔，一部分應該為數字或缺少一部分，而另一部分為數字，例如 .9 或 9。

程式碼清單 2-15　驗證有效數字

```
class Solution:
    def isNumber(self, s: str) -> bool:
        s = s.strip()
        if not s:
            return False
        ls = s.split('e')
        if len(ls) == 1:    # 沒有 e
            return self.decide_num(ls[0])
```

```python
        elif len(ls) == 2:  # 有 e，分成兩個部分
            return self.decide_num(ls[0]) and self.decide_pow(ls[1])
        else:
            return False

    def decide_num(self,s):
        if not s:
            return False
        if s[0] in ['+', '-']:
            s = s[1:]
        ls = s.split('.')
        if len(ls) == 1:  # 沒有小數點，確保數字有效
            return ls[0].isnumeric()
        elif len(ls) == 2:  # 有小數點
            if not ls[0] and ls[1].isnumeric():  # 小數點前面為空
                return True
            elif not ls[1] and ls[0].isnumeric():  # 小數點後面為空
                return True
            else:
                return ls[0].isnumeric() and ls[1].isnumeric()  # 小數點前後部分
                    都是有效數字
    def decide_pow(self, s):  # 記住冪中只有正負號 + 數字了，不可能出現小數點
        if not s:
            return False
        if s[0] in ['+', '-']:
            s = s[1:]
        return s.isnumeric()
```

2.8　實例 7：遞迴小數

指定兩個整數，分別表示分數的分子和分母，要求以字串格式傳回分數。如果結果中小數部分是循環的，則將循環的部分寫在括弧中。如果有多個結果，則傳回其中任何一個。示例如下。

例 1

輸入：分子 = 1，分母 = 2
輸出："0.5"

例 2

輸入：分子 = 2，分母 = 1

輸出："2"

例 3

輸入：分子 = 2，分母 = 3

輸出："0.(6)"

解題思路：這裡的關鍵就是解決循環小數的問題，需要利用一個字典來儲存每個餘數，如果這個餘數在字典裡面出現過，那麼退出迴圈。

程式碼清單 2-16　遞迴小數

```python
class Solution:
    def fractionToDecimal(self, numerator: int, denominator: int) -> str:
        need_to_flip = False
        if numerator == 0:
            return '0'
        if numerator < 0 and denominator < 0:
            numerator, denominator = -numerator, -denominator
        elif numerator > 0 and denominator > 0:
            pass
        else:
            numerator, denominator = abs(numerator), abs(denominator)
            need_to_flip = True

        result = []
        m= {}
        while True:
            # 如果發現有循環，則退出
            if numerator in m.keys():
                index = m.get(numerator)
                digits = result[:index] + ['(', *result[index::], ')']
                if need_to_flip:
                    digits.insert(0, '-')
                return ''.join(digits)

            val = numerator // denominator
            result.append(str(val))

            if numerator >= denominator:
                m[numerator] = len(result)-1
```

```python
        left = numerator - denominator * val
        # No left, jump out
        if left == 0:
            if need_to_flip:
                result.insert(0, '-')
            return ''.join(result)
        if left != 0 and len(result) == 1:
            result.append('.')
        if left < denominator:
            left *= 10
        numerator = left
```

CHAPTER 3

堆疊

堆疊（stack，或稱堆棧）是一種線性資料結構，遵循特定的操作順序，可以是後進先出（LIFO）或先進後出（FILO）。

3.1 堆疊的基礎知識

3.1.1 堆疊操作及時間複雜度

堆疊中主要執行以下基本操作（如圖 3-1 所示）。

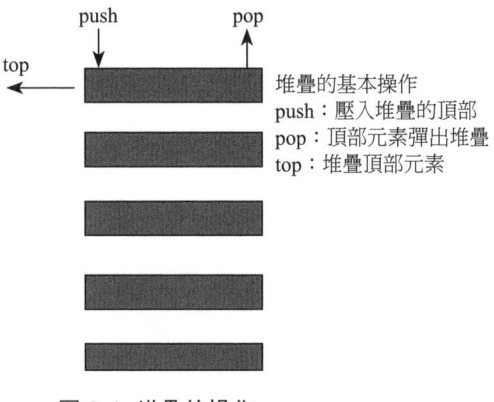

堆疊的基本操作
push：壓入堆疊的頂部
pop：頂部元素彈出堆疊
top：堆疊頂部元素

圖 3-1 堆疊的操作

- push：向堆疊中添加一個元素。如果堆疊已滿，則稱其為溢出條件。
- pop：從堆疊中刪除一個元素。元素以壓入的相反順序彈出。如果堆疊為空，則稱其為下限溢位條件。
- top：返回堆疊的頂部元素。
- isEmpty：如果堆疊是空的，則傳回 True，否則傳回 False。

push、pop、isEmpty 和 top 操作的時間複雜度均為 $O(1)$，這些操作都不會運行任何循環。

3.1.2　3 種實現方式

Python 中有多種方法可以實現堆疊操作，這裡使用 Python 庫（Library，相關的模組和函式的集合）中的資料結構和模組來實現。Python 中實現堆疊的方式有：① list、② collections.deque、③ queue.LifoQueue。

1. 基於串列的堆疊實現方式

Python 的內建串列資料結構 list 可以用作堆疊，append() 函式用於將元素添加到堆疊的頂部，pop() 函式用於按 LIFO 順序刪除元素。

list 最大的問題是隨著資料結構的增長會遇到速度問題。串列中的各元素在記憶體中彼此相鄰儲存，如果堆疊的大小大於當前記憶體連續空間的大小，則 Python 需要進行記憶體分配，這可能導致某些 append() 執行比其他執行花費更長的時間。

程式碼清單 3-1　基於串列的堆疊實現

```
stack = []

# append() 函式用於將元素添加到堆疊的頂部
# element in the stack
stack.append('a')
stack.append('b')
stack.append('c')
```

```
print('Initial stack')
print(stack)

# pop() 函式彈出堆疊中的元素
print('\nElements poped from stack:')
print(stack.pop())
print(stack.pop())
print(stack.pop())

print('\nStack after elements are poped:')
print(stack)
```

執行結果：

```
Initial stack
['a', 'b', 'c']

Elements poped from stack:
c
b
a

Stack after elements are poped:
[]
```

2. 基於 deque 的堆疊實現方式

可以使用 collections 模組中的 deque 類別來實現堆疊。在需要從容器的兩端更快地執行添加和彈出操作的情況下，與串列相比，使用 deque 更可取，因為與串列相比，deque 的添加和彈出操作的時間複雜度為 $O(1)$。

deque 中使用與串列相同的函式 —— append() 和 pop() 對堆疊進行操作。

程式碼清單 3-2　基於 deque 的堆疊實現

```
from collections import deque

stack = deque()

# append() 函式將元素添加到堆疊的頂部
stack.append('a')
stack.append('b')
```

```
stack.append('c')

print('Initial stack:')
print(stack)

# pop() 函式按照 LIFO 順序從堆疊中彈出元素
print('\nElements poped from stack:')
print(stack.pop())
print(stack.pop())
print(stack.pop())

print('\nStack after elements are poped:')
print(stack)
```

執行結果：

```
Initial stack:
deque(['a', 'b', 'c'])

Elements poped from stack:
c
b
a

Stack after elements are poped:
deque([])
```

3. 基於 LifoQueue 的堆疊實現方式

Python 中的 queue 模組中的 LifoQueue 可以用來實現堆疊。此模組提供了以下函式實現堆疊操作：

- maxsize()：堆疊中允許的最大元素個數。

- empty()：如果堆疊是空的，則傳回 True，否則傳回 False。

- full()：如果堆疊滿了，則傳回 True。如果堆疊使用 maxsize = 0（預設值）初始化，則 full() 永遠不會傳回 True。

- get()：從堆疊中刪除並傳回一個元素。如果堆疊是空的，請等待，直到有一個元素可用。

- get_nowait()：如果元素立即可用，則傳回此元素，否則引發空佇列（QueueEmpty）異常。

- put(item)：將元素放入堆疊。如果堆疊已滿，請等到有空閒位置後再添加。

- put_nowait(item)：將元素放入堆疊而不會阻塞。

- qsize()：傳回堆疊中的元素個數。如果沒有可用的空閒位置，會引發滿佇列（QueueFull）異常。

程式碼清單 3-3　基於 LifoQueue 的堆疊實現

```python
# 基於 LifoQueue 的堆疊實現
from queue import LifoQueue
# 初始化堆疊
stack = LifoQueue(maxsize=3)

# qsize() 表示堆疊中的元素個數
print(stack.qsize())

# put() 函式將元素壓入堆疊
stack.put('a')
stack.put('b')
stack.put('c')

print("Full: ", stack.full())
print("Size: ", stack.qsize())

# get() 函式從堆疊中彈出元素
print('\nElements poped from the stack')
print(stack.get())
print(stack.get())
print(stack.get())

print("\nEmpty: ", stack.empty())
```

執行結果：

```
0
Full: True
Size: 3

Elements poped from the stack
```

```
c
b
a
Empty: True
```

3.1.3　堆疊的應用

堆疊的應用舉例如下。

- 用於符號平衡，例如括弧有效（https://leetcode.com/problems/valid-parentheses/）。

- 用於把後綴 / 前綴轉換為中綴。

- 實現重做 —— 復原功能，例如編輯器、photoshop（https://leetcode.com/problems/basic-calculator/）。

- 實現 Web 瀏覽器中的下一頁和上一頁功能。

- 用於演算法求解，例如河內塔、樹走訪（https:// https://leetcode.com/problems/binary-tree-postorder-traversal/description/）、股票跨度問題（https://www.geeksforgeeks.org/the-stock-span-problem/）、長條圖問題（https://leetcode.com/problems/largest-rectangle-in-histogram/）等。

- 用於其他應用程式，例如回溯問題、騎士之旅問題、迷宮中的老鼠、N 皇后問題和數獨求解器。

- 用於圖演算法，例如拓撲排序和強連接的元件。

3.2　實例 1：透過最小移除操作得到有效的括弧

問題：指定字串 s 其中含 '('、')' 和小寫英文字元，要求刪除單一非成對括弧，即在任何位置的 '(' 或 ')'，以使所得的括弧字串有效並傳回。

解答：形式上，括弧字串在以下情況下才有效：它是空字串，僅包含小寫字元；它可以寫為 AB（與 B 串聯的 A），其中 A 和 B 是有效字串；它可以寫為（A），其中 A 是有效字串。

例 1

```
Input: s = "lee(t(c)o)de)"
Output: "lee(t(c)o)de"
Explanation: "lee(t(co)de)" , "lee(t(c)ode)" would also be accepted.
```

例 2

```
Input: s = "a)b(c)d"
Output: "ab(c)d"
```

解題思路：這類問題可以利用堆疊來處理括弧，注意把不符合規則的留在堆疊裡面。最後走訪一遍陣列，從後往前，把對應位置的括弧去掉就可以了。時間複雜度為 $O(n)$。

程式碼清單 3-4　透過最小移除操作得到有效的括弧

```python
class Solution:
    def minRemoveToMakeValid(self, s: str) -> str:
        stk = deque()
        for i, ch in enumerate(s):
            if ch=='(':
                stk.append(i)
            elif ch == ')':
                # 如果前面一個是（,則彈出堆疊
                if stk and s[stk[-1]]=='(':
                    stk.pop()
                else:
                    stk.append(i)
        res=""
        # 現在堆疊裡面留下的就是多餘的括弧,需要刪除
        for i in range(len(s)):
            if stk and i==stk[0]:
                stk.popleft()
            else:
                res+=s[i]
        return res

if __name__ == "__main__":
    object = Solution()
```

```
s1 = "lee(t(c)o)de"
print("origin string {}-->final string {}".format(s1, object.
    minRemoveToMakeValid(s1)))
s2 = "a)b(c)d"
print("origin string {}-->final string {}".format(s2, object.
    minRemoveToMakeValid(s2)))
```

執行結果：

```
origin string lee(t(c)o)de-->final string lee(t(c)o)de
origin string a)b(c)d-->final string ab(c)d
```

3.3　實例 2：函式的專用時間

在單執行緒 CPU 上執行一些函式。每個函式都有一個 0 到 $N - 1$ 之間的唯一 id。以時間戳順序儲存記錄，這些記錄描述了何時輸入或退出函式。

每個記錄都是以下格式的字串："{function_id}：{start|end}：{timestamp}"。例如，"0：start：3" 表示 id 為 0 的函式，在時間 3 的開始處開始。"1：end：2" 表示 id 為 1 的函式，在時間 2 的結尾處結束。

函式的專用時間是此函式所花費的時間單位。請注意，這不包括對子函式的任何遞迴執行。

CPU 是單執行緒的，這意味著在指定的時間單位僅執行一個函式，傳回每個函式的獨占時間，按其函式 id 排序。

函式的專用時間示例見圖 3-2。

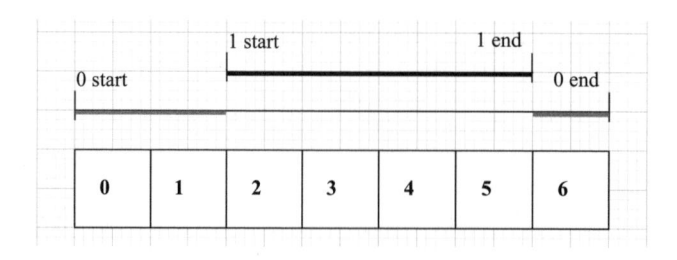

圖 3-2　函式的專用時間示例

- 輸入：n = 2
- 記錄 = ["0：start：0"，"1：start：2"，"1：end：5"，"0：end：6"]
- 輸出：[3,4]

說明：函式 0 在時間 0 的開始處開始，執行 2 個時間單位在時間 1 結束。現在函式 1 在時間 2 的開始處開始，執行 4 個時間單位，在時間 5 結束。函式 0 在時間 6 的開始處再次運行，並且在時間 6 的結束處結束，執行 1 個時間單位。因此，函式 0 花費 2 + 1 = 3 個單位的總執行時間，而函式 1 花費 4 個單位的總執行時間。

解題思路：首先需要解析字串，把解析的內容寫到結構體中去。如果當前節點是開始，進入堆疊。如果是結束的節點，需要離開堆疊，同時更新當前節點的執行時間，注意同時更新堆疊頂部節點的執行時間，即需要減去當前節點的執行時間。

譬如上述例子中：

- 第一個 log 的 time_flag 是 "start"，則壓入堆疊；
- 第二個 log 的 time_flag 也是 "start"，壓入堆疊；
- 第三個 log 的 time_flag 是 "end"，則計算當前 log 的執行時間，5 – 2 + 1 = 4，所以 id = 1 的函式的執行時間就是 4，res[1]=4，同時堆疊裡面的第二個 log 離開堆疊。此時堆疊裡面只剩下第一個 log。因為是單執行緒，所以要從堆疊頂部的 id 的時間減去當前 log 用掉的時間，res[0] = -4。
- 第四個 log 的 time_flag 是 "end"，則計算當前 log 的執行時間，6 – 0 + 1 = 7，res[0] = res[0] + 7 = 3。

程式碼清單 3-5　函式的專用時間

```python
class Node:
    def __init__(self, id:int, time_flag:str, time_stamp:int):
        self.id = id
        self.time_flag = time_flag
        self.time_stamp = time_stamp

class Solution:
    def exclusiveTime(self, n: int, logs: List[str]) -> List[int]:
        nodes = []
        stk =[]
        res =[0]*n
        for log in logs:
            # 解析 log
            parse_log = log.split(":")
            nodes.append(Node(int(parse_log[0]),parse_log[1],int(parse_log[2])))
        for node in nodes:
            if node.time_flag == "start":
                stk.append(node)  # 進入堆疊
            else:
                time_duration = node.time_stamp - stk[-1].time_stamp+1
                res[node.id]+=time_duration
                stk.pop()  # 離開堆疊
                if stk:
                    # 注意要減去堆疊頂部的時間
                    res[stk[-1].id]-=time_duration
        return res

if __name__ == "__main__":
    exclusive = Solution()
    logs = ["0:start:0", "1:start:2", "1:end:5", "0:end:6"]
    n = 2
    res = exclusive.exclusiveTime(n, logs)
    print(res)
```

執行結果：

```
[3, 4]
```

CHAPTER 4

佇列

佇列（queue，或稱隊列）是遵循特定操作順序的線性結構，順序為先進先出（FIFO）。佇列的一個很好的示例是針對使用資源的任何使用者佇列，首先服務於第一位使用者。堆疊和佇列之間的區別是「刪除」操作，在堆疊中，刪除操作刪除的是最近添加的元素；在佇列中，刪除的是最早添加的元素。佇列常用於廣度走訪演算法中。

4.1 佇列的 3 種實現方式

Python 中有多種方法可以實現佇列，可使用 Python 庫中的資料結構和模組實現佇列：① 串列、② collections.deque、③ queue.Queue。

1. 使用串列實現佇列

串列是 Python 的內建資料結構，可以用作實現佇列，可使用 append() 和 pop() 函式，代替佇列的進入佇列函式 enqueue() 和離開佇列函式 dequeue()

對佇列進行操作。利用串列實現佇列速度非常慢，因為在開頭插入或刪除一個元素需要將所有其他元素移位，時間複雜度為 $O(n)$。

📖 程式碼清單 4-1　使用串列實現佇列

```python
# 使用串列實現佇列
# 初始化佇列
queue = []

# 向佇列中添加元素
queue.append('a')
queue.append('b')
queue.append('c')

print("Initial queue")
print(queue)

# 從佇列中刪除元素
print("\nElements dequeued from queue")
print(queue.pop(0))
print(queue.pop(0))
print(queue.pop(0))

print("\nQueue after removing elements")
print(queue)
```

執行結果：

```
Initial queue
['a', 'b', 'c']

Elements dequeued from queue
a
b
c

Queue after removing elements
[]
```

2. 使用 collections.deque 實現佇列

可以使用 collections 模組中的 deque 類別實現佇列。在需要從佇列的兩端更快地執行添加和刪除操作的情況下，與串列相比，使用 deque 更可取，因為與串列相比，deque 的添加和刪除操作的時間複雜度為 $O(1)$。可使用 append() 和 popleft() 函式分別代替 enqueue() 和 dequeue()。

程式碼清單 4-2　使用 collections.deque 實現佇列

```python
# 使用 collections.deque 實現佇列
from collections import deque

# 初始化佇列
q = deque()

# 向佇列中添加元素
q.append('a')
q.append('b')
q.append('c')

print("Initial queue")
print(q)

# 從佇列中刪除元素
print("\nElements dequeued from the queue")
print(q.popleft())
print(q.popleft())
print(q.popleft())

print("\nQueue after removing elements")
print(q)
```

執行結果：

```
Initial queue
deque(['a', 'b', 'c'])

Elements dequeued from the queue
a
b
c

Queue after removing elements
deque([])
```

3. 使用 queue.Queue 實現佇列

queue.Queue() 是 Python 的內建模組，可用於實現佇列。使用 queue.Queue(maxsize) 建立佇列，其中 maxsize 表示佇列中允許的最大元素數，maxsize 為 0 表示無限佇列。佇列遵循 FIFO 規則。此模組提供了以下各種功能：

- maxsize：佇列中允許的最大元素數。

- empty()：如果佇列是空的，則傳回 True，否則傳回 False。

- full()：如果佇列滿了，則傳回 True；如果佇列使用 maxsize = 0（預設值）初始化，則 full() 永遠不會傳回 True。

- get()：從佇列中刪除並傳回一個元素，如果佇列是空的，請等待，直到有一個元素可用。

- get_nowait()：如果元素立即可用，則傳回此元素，否則引發 queue.Empty 異常。

- put(item)：將元素 item 放入佇列，如果佇列已滿，請等到有空閒位置後再添加。

- put_nowait(item)：將元素 item 放入佇列而不會阻塞，如果沒有可用的空閒位置，會引發 queue.Full 異常。

- qsize()：傳回佇列中的元素數。

程式碼清單 4-3　使用 queue.Queue 實現佇列

```
# 使用 queue.Queue 實現佇列

from queue import Queue

# 初始化佇列
q = Queue(maxsize = 3)

# qsize() 傳回佇列大小
print(q.qsize())
```

```
# 向佇列中添加元素
q.put('a')
q.put('b')
q.put('c')

# 偵測佇列是否已經滿了
print("\nFull: ", q.full())

# 從佇列中刪除元素
print("\nElements dequeued from the queue")
print(q.get())
print(q.get())
print(q.get())

# 偵測當前佇列是否為空的
print("\nEmpty: ", q.empty())

q.put(1)
print("\nEmpty: ", q.empty())
print("Full: ", q.full())
```

執行結果：

```
0
Full: True
Elements dequeued from the queue
a
b
c
Empty: True
Empty: False
Full: False
```

4.2　實例 1：設計循環佇列

循環佇列（Circular Queue，或稱環狀佇列）是一種線性資料結構，其中的操作是基於 FIFO 規則執行的，最後一個位置又連接到第一個位置構成一個圓，也稱為「環形緩衝區」。

循環佇列的好處之一是可以利用佇列前面的空間。在普通佇列中，一旦佇列已滿，即使佇列前面有空間，也無法插入下一個元素。但是在循環佇列中，可以使用前面空間來儲存新值。

問題：設計支援以下操作的循環佇列。

- MyCircularQueue(*k*)：建構式，將佇列的大小設置為 *k*。
- Front()：從佇列中獲取最前面的元素。如果佇列是空的，則傳回 -1。
- Rear()：從佇列中獲取最後一個元素。如果佇列是空的，則傳回 -1。
- enQueue(value)：將元素 value 插入循環佇列。如果操作成功，則傳回 True。
- deQueue()：從循環佇列中刪除一個元素。如果操作成功，則傳回 True。
- isEmpty()：檢查循環迴圈佇列是否是空的。
- isFull()：檢查循環佇列是否已滿。

解題思路：定義一個大小為 *k* 的陣列，利用兩個指標，一個指向陣列的頭部，一個指向陣列的尾部。如果頭尾相同，則佇列是空的；如果頭尾差值等於 *k*，那麼陣列就是滿的。插入佇列之前，需要檢查佇列是否是滿的，如果滿的話，則傳回 False，否則加入佇列尾部，同時更新尾部指標。要從佇列刪除一個元素，首先檢查佇列是否是空的，如果為空的話，則傳回 False，否則刪除佇列的頭部，同時更新頭部指標。

程式碼清單 4-4　設計循環佇列

```
class MyCircularQueue:
    def __init__(self, k: int):
        """
        在此初始化資料結構，將佇列的大小設置為 k
        """
        self.data = [0]*k
        self.head = self.tail = 0

    def enQueue(self, value: int) -> bool:
        """
        將元素插入循環佇列。如果操作成功，則傳回 True
        """
        if self.isFull(): return False
```

```python
            self.data[self.tail % len(self.data)] = value
            self.tail += 1
            return True

    def deQueue(self) -> bool:
        """
        從循環佇列中刪除一個元素。如果操作成功，則傳回 True
        """
        if self.isEmpty(): return False
        self.head += 1
        return True

    def Front(self) -> int:
        """
        從佇列中獲取最前面的元素
        """
        if self.isEmpty(): return -1
        return self.data[self.head % len(self.data)]

    def Rear(self) -> int:
        """ 從佇列中獲取最後一個元素 """
        if self.isEmpty(): return -1
        return self.data[(self.tail-1) % len(self.data)]

    def isEmpty(self) -> bool:
        """
        檢查循環佇列是否是空的
        """
        return self.head == self.tail

    def isFull(self) -> bool:
        """
        檢查迴圈佇列是否已滿
        """
        return self.tail - self.head == len(self.data)
```

4.3　實例 2：
求和大於 K 的最短非空連續子陣列的長度

指定陣列 A 和 K，傳回陣列 A 的總和至少為 K 的最短非空連續子陣列的長度。如果沒有總和至少為 K 的非空子陣列，則傳回 -1。

例 1

輸入：$A = [1]$，$K = 1$
輸出：1

例 2

輸入：$A = [1, 2]$，$K = 4$
輸出：-1

例 3

輸入：$A = [2, -1, 2]$，$K = 3$
輸出：3

解題思路：以 $A = [84, -37, 32, 40, 95]$，$K = 167$ 為例進行求解。

- 第一步：初始化佇列的第一個元素，(-1, 0) 中第一個值是陣列的索引，第二個值是前綴和。初始化右指標 $j = 0$。

- 第二步：前綴和 cumsum = 84，因為不滿足出佇列的條件，所以 (0, 84) 進入佇列。

- 第三步：繼續移動右指標，$j = 1$，此時 cumsum = 47，佇列中 84 大於 47，所以 (0, 84) 離開佇列，(1, 47) 進入佇列。

- 第四步：繼續移動右指標，$j = 2$，此時 cumsum = 79，繼續把 (2, 79) 壓入佇列。

- 第五步：繼續移動右指標，$j = 3$，此時 cumsum = 119，繼續把 (3, 119) 壓入佇列。

- 第六步：繼續移動右指標，$j = 4$，此時 cumsum = 214，大於 167，首先計算得到 min_size = 5。把第一個元素移出佇列，此時佇列中的第一個元素為 (1, 47)，cumsum – 47 = 167，則有 min_size = 3。

程式碼清單 4-5　求和大於 *K* 的最短非空連續子陣列的長度

```python
class Solution:
    def shortestSubarray(self, A: List[int], K: int) -> int:
        q = deque()
        q.append((-1,0))
        min_size = float("inf")
        cumsum = 0
        for j in range (len(A)):
            # 從佇列的前 / 左前掃描
            cumsum = cumsum + A[j]
            while q and cumsum - q[0][1] >= K:
                min_size = min(min_size, j - q[0][0])
                q.popleft()
            # insert current cumsum while maintaing that cumsum
            # should be greater elements in the back and q should in
                increasing order
            while q and q[-1][1] >= cumsum:
                q.pop()
            q.append((j,cumsum))
        return -1 if min_size == float("inf") else min_size

if __name__ == "__main__":
    object = Solution()
    result = object.shortestSubarray([84, -37, 32, 40, 95], 167)
    assert result == 3
    result = object.shortestSubarray([2, -1, 2], 3)
    assert result == 3
    result = object.shortestSubarray([1, 2], 4)
    assert result == -1
    print("pass all shortestSubarray tests")
```

時間複雜度為 $O(n)$，空間複雜度為 $O(n)$。

CHAPTER 5

優先佇列

優先佇列（priority queue，或稱優先隊列）是一種抽象資料結構（由其行為定義的資料結構），它類似於普通佇列，但每個元素都有一個特殊的「鍵」以量化其「優先順序」。例如，如果電影院決定首先服務忠實顧客，它將根據其忠誠度（積分或購買的門票數量）提供訂購服務。在這種情況下，電影票佇列將不再是先到先得，而是顧客根據其優先級別購買。顧客是此優先佇列中的元素，而優先順序根據忠誠度評判。

5.1 優先佇列的 3 種實現方式

考慮到我們希望有一個基於顧客忠誠度排序的優先顧客佇列，忠誠度分數越高，優先級別越高。在 Python 中實現優先佇列，有多種方法，這裡介紹其中常用的三種。

1. 使用串列實現優先佇列

一種非常簡單明瞭的方法是使用普通串列，但每次添加元素時都需要對其進行排序。舉例如下。

程式碼清單 5-1　使用串列實現優先佇列

```
customers = []
customers.append((2, "Harry"))
customers.append((3, "Charles"))
customers.sort(reverse=True)
# 需要排序來保持位置
customers.append((1, "Riya"))
customers.sort(reverse=True)
# 需要排序來保持位置
customers.append((4, "Stacy"))
customers.sort(reverse=True)
while customers:
    print(customers.pop(0))
    # 按順序列印姓名：Stacy, Charles, Harry, Riya.
```

執行結果：

```
(4, 'Stacy')
(3, 'Charles')
(2, 'Harry')
(1, 'Riya')
```

將元素添加到串列時，時間複雜度為 $O(n\log n)$。因此，只有插入元素很少時才使用上述方法。

2. 使用 heapq 實現優先佇列

在 Python 中還可以使用 heapq 來實現優先佇列，此方法的時間複雜度是 $O(\log n)$，可用於最小元素的插入和提取。請注意，heapq 僅具有最小堆疊實現。

程式碼清單 5-2　使用 heapq 實現優先佇列

```
import heapq
customers = []
```

```
heapq.heappush(customers, (2, "Harry"))
heapq.heappush(customers, (3, "Charles"))
heapq.heappush(customers, (1, "Riya"))
heapq.heappush(customers, (4, "Stacy"))
while customers:
    print(heapq.heappop(customers))
    # 按順序列印姓名：Riya, Harry, Charles, Stacy.
```

執行結果：

```
(1, 'Riya')
(2, 'Harry')
(3, 'Charles')
(4, 'Stacy')
```

3. 使用 queue.PriorityQueue 實現優先佇列

PriorityQueue 在內部使用與 5.1.2 中相同的 heapq 實現，因此具有相同的時間複雜度。但是，它在兩個關鍵方面有所不同。首先，它是同步的，因此它支持並行行程。其次，它是一個類別介面，而不是 heapq 的基於函式的介面。因此，PriorityQueue 在實現和使用 Priority Queues 時是經典 OOP（物件導向）風格。

讓我們為電影迷們建立一個優先佇列。

程式碼清單 5-3　使用 queue.PriorityQueue 建立優先佇列

```
from queue import PriorityQueue
customers = PriorityQueue()
# 我們初始化 PriorityQueue 類別而不是使用函式對串列進行操作。
customers.put((2, "Harry"))
customers.put((3, "Charles"))
customers.put((1, "Riya"))
customers.put((4, "Stacy"))
while customers:
    print(customers.get())
    # 按順序列印姓名：Riya, Harry, Charles, Stacy.
```

執行結果：

```
(1, 'Riya')
(2, 'Harry')
(3, 'Charles')
(4, 'Stacy')
```

5.2　實例 1：僱用 K 個工人的最低成本

若有 N 個工人，則第 i 個工人具有「品質 [i]」和「最低期望工資 [i]」兩個指標。現在要僱用 K 個工人來組成一個「有薪小組」，必須根據以下規則向他們付款。

1. 對於該組的每個工人，都應按其品質（quality）的比例支付工資。

2. 該組中的每個工人都必須至少獲得其最低期望工資（wage）。

傳回滿足上述條件所需的最小金額。

例 1
輸入：品質 = [10, 20, 5]，工資 = [70, 50, 30]，K = 2
輸出：105.00000

例 2
輸入：品質 = [3, 1, 10, 10, 1]，工資 = [4, 8, 2, 2, 7]，K = 3
輸出：30.66667

解題思路：計算每個工人的工資 / 品質並進行排序，因為所有工人都必須按照一個比例來付錢，所以每次要把品質最高的元素彈出陣列，把剩餘的品質加在一起，同時乘以其中最高的工資 / 品質值，就是付給工人的最低工資。

對於例 1，首先計算工資 / 品質，我們得到陣列 [(7, 10), (2.5, 20), (6, 5)]，按照工資 / 品質從小到大排序，我們得到排序後的陣列 [(2.5, 20), (6, 5), (7, 10)]。

對於第一個元素 (2.5, 20)，品質和為 qSum = 20；同時把 20 壓入優先佇列，因為我們需要 2 個工人，暫時不需要計算成本。

對於第二個元素 (6, 5)，品質和為 qSum = 25，同時把 5 壓入優先佇列，因為這個時候已經有 2 個工人了，需要計算一下成本，即 res = 6 × 25 = 150。

對於第三個元素 (7, 10)，品質和為 qSum = 35, 把 10 壓入堆疊，因為此時優先佇列的長度大於 2，所以要把最小的工資 / 品質對應的元素彈出陣列，也就是把 20 彈出來。因此 qSum = 15，此時最高的工資 / 品質值為 ratio = 7，得最低成本為 res = 105，所以最低成本就是 105。

程式碼清單 5-4　僱用 K 個工人的最低成本

```
class Solution:
    def mincostToHireWorkers(self, quality: List[int], wage: List[int], K:
        int) -> float:
        wq = sorted([(a / b, b) for (a, b) in zip(wage, quality)])
        res = float('inf')
        heap = []
        qSum = 0
        for avg, q in wq:
            qSum += q
            # 預設的優先佇列是最小優先佇列
            # 這樣做的目的是保證出列的元素具有最大的品質
            heapq.heappush(heap, -q)
            if len(heap) > K: qSum += heapq.heappop(heap)
            if len(heap) == K: res = min(res, avg * qSum)
        return res
```

5.3　實例 2：
判斷陣列是否可以拆分為連續的子序列

指定一個升冪排列的陣列 num，將其拆分為 1 個或多個子序列，只有當每個子序列由連續的整數組成且長度至少為 3 時，才傳回 True。舉例如下：

- 輸入：[1, 2, 3, 3, 4, 5]

- 輸出：True

說明：你可以將它們分為兩個長度為 3 且連續的子序列，分別為 [1, 2, 3] 和 [3, 4, 5]。

解題思路：每次總是把順子（連續增加的序列）中最短的那個序列找出來，然後把順子的長度加 1，壓入優先佇列。這裡主要考查雜湊表和優先佇列的組合使用，有一定的難度。

首先對於第一個元素 1，因為優先佇列裡面沒有元素，此時順子的長度是 1，把元素 1 以及其長度 1 壓入佇列。

對於第二個元素 2，因為 1 已經在優先佇列裡面，同時增加順子的長度為 2，把元素 2 以及對應的長度 2 壓入佇列。

對於第三個元素 3，因為 2 已經在優先佇列裡面，同時增加順子的長度為 3，把元素 3 以及對應的長度 3 壓入佇列。

對於第四個元素 3，因為 2 不在優先佇列裡面，所以設置此時順子的長度為 1，把 3 以及順子的長度 1 壓入優先佇列。

對於第五個元素 4，因為 3 已經在優先佇列裡面，此時元素 3 的長度有兩個，一個是 3，另一個是 1，我們需要把長度最小的那個元素從優先佇列裡面提取出來，同時把長度增到 2，把元素 4 以及長度 2 壓入優先佇列。

第六個元素是 5，因為 4 已經在優先佇列裡面，同時把其長度增加 1，然後把元素 5 和其長度 3 壓入優先佇列。

最後檢查每個元素是否在優先佇列裡面，而且其長度是否小於 3。如果不是的話，那麼就不能組成順子。

程式碼清單 5-5　判斷陣列是否可以拆分為連續的子序列

```python
class Solution:
    def isPossible(self, nums: List[int]) -> bool:
        heaps = {}
        # 預先定義優先佇列
        for n in range(nums[0]-1, nums[-1]+1):
            heaps[n] = []
        for n in nums:
            if heaps[n-1]:
                # 使當前值小於 1 的優先佇列出列，同時加上 1
                length = heapq.heappop(heaps[n-1]) + 1
            else: length = 1
            # 把當前值對應的優先佇列壓入
            heapq.heappush(heaps[n], length)
        for n in nums:
            if heaps[n] and heaps[n][0] < 3:
                return False
        return True
```

CHAPTER 6

字典

Python 中的字典（Dictionary）是資料值的非順序集合，用於儲存資料值（如映射），與其他僅將單個值作為元素的資料類型不同，字典中提供了鍵值對（key-value），以使其更最佳化。

6.1 字典的基礎知識

6.1.1 建立字典

在 Python 中，可以透過將元素序列放在大括弧「{ }」中並用逗號「,」分隔來建立字典。字典包含兩個值，一個是鍵（key），另一個是鍵的值（value）。字典中的值可以是任何資料類型，並且可以重複，但鍵不能重複且必須是不變的。

> **注意！**
> 字典的鍵區分大小寫，名稱若相同，但鍵的大小寫必須不同。

建立字典示例如下。

程式碼清單 6-1　建立字典

```
# 使用整數鍵建立字典
Dict = {1: 'Geeks', 2: 'For', 3: 'Geeks'}
print("\nDictionary with the use of Integer Keys: ")
print(Dict)

# 使用混合鍵建立字典
Dict = {'Name': 'Geeks', 1: [1, 2, 3, 4]}
print("\nDictionary with the use of Mixed Keys: ")
print(Dict)
```

執行結果：

```
Dictionary with the use of Integer Keys:
{1: 'Geeks', 2: 'For', 3: 'Geeks'}

Dictionary with the use of Mixed Keys:
{'Name': 'Geeks', 1: [1, 2, 3, 4]}
```

字典也可以透過內建函式 dict() 建立，使用大括弧「{ }」即可建立一個空字典。使用 dict() 建立字典的示例程式碼如下。

程式碼清單 6-2　利用 dict() 建立字典

```
# 建立一個空字典
Dict = {}
print("Empty Dictionary: ")
print(Dict)

# 使用 dict() 方法建立字典
Dict = dict({1: 'Geeks', 2: 'For', 3:'Geeks'})
print("\nDictionary with the use of dict(): ")
print(Dict)

# 建立一個字典，每個元素成對出現
Dict = dict([(1, 'Geeks'), (2, 'For')])
print("\nDictionary with each item as a pair: ")
print(Dict)
```

執行結果：

```
Empty Dictionary:
{}

Dictionary with the use of dict():
{1: 'Geeks', 2: 'For', 3: 'Geeks'}

Dictionary with each item as a pair:
{1: 'Geeks', 2: 'For'}
```

6.1.2 向字典中添加元素

在 Python 中，字典有多種方式添加元素。透過將值與鍵一起定義，使用 Dict [Key] = 'Value' 可以一次將一個鍵值對添加到字典 Dict 中。也可以使用內建的 update() 方法來更新字典中的現有值。巢狀鍵值也可以添加到現有字典中。向字典中添加元素的示例見程式碼清單 6-3。

> **注意！**
>
> 在添加值時，如果鍵值已經存在，則該值將更新，否則將具有該值的新鍵添加到字典中。

程式碼清單 6-3　向字典中添加元素

```
# 建立一個空字典
Dict = {}
print("Empty Dictionary: ")
print(Dict)

# 向字典中添加元素
Dict[0] = 'Geeks'
Dict[2] = 'For'
Dict[3] = 1
print("\nDictionary after adding 3 elements: ")
print(Dict)

# 向字典中添加一組元素
Dict['Value_set'] = 2, 3, 4
print("\nDictionary after adding 3 elements: ")
```

```python
print(Dict)

# 更新字典中的鍵值
Dict[2] = 'Welcome'
print("\nUpdated key value: ")
print(Dict)

# 添加巢狀的字典到字典的鍵值
Dict[5] = {'Nested' :{'1' : 'Life', '2' : 'Geeks'}}
print("\nAdding a Nested Key: ")
print(Dict)
```

執行結果：

```
Empty Dictionary:
{}

Dictionary after adding 3 elements:
{0: 'Geeks', 2: 'For', 3: 1}

Dictionary after adding 3 elements:
{0: 'Geeks', 2: 'For', 3: 1, 'Value_set': (2, 3, 4)}

Updated key value:
{0: 'Geeks', 2: 'Welcome', 3: 1, 'Value_set': (2, 3, 4)}

Adding a Nested Key:
{0: 'Geeks', 2: 'Welcome', 3: 1, 'Value_set': (2, 3, 4), 5: {'Nested': {'1':
    'Life', '2': 'Geeks'}}}
```

6.1.3　存取字典中的元素

可以透過鍵名存取字典中的元素，示例程式碼如下。

程式碼清單 6-4　存取字典中的元素

```python
# 從字典中存取元素
# Creating a Dictionary
Dict = {1: 'Geeks', 'name': 'For', 3: 'Geeks'}

# accessing a element using key
print("Accessing a element using key:")
print(Dict['name'])

# accessing a element using key
```

```
print("Accessing a element using key:")
print(Dict[1])
```

執行結果:

```
Accessing a element using key:
For
Accessing a element using key:
Geeks
```

還可以利用 get() 函式獲取字典元素,示例程式碼如下。

📖 **程式碼清單 6-5　利用 get() 獲取字典元素**

```
# 建立字典
Dict = {1: 'Geeks', 'name': 'For', 3: 'Geeks'}

# 利用 get() 函式獲取元素
print("Accessing a element using get:")
print(Dict.get(3))
```

執行結果:

```
Accessing a element using get:
Geeks
```

6.1.4　從字典中刪除元素

1. 使用 del 關鍵字

在 Python 中,可以使用 del 關鍵字從字典中刪除元素。使用 del 關鍵字,可以刪除字典或字典中指定鍵的值。

📖 **程式碼清單 6-6　使用 del 關鍵字從字典中刪除元素**

```
# 初始化字典
Dict = { 5 : 'Welcome', 6 : 'To', 7 : 'Geeks',
       'A' : {1 : 'Geeks', 2 : 'For', 3 : 'Geeks'},
       'B' : {1 : 'Geeks', 2 : 'Life'}}
print("Initial Dictionary: ")
print(Dict)
```

```python
# 刪除字典中的一個鍵值
del Dict[6]
print("\nDeleting a specific key: ")
print(Dict)

# 刪除巢狀的鍵值
del Dict['A'][2]
print("\nDeleting a key from Nested Dictionary: ")
print(Dict)
```

執行結果：

```
Initial Dictionary:
{5: 'Welcome', 6: 'To', 7: 'Geeks', 'A': {1: 'Geeks', 2: 'For', 3: 'Geeks'}, 'B':
{1: 'Geeks', 2: 'Life'}}

Deleting a specific key:
{5: 'Welcome', 7: 'Geeks', 'A': {1: 'Geeks', 2: 'For', 3: 'Geeks'}, 'B': {1:
'Geeks', 2: 'Life'}}

Deleting a key from Nested Dictionary:
{5: 'Welcome', 7: 'Geeks', 'A': {1: 'Geeks', 3: 'Geeks'}, 'B': {1: 'Geeks', 2:
'Life'}}
```

2. 使用 pop() 函式

可以使用 pop() 函式刪除指定鍵的值。示例程式碼如下。

程式碼清單 6-7　利用 pop() 函式刪除元素

```python
# 建立字典
Dict = {1: 'Geeks', 'name': 'For', 3: 'Geeks'}

# 利用 pop() 函式刪除鍵值
pop_ele = Dict.pop(1)
print('\nDictionary after deletion: ' + str(Dict))
print('Value associated to poped key is: ' + str(pop_ele))
```

執行結果：

```
Dictionary after deletion: {'name': 'For', 3: 'Geeks'}
Value associated to poped key is: Geeks
```

6.2　實例 1：和等於 *K* 的連續子陣列的總數

若指定一個整數陣列和一個整數 K，則要如何找到和等於 K 的連續子陣列的總數？舉例如下。

- 輸入：nums = [1, 1, 1], *K* = 2
- 輸出：2

解題思路：此題考查雜湊表的應用，初始化和為 0 的值為 1，然後不斷得到前綴和，減去 *K* 之後，看這個值是否存在，如果存在，則相加。注意：這裡可能有負數，另外需要不斷把前綴和放入雜湊表中。

對於第一個元素 1，前綴和為 1，我們偵測 -1 = 1 - 2 是否在字典中，如果在，則把其個數加入到最後的結果，同時更新前綴和為 1 的個數，設 presum[1] = 1。

對於第二個元素 1，此時前綴和為 2，偵測 0 是否在字典中。因為我們初始化前綴和為 0 的值為 1，所以此時 res = 1，其中 res 為和等於 *K* 的連續子陣列的個數。同時更新前綴和為 2 的個數，設 presum[2] = 1。

對於第三個元素 1，此時前綴和為 3，我們偵測 1 是否在字典中，因為 presum[1] = 1，此時 res = 2，同時更新前綴和為 2 的個數，presum[2] = 1。

示例程式碼如下。

程式碼清單 6-8　找到和等於 K 的連續子陣列的總數

```
class Solution:
    def subarraySum(self, nums: List[int], K: int) -> int:
        table = defaultdict(int)
        res,presum=0,0
        table[0]=1
        for i,num in enumerate(nums):
            presum+=num
            if presum-K in table:   # 如果當前 presum-K 在字典中
                res+=table[presum-K]
```

```
            # 更新當前 presum 的個數
            table[presum]+=1
        return res
```

該方法的時間複雜度為 $O(n)$，空間複雜度為 $O(n)$。

延展思考：如果陣列中全是正數，可以利用雙指標的方法求解。示例程式碼如下。

程式碼清單 6-9　利用雙指標的方法進行陣列求和

```
class Solution:
    def subarraySum(self, nums: List[int], K: int) -> int:
        if K<0: return 0
        j, sum, ans = 0, 0, 0
        for I, num in enumerate(nums):
            sum += num    # 移動右指標
            while (sum>K):    # 如果當前的和大於 K, 則不斷移動左指標
                sum -= nums[j]
                j+=1
            if(sum==K): ans+=1    # 如果陣列和等於 K, 則結果加 1
        return ans
```

該方法的時間複雜度為 $O(n)$，空間複雜度為 $O(1)$。

6.3　實例 2：標籤中的最大值

有一組項目：第 i 個項目具有值 value [i] 和標籤 label [i]。選擇這些項目的子集 S，滿足：S 的大小最大為 num_wanted；並且對於每個標籤 L，帶有標籤 L 的 S 中的項目數最多為 use_limit。傳回子集 S 的最大可能和。

- 輸入：值 = [5, 4, 3, 2, 1]，標籤 = [1, 1, 2, 2, 3]，num_wanted = 3，use_limit = 1

- 輸出：9

說明：選擇的子集是第一、第三和第五項。

解題思路：對於值從大到小排列，然後從陣列裡面取值，注意每數值的 label 不能超過 use_limit。可以利用雜湊表來統計每個數值的 label 值。

首先把值和相對應的標籤成對放在一起，按值從小到大進行排序。因此我們得到 [(1, 3), (2, 2), (3, 2), (4, 1), (5, 1)]。

- 第一步：把（5, 1）彈出來，此時 label = 1 的個數還是 0，小於 use_limit；然後把 label = 1 的計數器增加為 1，所以 5 可以加入串列，res = [5]。

- 第二步：把（4, 1）彈出來，此時 label = 1 的計數器為 1，不小於 use_limit。

- 第三步：把（3, 2）彈出來，此時 label = 2 的計數器為 0，小於 use_limit；然後把 label = 2 的計數器增加為 1，所以 3 可以加入串列，res = [5, 3]。

- 第四步：把（2, 2）彈出來，此時 label = 2 的計數器為 1，等於 use_limit。

- 第五步：把（1, 3）彈出來，此時 label = 3 的計數器為 0，小於 use_limit；然後把 label = 3 的計數器增加為 1，所以 1 可以加入串列，res = [5, 3, 1]。

因此最後串列元素的和就是 9 = 5 + 3 + 1。

示例程式碼如下。

程式碼清單 6-10　標籤中的最大值

```
class Solution:
    def largestValsFromLabels(self, values: List[int], labels: List[int],
        num_wanted: int, use_limit: int) -> int:
        # 按升冪對值進行排序，因此最大值在末尾，保留對值標籤的引用
        # 以便我們跟蹤每個標籤使用了多少次
        options = sorted(zip(values, labels))

        # 使用計數器跟蹤每個標籤的使用次數
```

```
used_labels = collections.Counter()

# 持續彈出選項的值（最後一個值始終是最大的）
# 如果未達到該值的標籤，則為 use_limit，然後將該值添加到 res，
    並使 used_labels [label] 遞增 1
# 一旦我們用完了所有選項，或者找到了個數為 num_wanted 的值，就
    中斷計數，並傳回找到的所有值的總和
res = []
while (len(res) < num_wanted) and options:
    value, label = options.pop()
    if used_labels[label] < use_limit:
        used_labels[label] += 1
        res.append(value)
return sum(res)
```

該方法的時間複雜度是 $O(n)$，空間複雜度是 $O(n)$。

6.4 實例 3：以平均時間複雜度 $O(1)$ 實現插入、刪除和獲取隨機值

設計一個資料結構，以平均時間複雜度 $O(1)$ 支持所有以下操作。

- insert(val)：將 val 插入集合（如果該項尚未存在）。

- remove(val)：從集合中刪除 val（如果該項存在）。

- getRandom：從當前元素集中傳回一個隨機元素（保證在執行此方法時至少存在一個元素），每個元素必須具有相同的傳回概率。

解題思路：利用一個陣列和雜湊表來實現。執行 insert 函式的時候，如果此元素已經在陣列中，則傳回；否則，將其插入陣列的末尾，同時記錄其位置 idx。刪除元素的時候，利用雜湊表以 $O(1)$ 的時間找到其位置，然後和最後一個元素互換位置，同時刪除次元素。getRandom 函式則根據陣列大小，從中選取一個輸出。

對於插入數字，以插入數字 8 為例，把數字 8 加入到陣列的末端，同時利用雜湊表記錄數字 8 所在的索引位置，如圖 6-1 所示。

插入數字 8

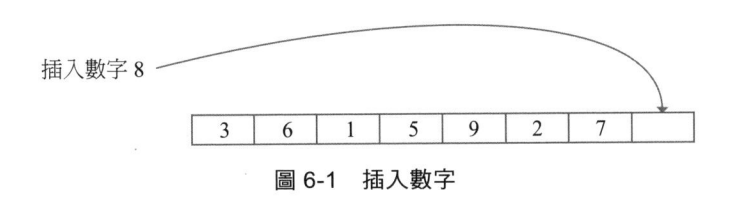

| 3 | 6 | 1 | 5 | 9 | 2 | 7 | |

圖 6-1　插入數字

對於刪除數字，以刪除數字 1 為例。首先利用雜湊表找到 1 在陣列中的索引位置 2，以及最後一個元素 8 的索引位置 7，得到最後一個元素是 8。更新元素 8 所對應的索引位置為 2，交換數字 1 和 8，最後把 1 從陣列中刪除，如圖 6-2 所示。

2. 交換

| 3 | 6 | 1 | 5 | 9 | 2 | 7 | 8 |

1. 利用雜湊表找到 1 在數列中的位置

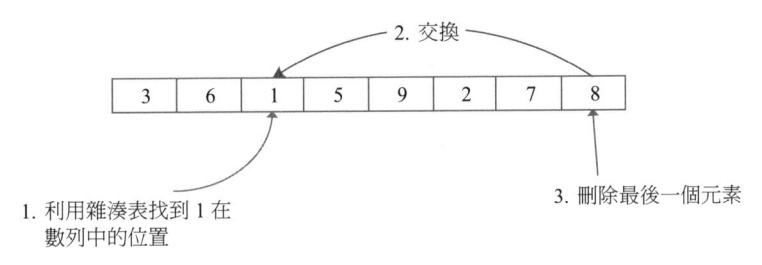

3. 刪除最後一個元素

圖 6-2　刪除數字

示例程式碼如下。

程式碼清單 6-11　以平均時間複雜度 $O(1)$ 實現插入、刪除和獲取隨機值

```python
class RandomizedSet:

    def __init__(self):
        # 初始化資料結構
        self.data = []
        self.table = defaultdict()

    def insert(self, val: int) -> bool:
        # 向集合中插入一個值，如果該集合中已包含指定元素，則傳回 True
        if val in self.table:
            return False
        self.data.append(val)
        self.table[val] = len(self.data)-1
        return True

    def remove(self, val: int) -> bool:
        # 從集合中移除一個值，如果集合包含指定元素則傳回 True
```

```python
        # 獲取刪除元素的索引，用於和最後一個元素交換
        removed_idx, last_idx = self.table[val],len(self.data)-1
        item = self.data[last_idx]
        # 更新最後一個元素的位置
        self.table[item] = removed_idx
        # 交換待刪除的元素和最後一個元素
        self.data[removed_idx], self.data[last_idx]=self.data[last_idx],val
        # 刪除
        self.data.pop()
        del self.table[val]
        return True

    def getRandom(self) -> int:
        # 產生一個亂數，生成索引
        idx = random.randint(0,len(self.data)-1)
        return self.data[idx]
```

6.5　實例 4：最近最少使用快取記憶體

設計和實現最近最少使用快取記憶體（LRUCache）的資料結構，使其支援以下操作。

- get(key)：如果 key 存在於快取記憶體中，則獲取 key 的值（始終為正），否則傳回 -1。

- put(key,value)：如果 key 不存在，則插入該組 (key, value)。當快取記憶體達到其容量時，它應在插入新項目之前使最近最少使用快取記憶體的項目無效。

```
LRUCache cache = new LRUCache( 2 /* capacity */ );
cache.put(1, 1);
cache.put(2, 2);
cache.get(1);       // 傳回 key 值為1的數值1,同時標註 (1,1) 為最新使用
cach e.put(3, 3);   // 加入新的 cache 值,因為容量只有 2,所以把最近最少使用的 (2,2)
                    //  驅逐出來,把 (3,3) 放入 cache 裡面,並且標註 (3,3) 為最新使用
cache.get(2);       // 因為 2 不在 cache 裡面,所以傳回 -1,沒找到
cach e.put(4, 4);   // 加入新的 cache 值,因為容量只有 2,所以把最近最少使用的 (1,1)
                    //  驅逐出來,把 (4,4) 放入 cache 裡面,並且標註 (4,4) 為最新使用
cache.get(1);       // 因為 (1,1) 不在 cache 裡面,所以傳回 -1,沒找到
cache.get(3);       // 目前 cache 裡面存在 (3,3),所以傳回 key 值 3 對應的值 3
cache.get(4);       // 目前 cache 裡面存在 (4,4),所以傳回 key 值 4 對應的值 4
```

解題思路：主要利用一個串列和雜湊表來實現。串列用來保存 cache 節點，為了使得計算複雜度達到 $O(1)$，使用雜湊表來搜索。

對於函式 get(key)，如果找不到 key 就傳回 -1；要麼把串列中的元素從當前位置刪除，同時把這個元素插入到串列的末端。

對於函式 put(key, value)，如果串列中已經有 key，那麼更新其值為 value。如果沒有 key，首先判斷串列是不是已經滿了。如果滿了，需要把串列中第一個元素移出來，同時把 (key, value) 加入到串列的最後面；如果串列沒滿，直接把 (key, value) 加入到串列的最後面。圖 6-3 為 LRUCache 圖解說明。

(1,1)		cache.put(1, 1)：首先把 (1, 1) 加入串列中。
(1,1)	(2,2)	cache.put(2, 2)：然後把 (2, 2) 加入串列中，串列左邊表示相對較老的 cache 值。
(2,2)	(1,1)	cache.get(1)：首先把 1 從串列中刪除，然後把 1 加入串列的末尾，同時傳回 cache 的 key 值。
(1,1)	(3,3)	cache.put(3, 3)：因為 1 指定 cache 的容量大小為 2，所以要把最老的 cache 值刪除，這裡就是把 (2, 2) 從串列中刪除，然後把 (3, 3) 加入串列。
(1,1)	(3,3)	cache.get(2)：因為 2 不在串列中，所以傳回 -1。
(3,3)	(4,4)	cache.put(4, 4)：因為指定 cache 的容量大小為 2，所以要把最老的 cache 值刪除，這裡就是把 (1, 1) 從串列中刪除，然後把 (4, 4) 加入串列。
(3,3)	(4,4)	cache.get(1)：因為 1 不在串列中，所以傳回 -1。
(4,4)	(3,3)	cache.get(3)：首先把 3 從串列中刪除，然後把 3 加入串列的末尾，同時傳回 cache 的 key 值。
(3,3)	(4,4)	cache.get(4)：首先把 4 從串列中刪除，然後把 4 加入串列的末尾，同時傳回 cache 的 key 值。

圖 6-3　LRUCache 圖解說明

該方法的時間複雜度為 $O(1)$，空間複雜度為 $O(n)$。示例程式碼如下：

程式碼清單 6-12 LRUCache

```python
class LRUCache:
    def __init__(self, capacity: int) -> None:
        self.capacity = capacity
        self.list = deque(maxlen=capacity)
        self.items = {}

    def get(self, key: int) -> int:
        if key not in self.items: return -1
        # 在最壞的情況下，這會增加每次獲取的 O(n) 時間
        self.list.remove(key)
        self.list.append(key)

        return self.items[key]
    def put(self, key: int, value: int) -> None:
        if key in self.items:
            # 在最壞的情況下，這會增加每次獲取的 O(n) 時間
            self.list.remove(key)
            self.list.append(key)
            self.items[key] = value
            return

        if len(self.items) == self.capacity:
            # 由於 deque, popleft 的複雜度是 O(1)，但從串列中刪除的最壞情況是 O(n)
            del self.items[self.list.popleft()]

        self.list.append(key)
        self.items[key] = value
```

CHAPTER 7

集合

集合（Set）是可迭代、可變且沒有重複元素的無順序資料類型，Python 的集合類別表示集合的數學概念。與串列不同，集合的主要優點是，可採用高度最佳化的方法來檢查集合中是否包含特定元素，這是基於稱為雜湊表（Hash table，或稱哈希表）的資料結構。由於集合是無順序的，因此不能像在串列中使用索引存取元素。

7.1 集合的基礎知識

集合是一種抽象資料類型（ADT），用於儲存不重複的元素。它是一組物件的集合，這些物件被稱為集合的成員或元素。集合的概念源自數學，特別是集合論。在數學中，集合用來表示一組物件的集合，而集合的運算子（如聯集、交集）在電腦程式設計中也有應用。

1. 特點

    集合中的元素是無順序的，沒有索引，而且每個元素都是唯一的。這意味著集合不能包含重複的元素。

2. 表示方法

    在程式設計中，集合通常用「{ }」表示，其中包含一組元素，每個元素之間用逗號分隔。例如，{1, 2, 3} 表示包含三個整數的集合。

3. 操作

    集合支援一系列常用的操作，包括添加元素、刪除元素、檢查元素是否存在、計算集合的大小等。常見的集合操作包括聯集、交集、差集等。

4. 應用

    集合在程式設計中有許多實際應用，包括資料去重複（確保不重複的資料項目）、搜索（快速搜查元素是否存在於集合中）、集合運算（比較不同資料集合之間的關係）等。

    大多數程式設計語言都提供了集合的內建支援或標準庫（Library）。例如，Python 中有 set，Java 中有 HashSet 和 TreeSet 等，用於建立和操作集合。

5. 性能

    集合的性能取決於底層實現。例如，雜湊集合（Hash Set）通常具有 $O(1)$ 時間複雜度的搜尋性能，而樹集合（Tree Set）則通常具有 $O(\log n)$ 的搜尋性能。

總之，集合是電腦科學中的基本資料結構，用於儲存一組唯一的元素。瞭解集合的基本知識對於編寫各種型別的程式都非常重要，尤其是需要管理不重複資料集合的情況。

7.2 集合的基本操作

7.2.1 添加元素

透過 set.add() 函式可在集合中添加元素，建立適當的記錄值以儲存在雜湊表中。與檢查元素相同，添加元素的時間複雜度平均為 $O(1)$，但在最壞的情況下可能變為 $O(n)$。示例程式碼如下。

程式碼清單 7-1　在集合中添加元素

```python
# 在集合中添加元素
# 建立一個集合
people = {"Jay", "Idrish", "Archi"}

print("People:", end = " ")
print(people)

# 在集合中添加 Daxit
people.add("Daxit")

# 利用迭代器在集合中添加元素
for i in range(1, 6):
    people.add(i)

print("\nSet after adding element:", end = " ")
print(people)
```

執行結果：

```
People: {'Idrish', 'Archi', 'Jay'}

Set after adding element: {1, 2, 3, 4, 5, 'Idrish', 'Archi', 'Jay', 'Daxit'}
```

7.2.2 刪除元素

remove() 函式可從集合中刪除指定的元素並更新集合，不傳回任何值。如果傳遞給 remove() 的元素不存在，則會引發 KeyError 錯誤訊息。示例程式碼如下。

程式碼清單 7-2　使用 remove() 刪除集合元素

```
# 建立一個集合
language = {'English', 'French', 'German'}

# 從集合中刪除 German
language.remove('German')

# 更新集合
print('Updated language set:', language)
```

執行結果：

```
Updated language set: {'English', 'French'}
```

7.2.3　聯集

可以使用 union() 函式或運算子「|」將兩個集合進行合併操作。存取兩個雜湊表值並對其進行合併操作，並對它們進行走訪以合併元素，同時刪除重複項。其時間複雜度為 $O(len(s1) + len(s2))$，其中 $s1$ 和 $s2$ 是需要進行聯集的兩個集合，len ($s1$) 用於計算集合的長度。

程式碼清單 7-3　兩個集合的聯集

```
# 兩個集合的聯集
people = {"Jay", "Idrish", "Archil"}
vampires = {"Karan", "Arjun"}
dracula = {"Deepanshu", "Raju"}

# 使用 union() 進行合併
population = people.union(vampires)

print("Union using union() function")
print(population)

# 使用 "|" 進行合併
population = people|dracula

print("\nUnion using '|' operator")
print(population)
```

執行結果：

```
Union using union() function
{'Karan', 'Idrish', 'Jay', 'Arjun', 'Archil'}

Union using '|' operator
{'Deepanshu', 'Idrish', 'Jay', 'Raju', 'Archil'}
```

7.2.4 交集

交集可以透過 intersection() 函式或運算符「&」來實現。它的時間複雜度是 $O(min(len(s1),len(s2)))$，其中 $s1$ 和 $s2$ 是需要完成聯集的兩個集合。

程式碼清單 7-4　兩個集合的交集

```python
# 兩個集合的交集
set1 = set()
set2 = set()

for i in range(5):
    set1.add(i)

for i in range(3,9):
    set2.add(i)

# 使用 intersection() 計算交集
set3 = set1.intersection(set2)

print("Intersection using intersection() function")
print(set3)

# 使用 "&" 計算交集
set3 = set1 & set2

print("\nIntersection using '&' operator")
print(set3)
```

執行結果：

```
Intersection using intersection() function
{3, 4}

Intersection using '&' operator
{3, 4}
```

CHAPTER 8

鏈結串列

鏈結串列（Linked list，或稱鏈表）與陣列相似，鏈結串列也是一種線性資料結構。如圖 8-1 所示，鏈結串列中的每個元素實際上都是一個單獨的物件，而所有物件都透過每個元素中的引用欄位連結在一起。鏈結串列有兩種型別：單鏈結串列和雙鏈結串列。圖 8-1 是一個單鏈結串列，圖 8-2 是一個雙鏈結串列。

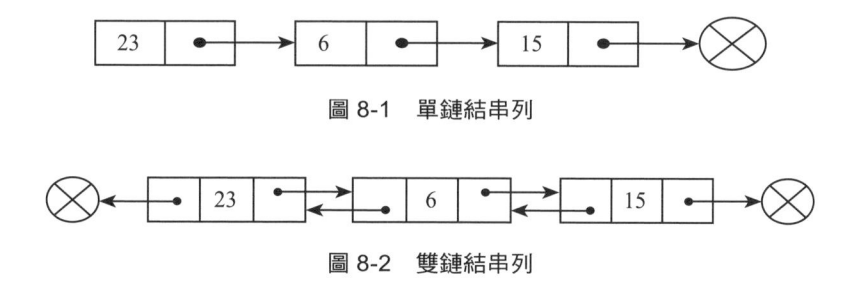

圖 8-1 單鏈結串列

圖 8-2 雙鏈結串列

8.1 雙指標技術

有兩種使用雙指標技術的方案。

- 兩個指標從不同的位置開始：一個指標從頭開始，另一個指標從尾開始。

- 兩個指標以不同的速度移動：一個指標較快，而另一個指標可能較慢。

對於單鏈結串列，由於只能在一個方向上走訪鏈結串列，因此第一種方案不起作用，而第二種方案（也稱為慢指標和快指標技術）非常有用。本章將重點介紹如何使用鏈結串列中的慢指標和快指標技術解決問題。

8.2 實例 1：判斷鏈結串列是否有循環

指定一個鏈結串列，如何確定其是否有循環？為了表示指定鏈結串列中的循環，使用整數 pos 來表示尾部連接到鏈結串列中的位置（0 索引）。如果 pos 為 -1，則鏈結串列中沒有循環。舉例如下。

- 輸入：head = [3, 2, 0, -4]，pos = 1

- 輸出：True

說明：鏈結串列中有一個循環，尾巴連接到第二個節點，如圖 8-3 所示。

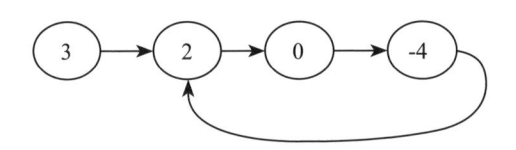

圖 8-3　循環鏈結串列

解題思路：利用兩個指標，一快一慢，如果相遇就說明有循環。示例程式碼如下。

程式碼清單 8-1　判斷鏈結串列是否有循環

```python
class Solution:
    def hasCycle(self, head: ListNode) -> bool:
        slow = head
        fast = head

        while fast and fast.next:
            slow = slow.next
            fast = fast.next.next
            if fast:
                if fast.val == slow.val:
                    return True
        return False
```

8.3　實例 2：兩個鏈結串列的交集

編寫程式以搜尋兩個單鏈結串列的交點開始的節點。如圖 8-4 所示，以下兩個鏈結串列，交點開始的節點是 $c1$。

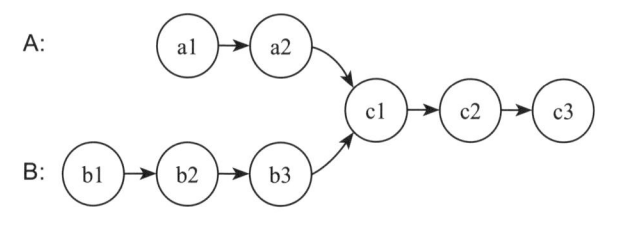

圖 8-4　兩個鏈結串列的交集

解題思路：可以利用雜湊表，把其中一個鏈結串列的所有節點保存下來。然後走訪另外一個鏈結串列，如果在雜湊表中找到相同的節點，則傳回。示例程式碼如下。

程式碼清單 8-2　利用雜湊表尋找鏈結串列的交集

```python
class Solution:
    def getIntersectionNode(self, headA: ListNode, headB: ListNode) -> ListNode:
        a=set()
        while(headA):
            a.add(headA)
            headA=headA.next
```

```
        while(headB):
            if(headB in a):
                return(headB)
            headB=headB.next
        return(None)
```

當然,還有一個解題思路,就是雙指標操作,確保兩個鏈結串列具有相同的長度,然後走訪,尋找是否具有相同節點。示例程式碼如下。

程式碼清單 8-3　利用雙指標尋找鏈結串列的交集

```
class Solution:
    def getIntersectionNode(self, headA: ListNode, headB: ListNode) -> ListNode:
        def size(head: ListNode):
            n = 0
            while head:
                n += 1
                head = head.next
            return n
        # 獲得鏈結串列的長度
        nA = size(headA)
        nB = size(headB)

        if nA==0 or nB==0:
            return

        itr1 = headA
        itr2 = headB

        # 找出鏈結串列長度之差
        d = nA-nB
        if d>0:
            while d>0:
                itr1 = itr1.next
                d = d -1
        else:
            while d<0:
                itr2 = itr2.next
                d = d+1
        # 目前兩個鏈結串列長度一致,開始走訪
        while itr1 != itr2:
            itr1 = itr1.next
            itr2 = itr2.next
        return itr1
```

8.4 實例 3：複製隨機鏈結串列

與上面尋找鏈結串列的交集比較接近的，就是複製一個鏈結串列。

指定一個鏈結串列，使得每個節點都包含一個額外的隨機指標，該指標可以指向鏈結串列中的任何節點或為空（null），傳回鏈結串列的深層拷貝。

鏈結串列在輸入 / 輸出中表示為 n 個節點的串列。每個節點表示為一對 [val，random_ index]，其中：val 表示 Node.val 的整數；random_index 表示隨機指標指向節點的索引（範圍從 0 到 n - 1），如果不指向任何節點，則為 null。

解題思路：主要是走訪鏈結串列裡面的每個 next 節點和 random 節點。當然需要利用雜湊表來儲存已經複製的節點，防止多次生成。示例程式碼如下。

程式碼清單 8-4　複製隨機鏈結串列

```python
class Solution:
    def copyRandomList(self, head: 'Node') -> 'Node':
        if not head: return None
        table = {}
        table[head] = Node(head.val)
        curr = head

        while curr:
            copy = table[curr]
            if curr.next is not None:
                if curr.next not in table:
                    copy.next = Node(curr.next.val)
                    table[curr.next] = copy.next
                else:
                    copy.next = table[curr.next]
            if curr.random is not None:
                if curr.random not in table:
                    copy.random = Node(curr.random.val)
                    table[curr.random] = copy.random
                else:
                    copy.random = table[curr.random]
            copy = copy.next
            curr = curr.next
        return table[head]
```

8.5　實例 4：反轉鏈結串列

舉例如下。

- 輸入：1 → 2 → 3 → 4 → 5 → NULL。
- 輸出：5 → 4 → 3 → 2 → 1 → NULL。

解題思路：這裡使用一個輔助指標 prev，每次更新 prev。

程式碼清單 8-5　反轉鏈結串列

```
class Solution:
    def reverseList(self, head: ListNode) -> ListNode:
        node, prev = head, None
        while node:
            next, node.next = node.next, prev
            prev, node = node, next

        return prev
```

在此演算法中，每個節點都將被精確移動一次，因此，時間複雜度為 $O(n)$，其中 n 是鏈結串列的長度。我們僅使用恆定的額外空間，因此空間複雜度為 $O(1)$。這個問題是在面試中可能遇到的許多鏈結串列問題的基礎，還有許多其他解決方法。因此我們應該至少熟悉一種解決方法並能夠實現它。

CHAPTER 9

二元樹

樹（tree）是模擬分層結構常用的資料結構。樹的每個節點將具有一個根值和對子節點的引用串列。從圖的角度來看，樹也可以定義為有 N 個節點和 $N-1$ 個邊的有向無環圖。

二元樹（Binary tree，或稱二叉樹）是最典型的樹結構之一。顧名思義，二元樹是一種樹資料結構，其中每個節點最多具有兩個子節點，稱為左子節點和右子節點。本章主要介紹二元樹的走訪方法，以及使用遞迴來解決與二元樹有關的問題。

9.1 層次順序走訪

走訪方式有前序走訪、中序走訪和後序走訪。

9.1.1 前序走訪

前序走訪指根節點在最前面輸出，所以前序走訪的順序是父節點、左子節點、右子節點。

程式碼清單 9-1　前序走訪的遞迴實現

```
class Solution:
    def preorderTraversal(self, root):    # 前序走訪
        if not root:
            return []
        return [root.val] + self.preorderTraversal(root.left) +
            self.preorderTraversal(root.right)
```

程式碼清單 9-2　前序走訪的迴圈實現

```
class Solution:
    def preorderTraversal(self, root):    # 前序走訪
        stack = []
        sol = []
        curr = root
        while stack or curr:
            if curr:
                sol.append(curr.val)
                stack.append(curr.right)
                curr = curr.left
            else:
                curr = stack.pop()
        return sol
```

這裡使用堆疊（stack），每次走訪時，先列印當前節點 curr，並將右子節點送入堆疊中，然後將左子節點設為當前節點。當前節點 curr 不為 None 時，每一次迴圈中當前節點 curr 壓入堆疊；當前節點 curr 為 None 時，則一個節點彈出堆疊。整個迴圈在 stack 和 curr 皆為 None 的時候結束。

9.1.2　中序走訪

前、中、後序三種走訪方法，對於左右子節點的走訪順序都是一樣的（先左後右），唯一不同的就是根節點的出現位置。對於中序走訪來說，根節點的走訪位置在中間，所以中序走訪的順序是左子節點、父節點、右子節點。

對於遞迴實現，每次遞迴時只需要判斷節點是不是 None，若不是，則按照左子節點、父節點、右子節點的順序列印出節點值 value。

📖 程式碼清單 9-3　中序走訪的遞迴實現

```
class Solution:
    def inorderTraversal(self, root):
        if not root:
            return []
        return self.inorderTraversal(root.left) + [root.val] + self.
            inorderTraversal(root.right)
```

迴圈比遞迴要複雜得多，因為需要在一個函式中走訪所有節點，所以依然使用 stack。

對於中序走訪的迴圈實現，每次將當前節點 curr 的左子節點送入堆疊中，直到當前節點 curr 為 None。這時，讓堆疊頂端的第一個元素彈出堆疊，設其為當前節點，並輸出該節點的值 value，且開始走訪該節點的右子樹。整個迴圈在 stack 和 curr 皆為 None 時結束。

📖 程式碼清單 9-4　中序走訪的迴圈實現

```
class Solution:
    def inorderTraversal(self, root):
        stack = []
        sol = []
        curr = root
        while stack or curr:
            if curr:
                stack.append(curr)
                curr = curr.left
            else:
                curr = stack.pop()
                sol.append(curr.val)
                curr = curr.right
        return sol
```

9.1.3　後序走訪

後序走訪指根節點在最後面輸出，所以後序走訪的順序是左子節點、右子節點、父節點。

程式碼清單 9-5　後序走訪的遞迴實現

```
class Solution:
    def postorderTraversal(self, root):   # 後序走訪
        if not root:
            return []
        return self.postorderTraversal(root.left) + self.postorderTraversal
            (root.right) + [root.val]
```

程式碼清單 9-6　後序走訪的迴圈實現

```
class Solution:
    def postorderTraversal(self, root):
        curr = root
        stack = []
        s = []
        while True:
            if curr is not None:
                s.append(curr.val)
                stack.append(curr)
                curr = curr.right
            elif (stack):
                curr = stack.pop(-1)
                curr = curr.left
            else:
                break
        return s[::-1]
```

9.1.4　層序走訪

層序走訪是逐級走訪樹，實質是廣度優先搜尋（Breadth-First Search，BFS）。廣度優先搜尋是一種走訪或搜索資料結構（如樹或圖）的演算法。該演算法從根節點開始，首先造訪該節點本身，然後走訪其鄰居，走訪其第二級鄰居，走訪其第三級鄰居，以此類推。在樹中進行廣度優先搜尋時，造訪節點的順序是按層順序。

程式碼清單 9-7　二元樹層序走訪

```
from queue import Queue
class Solution:
    def levelOrder(self, root: TreeNode) -> List[List[int]]:

        result = []
```

```
    if root == None:
        return

    # 利用 Python 佇列
    q = Queue()
    # add the root
    q.put (root)

    while q.empty () != True :
        # 走訪佇列中的元素數量
        temp = []
        for i in range (q.qsize()):
            # 取出第一個值
            node = q.get()
            temp.append(node.val)

            if node.left != None:
                q.put(node.left)
            if node.right != None:
                q.put(node.right)
        result.append(temp)
    return result
```

9.2 遞迴方法用於樹的走訪

眾所周知，樹可以遞迴定義為一個節點（根節點），該節點包括一個值和對子節點的引用串列，所以遞迴是解決樹問題的最強大且最常用的技術之一。對於每個遞迴函式執行，僅關注當前節點的問題，然後遞迴呼叫該函式就可以解決其子級問題。通常，可以使用自上而下的方法或自下而上的方法遞迴地解決樹問題。

9.2.1 自上而下的解決方案

「自上而下」表示在每個遞迴呼叫中，首先存取該節點以提供一些值，然後在遞迴執行該函式時將這些值傳遞給其子級。因此，「自上而下」的解決方案可以視為一種預走訪。遞迴函式 top_down(root, params) 的虛擬碼如下。

程式碼清單 9-8　遞迴函式 top_down (root, params) 的工作方式

```
1. return specific value for null node
2. update the answer if needed                    // answer <-- params
3. left_ans = top_down(root.left, left_params)    // left_params <-- root.
                                                      val, params
4. right_ans = top_down(root.right, right_params) // right_params <-- root.
                                                      val, params
5. return the answer if needed        // answer <-- left_ans,
                                                   right_ans
```

例如：指定一棵二元樹，找到其最大深度。

解題思路：根節點的深度為 1。對於每個節點，如果知道其深度，將知道其子節點的深度。因此，如果在遞迴呼叫函式時將節點的深度作為參數傳遞，則所有節點都將知道其深度。對於葉節點，可以使用深度來更新最終答案。

使用自上而下的遞迴函式 maximum_depth(root, depth) 找到二元樹的最大深度的虛擬碼如下。

程式碼清單 9-9　自上而下的遞迴虛擬碼

```
1. if root is a leaf node:
2. answer = max(answer, depth)           // 更新結果
3. maximum_depth(root.left, depth + 1)   // 左子節點遞迴呼叫函式
4. maximum_depth(root.right, depth + 1)  // 右子節點遞迴呼叫函式
```

程式碼如下。

程式碼清單 9-10　找到二元樹的最大深度

```
class Solution:
    def maxDepth(self, root: TreeNode) -> int:
        if root == None:
            return 0
        return 1+max(self.maxDepth(root.left),self.maxDepth(root.right))
```

9.2.2 自下而上的解決方案

「自下而上」是另一種遞迴解決方案，在每個遞迴呼叫中，首先對所有子節點遞迴執行該函式，然後根據傳回的值和當前節點本身的值得出答案，此過程可以視為一種後走訪。自下而上的遞迴函式 bottom_up(root) 虛擬碼如下。

▣ 程式碼清單 9-11　自下而上的遞迴函式虛擬碼

```
1. return specific value for null node
2. left_ans = bottom_up(root.left)       // 左子節點遞迴呼叫函式
3. right_ans = bottom_up(root.right)     // 右子節點遞迴呼叫函式
4. return answers
```

換一種方式繼續討論關於二元樹最大深度的問題：對於樹的單個節點，以其自身為根的子樹的最大深度 x 是多少？

如果知道以其左子節點為根的子樹的最大深度 l 和以其右子節點為根的子樹的最大深度 r，我們就可以選擇它們之間的最大值，然後加 1 來獲取以當前節點為根的子樹的最大深度，即 $x = \max(l, r) + 1$。

這意味著對於每個節點，都可以利用其子節點解決問題，也就是說，可以使用自下而上的解決方案。自下而上的遞迴函式 maximum_depth(root) 的虛擬碼如下。

▣ 程式碼清單 9-12　遞迴函式 maximum_depth(root) 的虛擬碼

```
1. return 0 if root is null                          // 對於空節點，傳回 0
2. left_depth = maximum_depth(root.left)
3. right_depth = maximum_depth(root.right)
4. return max(left_depth, right_depth) + 1           // 傳回以 root 為根的子樹的深度
```

具體程式碼如下。

📋 **程式碼清單 9-13　遞迴函式 maximum_depth (root) 的程式碼**

```
def maximum_depth(root):
    if not root:
        return 0                              // 對於空節點，傳回 0
    left_depth = maximum_depth(root.left)
    right_depth = maximum_depth(root.right)
    return max(left_depth, right_depth) + 1   // 傳回以 root 為根的子樹深度
```

理解遞迴並找到該問題的遞迴解決方案並不容易，需要多做練習。

遇到樹型問題時，首先思考兩個問題：是否可以確定一些參數以幫助節點知道其答案？可以使用這些參數和節點本身的值來確定將什麼參數傳遞給它的子節點嗎？如果答案都是肯定的，則可以嘗試使用自上而下的方法解決問題。也可以這樣思考：對於樹中的某個節點，如果知道其子節點的答案，那麼可以計算該節點的答案嗎？如果答案是肯定的，那麼可以使用自下而上的方法解決問題。

9.3　實例 1：二元樹的最低共同祖先

指定二元樹，在樹中找到兩個指定節點的最低共同祖先（LCA）。

最低共同祖先被定義為兩個節點 p 和 q 之間的關係，這是樹中同時具有 p 和 q 作為後代的最低節點（在這裡，允許一個節點成為其自身的後代）。

例如：指定二元樹如圖 9-1 所示，指定某節點的最低共同祖先。

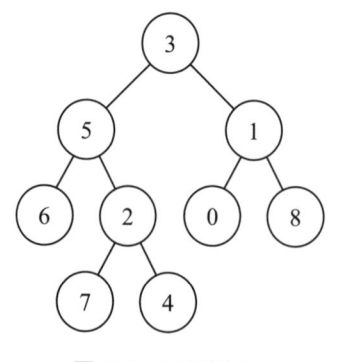

圖 9-1　二元樹 (1)

- 輸入：root = [3, 5, 1, 6, 2, 0, 8, null, null, 7, 4]，p = 5, q = 1
- 輸出：3

結果：節點 5 和節點 1 的最低共同祖先為節點 3。

解題思路：利用深度優先搜尋（Depth-First Search，DFS）的方式，因為傳回的節點可以是二元樹中的任何一個節點。如果當前節點就是 p 或者 q，則傳回當前節點；如果當前節點是空節點，說明沒有找到，則傳回 NULL。對於當前節點，如果左右子樹都不是空，就傳回此節點；否則傳回不是空的那個節點。

由於這裡的解決方法是自下而上的，所以時間複雜度為 $O(n)$，空間複雜度為 $O(1)$。

程式碼清單 9-14　二元樹的最低共同祖先

```python
class Solution:
    def lowestCommonAncestor(self, root: 'TreeNode', p: 'TreeNode', q:
        'TreeNode') -> 'TreeNode':
        if root is None:
            return None
        # 找到 p/q 的節點，傳回當前節點
        if root is p or root is q:
            return root
        left = self.lowestCommonAncestor(root.left,p,q)
        right = self.lowestCommonAncestor(root.right,p,q)
        # 左右子樹傳回的節點不空，則傳回當前節點
        if left and right:
            return root
        elif left:
            return left
        else:
            return right
```

9.4　實例 2：序列化和反序列化二元樹

序列化是將資料結構或物件轉換為序列的過程，從而將其儲存在文件檔或記憶體緩衝區中，或者透過網路連結進行傳輸，以便稍後在相同或另一個電腦環境中進行重構。

設計一種用於對二元樹進行序列化和反序列化的演算法。序列化 / 反序列化演算法的工作方式沒有任何限制，只需要確保可以將二元樹序列化為字串，並且可以將該字串反序列化為原始樹結構。

例如：將如圖 9-2 所示的二元樹序列化為 [1, 2, null, null, 3, 4, null, null, 5, null, null]。

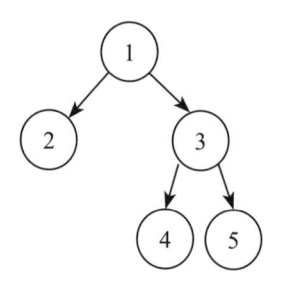

圖 9-2　二元樹 (2)

解題思路：利用序列化的方法把二元樹裡面的數值轉成字串存起來，但是反序列化需要能夠方便解碼。這裡的關鍵就是如何處理 null 指標，可以使用 "#" 標識。在反序列化過程中，快速反序列化字串非常關鍵，因此在序列化的過程中需要添加一些特殊的標誌，如 "#"、"$"、"&" 等，字串之間可以使用 "," 或者空格來區分。

這裡用 "#" 作為空指標的標誌，每個節點之間用 "," 分開。因此序列化此二元樹後的結果就是 "1,2,#,#,3,4,#,#,5,#,#"。

反序列化時，首先把字串分割成串列，每次從最前面彈出一個元素，偵測是否為 "#"，如果是，則認為是 null；否則，建立一個新的節點。這樣不斷遞迴下去。這裡使用的解題思路是前序走訪。具體程式碼如下。

程式碼清單 9-15　序列化和反序列化二元樹

```
class Codec:
    def dfs(self,s):
        first = s.pop(0)
        if first == "#": return None
```

```
            root = TreeNode(int(first))
            root.left = self.dfs(s)
            root.right = self.dfs(s)
            return root

        def serialize(self, root):
            if root is None: return "#,"
            return str(root.val) + "," + self.serialize(root.left) + self.serialize
                (root.right)

        def deserialize(self, data):
            s = data.split(',')
            root = self.dfs(s)
            return root
```

該演算法的時間複雜度為 $O(n)$，空間複雜度為 $O(n)$。

9.5　實例 3：求二元樹的最大路徑和

指定一個非空的二元樹，找到最大路徑總和。路徑定義為從某個起始節點沿著樹的父子關係連接到樹中任何節點的序列。該路徑必須至少包含一個節點，並且不一定透過根節點。

例如：指定如下二元樹，找到最大路徑總和。

- 輸入：[1, 2, 3]

```
    1
   / \
  2   3
```

- 輸出：6

這裡的關鍵是路徑可以經過任何一個節點，如果遇到的節點是空的，則傳回 0；否則繼續遞迴，獲得左右子樹的值。有如下兩個要點必須掌握。

1. 關鍵傳回值是什麼，如果左右子樹的值是負值，就不需要添加到根節點的值，因此總是傳回左右子樹中較大的一個正值和當前節點值的和。

2. 最大值就是當前節點值，以及左右子樹值相加起來的和。這裡要注意左右子樹值為負的情況，如果為負，則不加入最大值。

下面以圖 9-3 為例分析解題思路。自下而上來看，首先看節點 15，此時左分支為 0，右分支也為 0，節點 15 的最大值為 15，傳回父樹的值為 15。

同樣對於節點 7，此時傳回父樹的值應為 7。

對於節點 9 而言，向上傳回父樹的值為 9。

對於節點 20 而言，左子樹返回 15，右子樹傳回 7，best_sum = max(best_sum, v.val + L + R) = max(15, 20 + 15 + 7) = 42，向上傳回 35。

對於節點 -10，左子樹為 9，右子樹為 35，best_sum = max(best_sum, v.val + L + R) = max(42, -10 + 9 + 35) = 34，向上傳回 25，因此最大值為 42。

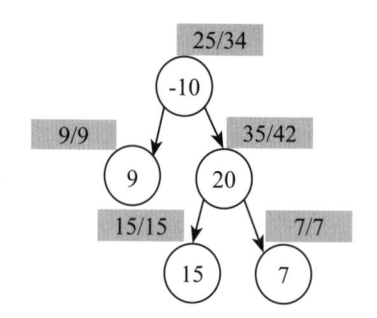

圖 9-3　圖解求二元樹的最大路徑和

具體程式碼如下。

程式碼清單 9-16　求二元樹的最大路徑和

```
class Solution:
    def maxPathSum(self, root: 'TreeNode') -> int:
        best_sum = -float('inf')        # 跟蹤最大的路徑和，預設為負無窮大
        def maxPath(v: 'vertex'):       # 計算每個節點最大路徑和的遞迴函式
            nonlocal best_sum           # 用 nonlocal 修改外部變數 best_sum
            if v is None:               # 當節點為空時，傳回 0
                return 0
            L = maxPath(v.left)         # 遞迴計算左子樹的最大路徑和
            R = maxPath(v.right)        # 遞迴計算右子樹的最大路徑和
```

```
            # 用子樹總和更新跟蹤器
            best_sum = max(best_sum, v.val+L+R)
            # 傳回父子樹的最佳分支
            return max(0, v.val+L, v.val+R)
        maxPath(root)       # 從根節點開始進行遍迴
        return best_sum     # 傳回最大路徑和
```

9.6 實例 4：將二元樹轉換為雙鏈結串列

將二元樹轉換為有序的雙鏈結串列，如圖 9-4 所示。

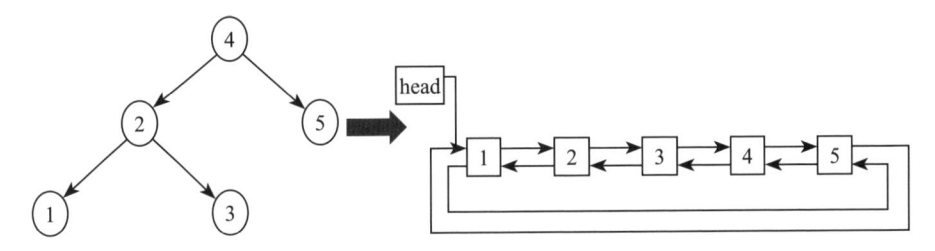

圖 9-4　將二元樹轉化成有順序的雙鏈結串列

解題思路：利用中序走訪的方式把每個節點寫進串列，然後走訪每個節點，把它們前後相連轉成鏈結串列。具體程式碼如下。

程式碼清單 9-17　將二元樹轉換為雙鏈結串列

```
class Solution:
    def treeToDoublyList(self, root: 'Node') -> 'Node':
        if not root: return root
        res = []
        def inorder(node):
            if node is None:return
            inorder(node.left)
            res.append(node)
            inorder(node.right)
        inorder(root)
        for i in range(len(res)-1):
            res[i].right = res[i+1]
            res[i+1].left = res[i]
        res[-1].right = res[0]
        res[0].left = res[-1]
        return res[0]
```

CHAPTER 10

其他樹結構

面試過程中除了需要熟練掌握二元樹以外，還需要瞭解一些其他常用的樹結構，比如前綴樹、線段樹以及二元索引樹等。

10.1 前綴樹

前綴樹（Trie，又稱為字典樹）是一種樹狀結構，用於檢索字串資料集中的鍵。這種非常有效的資料結構有多種應用，例如自動完成（如圖 10-1 所示）以及拼寫檢查（如圖 10-2 所示）。

那為什麼我們需要前綴樹呢？儘管雜湊表在尋找鍵時的時間複雜度為 $O(1)$，但是在以下操作中效率不高。

1. 搜尋具有共同前綴的所有鍵。
2. 按字典順序列舉字串資料集。

前綴樹優於雜湊表的另一個原因是，隨著雜湊表大小的增加，會發生許多雜湊衝突的情況，並且搜索時間複雜度可能會變為 $O(n)$，其中 n 是插入的鍵的數目。當儲存許多具有相同前綴的鍵時，與雜湊表相比，前綴樹可以使用更少的空間。在這種情況下，使用前綴樹的時間複雜度為 $O(m)$，其中 m 是鍵長度。在平衡樹中搜索鍵的時間複雜度為 $O(mlogn)$。

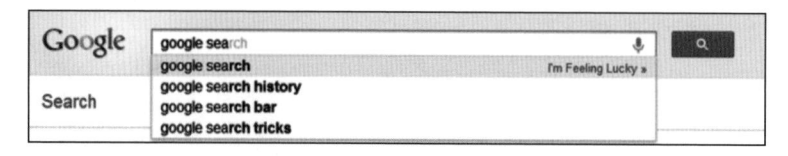

圖 10-1　Google 搜尋引擎中使用的自動完成功能

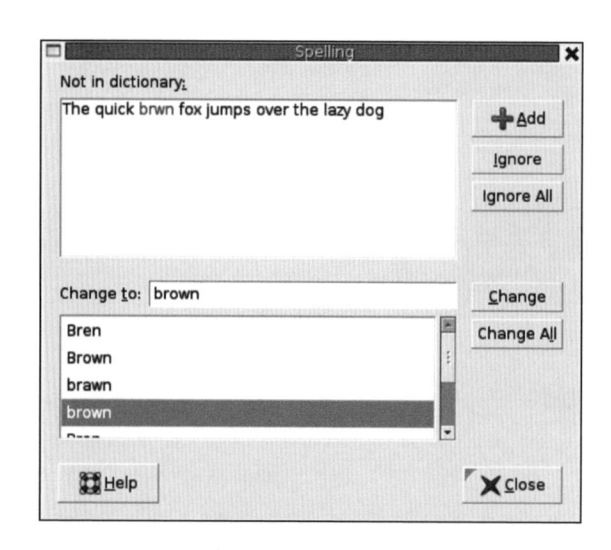

圖 10-2　文書處理器中使用的拼字檢查功能

10.1.1　前綴樹節點的資料結構

前綴樹是一棵有根的樹。其節點具有以下欄位：

1. 每個節點到其子節點。最多有 R 個鏈結，每個鏈結對應於資料集字母表中的一個 R 字符值。在這裡，我們假設 R 為 26，即小寫英文字母的數量。

2. 布林值欄位，用於指定該節點是對應於鍵的結尾，還是僅僅作為鍵的前綴。

> 程式碼清單 10-1　前綴樹節點的資料結構

```python
class TrieNode():
    def __init__(self):
        self.children = {}
        self.isWord = False
```

對於前綴樹，兩個最常見的操作是插入單字、搜索單字。

10.1.2　在前綴樹中插入單字

我們透過在前綴樹中搜尋來插入單字，如圖 10-3 所示。

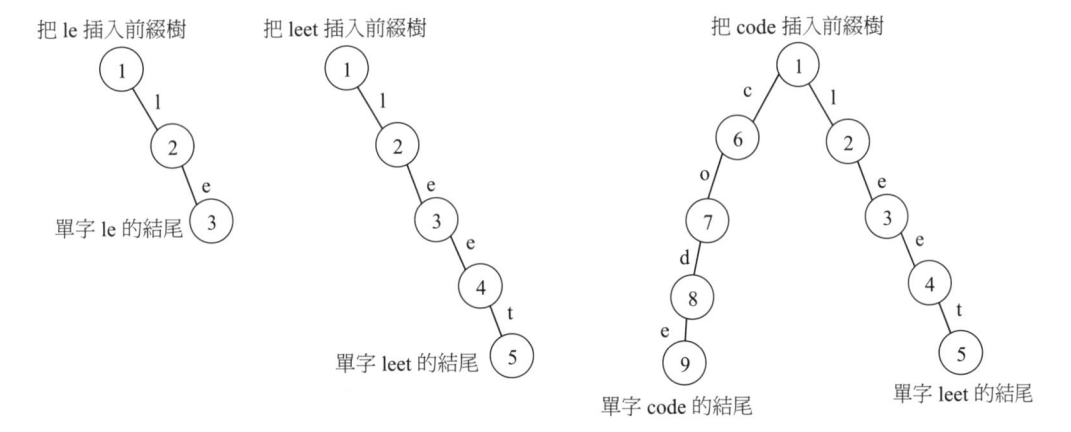

圖 10-3　在前綴樹中插入單字

我們從根節點開始並搜尋下一個鏈結，該鏈結對應於第一個關鍵字元，可能有以下兩種情況。

- 鏈結存在：沿著鏈結向下移動到下一個子樹，繼續搜尋下一個關鍵字元。

- 鏈結不存在：創建一個新節點，並將其與當前關鍵字元匹配的父級鏈結相連。重複此步驟，直到遇到單字的最後一個字元，然後將當前節點標記為結束節點，操作完成。

在前綴樹中插入單字的程式碼如下。

程式碼清單 10-2　在前綴樹中插入單字

```python
def addWord(self, word: str) -> None:
    """
    在資料結構中新增一個單字
    """
    cur = self.root
    for c in word:
        if c not in cur.children:
            cur.children[c] = TrieNode()
        cur = cur.children[c]
    cur.isWord = True
```

時間複雜度：$O(m)$，其中 m 是單字的長度。在演算法的每次迭代中，我們都會在前綴樹中檢查或建立一個節點，直到到達單字的末尾。這僅需要 m 次操作。

空間複雜度：$O(m)$。在最壞的情況下，新插入的單字不會與已經插入到前綴樹中的單字共用前綴。我們必須新增 m 個新節點，這需要 $O(m)$ 的空間。

10.1.3　在前綴樹中搜尋單字

每個單字在前綴樹中表示為從根節點到內部節點或葉節點的一條路徑。如圖 10-4 所示，我們從單字的第一個字元開始，檢查當前節點是否存在與當前單字對應的鏈結，可能有如下兩種情況。

- 鏈結存在：移動到此鏈結之後的路徑中的下一個節點，然後繼續搜索下一個單字關鍵字元。

- 鏈結不存在：如果沒有可用的單字關鍵字元，並且當前節點標記為 isEnd，則傳回 True。否則，可能存在兩種情況，傳回 False：一種情況是剩下了關鍵字元，但是不可能沿著線索中的關鍵路徑進行操作，並且丟失了關鍵字元；另一種情況是尚無關鍵字元，但當前節點未標記為 isEnd，因此，搜索的關鍵字元只是前綴樹中另一個關鍵字符的前綴。

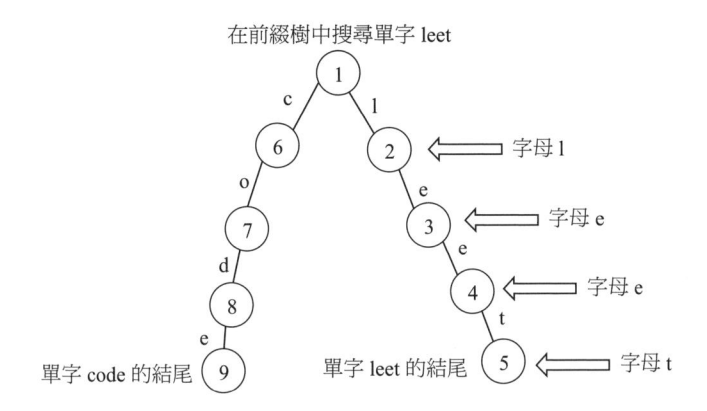

```
                    在前綴樹中搜尋單字 leet
                            (1)
                         c /   \ l
                        (6)    (2)  ←── 字母 l
                       o /       \ e
                       (7)       (3)  ←── 字母 e
                      d /          \ e
                      (8)          (4)  ←── 字母 e
                     e /             \ t
       單字 code 的結尾 (9)   單字 leet 的結尾 (5)  ←── 字母 t
```

圖 10-4　在前綴樹中搜尋單字

設計一個支援插入和搜尋單字操作的資料結構。

- Void addWord(word)：在資料結構中插入一個單字。

- Bool search(word)：搜尋資料結構中是否存在與指定單字匹配的單字。可以搜尋僅包含字母 a ～ z 或「.」的文字單字及正規表示式字串，其中「.」可以代表任意一個字母。示例如下。

```
addWord("bad")
addWord("dad")
addWord("mad")
search("pad") -> False
search("bad") -> True
search(".ad") -> True
search("b..") -> True
```

一般這種題目都需要使用前綴樹的方法來求解。這個場景類似於在搜尋引擎中輸入幾個字母，然後會推薦一些具有相同前綴的單字。然而，這裡的不同之處在於，可以用「.」代表任意一個字母。

程式碼清單 10-3　插入和搜尋單字

```
class TrieNode():
    def __init__(self):
        self.children = {}
        self.isWord = False
```

```python
class WordDictionary:
    def __init__(self):
        """
        初始化資料結構
        """
        self.root = TrieNode()

    def addWord(self, word: str) -> None:
        """
        插入單字
        """
        cur = self.root
        for c in word:
            if c not in cur.children:
                cur.children[c] = TrieNode()
            cur = cur.children[c]
        cur.isWord = True

    def search(self, word: str) -> bool:
        def dfs(i, cur):
            if i == len(word):
                return cur.isWord
            if word[i] == '.':
                for child in cur.children.values():
                    if dfs(i + 1, child):
                        return True
                return False
            else:
                if word[i] not in cur.children:
                    return False
                return dfs(i + 1, cur.children[word[i]])

        return dfs(0, self.root)
```

雖然這已經是最佳的方法了，但有沒有可能讓搜尋更快一點？可以在插入的時候把 "." 也當作一個標記加進去。例如，如果插入 cat，那麼第一層就是「c」「.」，第二層是「a」「.」，標記的子節點就有 27 個了。

10.2 線段樹

線段樹是一種高效率的資料結構，可以對串列進行區間查詢、並且允許修改串列元素、查詢連續串列元素 *a[l⋯r]* 的總和，以及查詢一個區間內的最小元素、最大元素。它能在時間複雜度 $O(\log n)$ 的時間內進行查詢和更新操作，非常適合處理大範圍的區間查詢問題。

對於串列的範圍查詢，線段樹允許透過替換一個元素來修改串列，甚至更改整個區間的元素（例如，將所有元素 a[l⋯r] 指派給任何值）。

線段樹是一種非常靈活的資料結構，可以用來解決許多問題。此外，還可以應用於更複雜的操作並實現更複雜的查詢。線段樹的一個重要特點是，它僅需要線性量的記憶體，因此我們可以很容易地將線段樹應用於更高的維度。

如圖 10-5 所示，線段樹本質上是維護下標為 [0, N] 的 n 個按順序排列的數據，也就是「點樹」，是維護 n 個點的資訊。每個點的數據意義可以有很多，而在對線段操作的線段樹中，每個點代表一條線段，在用線段樹維護數列資訊時，每個點代表一個數。接下來在討論線段樹時，區間 [L,R] 指的是下標從 L 到 R 的這 (R-L+1) 個數，而不是指一條連續的線段。

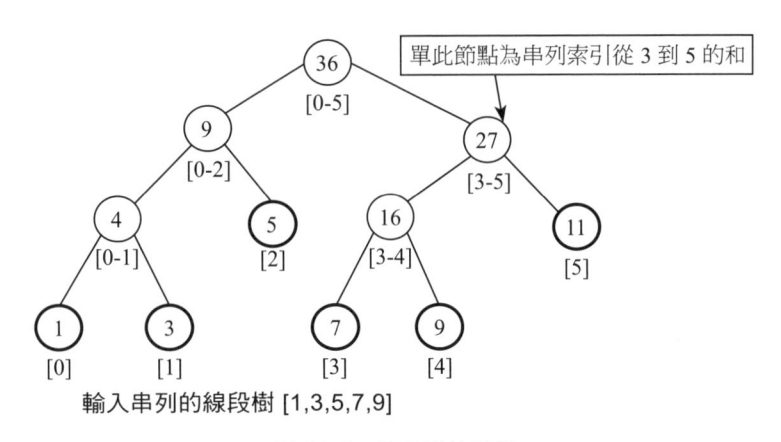

圖 10-5　線段樹的結構

例如，對於串列 [1,3,5,7,9,11]，根節點維護了整個串列的區間 [0,5]，然後將該區間分成兩個子區間 [0,2] 和 [3,5]，如此不斷地分解這個區間，直到區間中只剩下一個元素。

線段樹解決的是求區間和的問題，且該區間可能會被修改，因此線段樹主要實作兩個方法：求區間和與修改區間。這兩種方法的時間複雜度均為 $O(\log n)$。

程式碼清單 10-4　線段樹的結構

```python
class Node:
    def __init__(self):
        self.left = None
        self.right = None
        self.min = float("inf")
        self.max = float("-inf")
        self.sum = float("inf")
        self.leftEdge = None
        self.rightEdge = None

class SegmentTree:
    def __init__(self):
        """
        用於初始化類別級別物件的 Initializer 方法
        :rtype: object
        """
        self.partial_overlap = "Partial overlap"
        self.no_overlap = "No overlap"
        self.complete_overlap = "Complete overlap"

    def get_overlap(self, x1, y1, x2, y2):
        """
        獲取指定範圍的重疊類型的方法
        X1, Y1 -> 節點範圍
        X2, Y2 -> 查詢類型
        傳回重疊類型
        """
        if (x1 == x2 and y1 == y2) or (x1 >= x2 and y1 <= y2):
            overlap = self.complete_overlap
        elif (y1 < x2) or (x1 > y2):
            overlap = self.no_overlap
        else:
            overlap = self.partial_overlap
        return overlap

    def construct_segment_tree(self, array, start, end):
        """
        使用指定串列元素構造線段樹的方法
        參數 end: 串列的終止索引
        參數 start: 串列的起始索引
```

```
    參數 array：串列元素
    傳回線段樹的根節點
    """
    if end - start <= 0 or len(array) == 0:
        return None
    if end - start == 1:
        node = Node()
        node.min = array[start]
        node.max = array[start]
        node.sum = array[start]
        node.leftEdge = start
        node.rightEdge = end - 1
        return node
    else:
        node = Node()
        mid = start + (end - start) // 2
        node.left = self.construct_segment_tree(array, start=start, end=mid)
        node.right = self.construct_segment_tree(array, start=mid, end=end)
        if node.left is None and node.right is None:
            node.sum = 0
            node.leftEdge = start
            node.rightEdge = start
            node.min = float("inf")
            node.max = float("-inf")
        elif node.left is None:
            node.sum = node.right.sum
            node.leftEdge = node.right.leftEdge
            node.rightEdge = node.right.rightEdge
            node.min = node.right.min
            node.max = node.right.max
        elif node.right is None:
            node.sum = node.left.sum
            node.leftEdge = node.left.leftEdge
            node.rightEdge = node.left.rightEdge
            node.min = node.left.min
            node.max = node.left.max
        else:
            node.min = min(node.left.min, node.right.min)
            node.max = max(node.left.max, node.right.max)
            node.sum = node.left.sum + node.right.sum
            node.leftEdge = node.left.leftEdge
            node.rightEdge = node.right.rightEdge
        return node

def update_segment_tree(self, head, index, new_value, array):
    """
    更新線段樹節點值的方法
    傳回線段樹的頭節點
```

```python
        """
        if index == head.leftEdge == head.rightEdge:
            head.max = new_value
            head.min = new_value
            head.sum = new_value
            array[index] = new_value
            return head
        elif (head.leftEdge <= index <= head.rightEdge) and (head.rightEdge >
                head.leftEdge):
            left_node = self.update_segment_tree(head=head.left, index=index,
                    new_value=new_value, array=array)
            right_node  =  self.update_segment_tree(head=head.right,
                    index=index, new_value=new_value, array=array)
            head.sum = right_node.sum + left_node.sum
            head.min = min(left_node.min, right_node.min)
            head.max = max(left_node.max, right_node.max)
            return head
        else:
            return head

    def get_minimum(self, head, left, right):
        """
        獲取指定範圍查詢最小值的方法
        傳回指定範圍查詢的最小值
        """
        overlap = self.get_overlap(head.leftEdge, head.rightEdge, left, right)
        if overlap == self.complete_overlap:
            return head.min
        elif overlap == self.no_overlap:
            return float("inf")
        elif overlap == self.partial_overlap:
            left_min = self.get_minimum(head=head.left, left=left, right=right)
            right_min = self.get_minimum(head=head.right, left=left, right=right)
            return min(left_min, right_min)

    def get_maximum(self, head, left, right):
        """
        獲取指定範圍查詢最大值的方法
        傳回指定範圍查詢的最大值
        """
        overlap = self.get_overlap(head.leftEdge, head.rightEdge, left, right)
        if overlap == self.complete_overlap:
            return head.max
        elif overlap == self.no_overlap:
            return float("-inf")
        elif overlap == self.partial_overlap:
            left_max = self.get_maximum(head=head.left, left=left, right=right)
            right_max=self.get_maximum(head=head.right, left=left, right=right)
```

```python
            return max(left_max, right_max)

    def get_sum(self, head, left, right):
        """
        傳回指定範圍查詢的串列元素之和
        """
        overlap = self.get_overlap(head.leftEdge, head.rightEdge, left, right)
        if overlap == self.complete_overlap:
            return head.sum
        elif overlap == self.no_overlap:
            return 0
        elif overlap == self.partial_overlap:
            left_sum = self.get_sum(head=head.left, left=left, right=right)
            right_sum = self.get_sum(head=head.right, left=left, right=right)
            return left_sum + right_sum

    def preorder_traversal(self, head, array):
        if head is None:
            return
        print("Array = {} Min = {}, Max = {}, Sum = {}".format(
            array[head.leftEdge:head.rightEdge + 1], head.min, head.max
            , head.sum))
        self.preorder_traversal(head=head.left, array=array)
        self.preorder_traversal(head=head.right, array=array)

if __name__ == "__main__":
    arr = [10, 20, 30, 40, 50, 60, 70]
    st = SegmentTree()
    root = st.construct_segment_tree(array=arr, start=0, end=len(arr))
    left_index = 0
    right_index = 4
    update_index = 0
    update_value = 200
    print(st.get_sum(head=root, left=left_index, right=right_index))
    print(st.get_minimum(head=root, left=left_index, right=right_index))
    st.update_segment_tree(head=root, index=update_index,
            new_value=update_value, array=arr)
    print(st.get_maximum(head=root, left=left_index, right=right_index))
    st.preorder_traversal(root, arr)
```

10.3　二元索引樹

下列問題可以幫助我們理解二元索引樹（或稱二叉索引樹）。

指定一個串列 arr[0,$\cdots$,n-1]，我們將對該串列執行以下操作。

1. 計算前 i 個元素的總和。

2. 修改 arr[s] 為 x，其中 $0 \leq i \leq n\text{-}1$。

解題思路：一個簡單的解決方案是執行一個從 0 到 $i\text{-}1$ 的迴圈，並計算元素的總和。將 arr[i] 更新為 x。第一個操作花費 $O(n)$ 時間，第二個操作花費 $O(1)$ 時間。

另一個簡單的解決方案是建立一個額外的串列，並將前 i 個元素的總和儲存在此新串列中的第 i 個索引處。現在可以以 $O(1)$ 時間計算指定範圍的總和，但更新操作現在需要 $O(n)$ 時間。如果查詢操作數量很多，但更新操作數量很少，則此方法的效果較佳。

我們可以在 $O(\log n)$ 時間內執行查詢和更新操作嗎？

一種有效的解決方案是使用能夠在 $O(\log n)$ 時間內執行這兩個操作的線段樹。

另一種解決方案是使用二元索引樹，它執行這兩個操作也能實作 $O(\log n)$ 的時間複雜度。與線段樹相比，二元索引樹需要更小的空間，且更容易實作。

10.3.1　二元索引樹的表示

二元索引樹資料型別為串列，命名為 BITree[]。二元索引樹的每個節點都儲存輸入串列中某些元素的總和。二元索引樹的大小等於輸入串列的大小，表示為 n。在下面的程式碼中，為了方便實作，我們使用大小為 $n+1$。

接下來我們來討論二元索引樹的兩種操作，getSum 以及 update 操作。

10.3.2　getSum 操作

getSum 操作的虛擬碼如下：

程式碼清單 10-5　getSum 操作的虛擬碼

```
getSum(x)：傳回子串列 arr[0,…, x] 的總和
// 使用 BITree[0,…,n] 傳回由 arr[0,…,n-1] 組成的子串列 arr[0,…,x] 的總和
  1）初始化輸出總和為 0，當前索引為 x+1。
  2）在當前索引大於 0 時執行以下操作：
   （a）將 BITree[index] 相加
   （b）移動到 BITree[index] 的父物件，可以透過從當前索引中刪除最後一個設
        置的位址來獲得父物件，即 index = index - ( index & ( -index))。
  3）傳回總和。
```

getSum 操作如圖 10-6 所示。二元索引樹的每個節點包含兩個值：一個是索引，另一個是索引值。例如：若輸入串列 arr[0,…,n-1]={2,1,1,3,2,3,4,5,6,7,8,9}，其對應的二元索引樹串列 BITree[1,…,n] = {2,3,1,7,2,5,4,21,6,13,8,20}。getSum(i) 會傳回 BITree[i] 和 i 的所有父節點的總和。

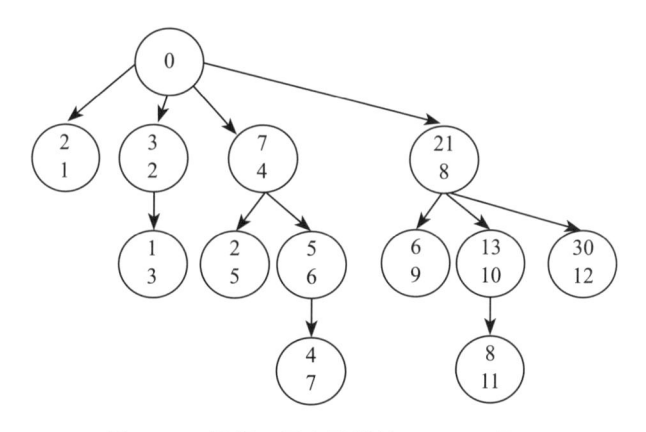

圖 10-6　圖解二元索引樹的 getSum 操作

圖 10-6 介紹了 getSum 操作。以下幾點需要補充說明。

- BITree [0] 是一個虛擬節點。

- BITree[y] 是 BITree[x] 的父節點，當且僅當 y 可以透過從 x 的二進位表示形式中刪除最後一個位來獲得時，即 y = x – (x & (-x))。

- 節點 BITree [y] 的子節點 BITree [x] 儲存了從 y（包括）和 x（不包括）之間的元素的總和：arr[y,…,x]。

10.3.3　update 操作

程式碼清單 10-6　update 操作的虛擬碼

```
update(x, val)：透過執行 arr[index] += val 來更新二元索引樹
// 注意：update(x, val) 操作不會更改 arr[]，它僅會更改 BITree[]
1）將當前索引初始化為 x+1。
2）在當前索引小於或等於 n 時執行以下操作：
 (a) 將值添加到 BITree[index]
 (b) 移動到 BITree[index] 的父節點。可以透過遞增當前索引的最後一個
     設定位來獲取父節點，即 index = index + (index & (-index))
```

update 操作如圖 10-7 所示。

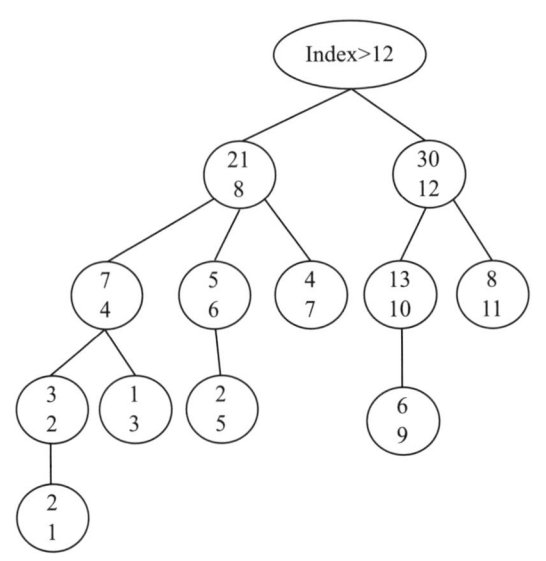

輸入串列：arr[0,⋯,n-1] = {2,1,1,3,2,3,4,5,6,7,8,9}
BIT 串列：BITree[1,⋯,n] = {2,3,1,7,2,5,4,21,6,13,8,30}

圖 10-7　圖解二元索引樹的 update 操作

update 操作需要確認所有包含 arr[i] 的 BITree 節點都被更新。透過重複將當前索引的最後一個設定位所對應的十進位數添加進去，函式將走訪 BITree 中的這些節點。對於函式 update(i, val)，操作的目標是將 val 添加到 BITree[i] 及其所有父節點中。

10.3.4 二元索引樹的工作原理

BITree 的每個節點都儲存著 n 個元素的總和。這個概念基於以下事實：所有正整數都可以表示為 2 的冪次的和。例如：19 可以表示為 16 + 2 + 1。

舉例來說，利用 getSum() 操作，可以透過最後 4 個元素的總和（從 9 到 12）加上 8 個元素的總和（從 1 到 8）來獲得前 12 個元素的總和。數字 n 的二進位表示中的設定位數為 $O(\log n)$。因此，我們最多用 $O(\log n)$ 時間走訪 getSum() 和 update() 操作中的節點。構造的時間複雜度為 $O(n \log n)$，因為它對所有 n 個元素都呼叫了 update()。

程式碼清單 10-7　二元索引樹的 Python 程式碼

```python
# 二元索引樹的 Python 程式碼
# 傳回 arr[0,…,index] 的總和,此函式假設對串列已進行預先處理
# 將串列元素的部分和儲存在 BITTree[] 中
def getsum(BITTree,i):
    s = 0 # 初始化結果變數 s
    # 因為索引值從 1 開始,所以需要將 i 加 1
    i = i+1
    # 走訪到根節點
    while i > 0:
        # 將當前索引的值加到變數 s 中
        s += BITTree[i]
        # 索引移動到上一個父節點
        i -= i & (-i)
    return s

# 更新索引節點的值
# 值 "v" 加到 BITTree[i] 及其所有父節點
def updatebit(BITTree , n , i ,v):
    # 因為索引值從 1 開始,所以需要將 i 加 1
    i += 1
    # 走訪到最後一個有效索引
    while i <= n:
        # 將更新值 v 加到當前索引的節點
        BITTree[i] += v
        # 移動到下一個需要更新的節點
        i += i & (-i)

# 建立大小為 n 的 BITTree 串列並回傳
def construct(arr, n):
    # 初始化 BITTree,大小為 n + 1,全部設為 0
```

```
    BITTree = [0]*(n+1)
    # 呼叫 update()將每個元素加入到 BITTree[] 中
    for i in range(n):
        updatebit(BITTree, n, i, arr[i])
    return BITTree

# 測試用程式碼
freq = [2, 1, 1, 3, 2, 3, 4, 5, 6, 7, 8, 9]
BITTree = construct(freq,len(freq))
print("Sum of elements in arr[0..5] is " + str(getsum(BITTree,5)))
freq[3] += 6
updatebit(BITTree, len(freq), 3, 6)
print("Sum of elements in arr[0..5] after update is " + str(getsum(BITTree,5)))
```

輸出結果：

```
Sum of elements in arr[0..5] is 12
Sum of elements in arr[0..5] after update is 18
```

我們可以擴展二元索引樹來計算 $O(\log n)$ 時間範圍內的總和嗎？答案是肯定的，公式如下：rangeSum(l,r) = getSum(r) - getSum(l - 1)

10.4　實例 1：範圍和的個數

指定一個整數串列 nums，傳回位於 [lower,upper] 內的範圍和的數量。範圍總和 S(i, j) 定義為索引 i 和 j 之間的數字之和（i ≤ j）（包括兩端）。舉例如下。

- 輸入： nums = [-2, 5, -1]，lower = -2，upper = 2，
- 輸出：3

說明：這三個範圍是 [0,0], [2,2], [0,2]，它們各自的總和是 -2, -1, 2。

> **注意！**
>
> 實作時間複雜度為 $O(n^2)$ 的演算法很簡單，但是在面試時，需要使用最佳化的演算法。

10.4.1 利用線段樹求解

可以利用線段樹來解決這個問題。首先計算前綴和為 [0, -2, 3, 2]，此時線段樹的節點定義如下。

```
class SegmentTreeNode:
    def __init__(self,low,high):
        self.low = low
        self.high = high
        self.left = None
        self.right = None
        self.cnt = 0
```

對前綴和進行排序，利用排序後的前綴和建立線段樹。初始化線段樹的結果如圖 10-8 所示。

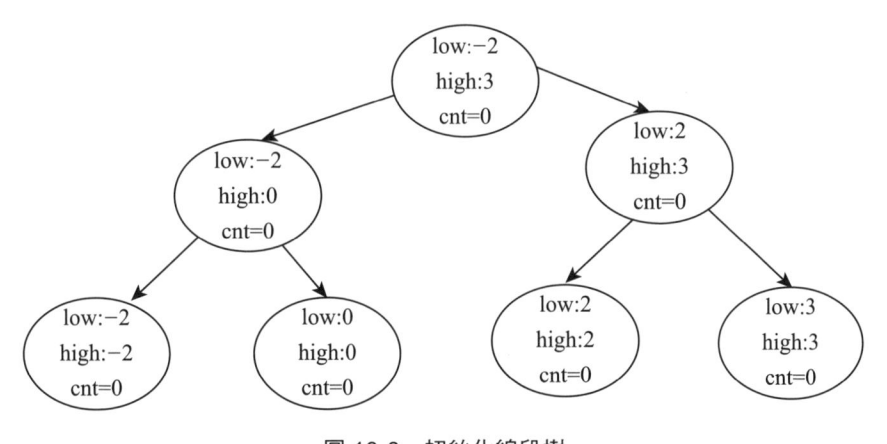

圖 10-8　初始化線段樹

對於前綴和中第一個值「0」，需要搜尋 [-2, 2] 所在的節點的 cnt 之和，發現節點 (low:-2,high:-2, cnt:0) 在 [-2,2] 之間，傳回 cnt=0，更新 res=0，更新後的線段樹如圖 10-9 所示。

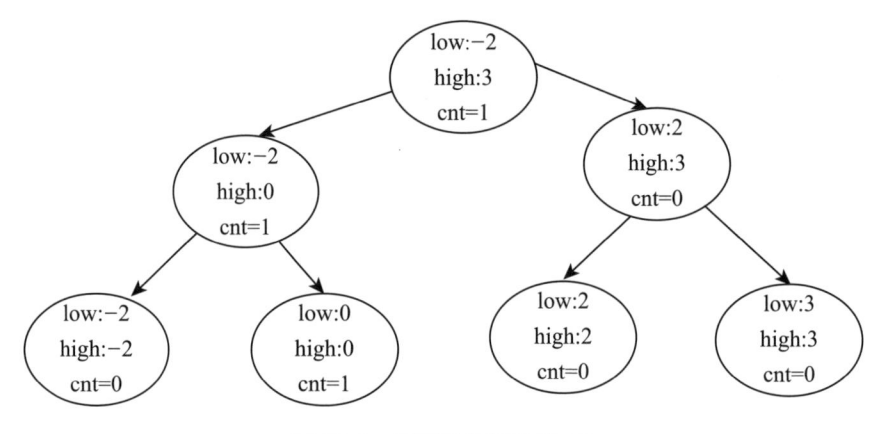

```
                    low:−2
                    high:3
                    cnt=1
           ↙                    ↘
      low:−2                      low:2
      high:0                      high:3
      cnt=1                       cnt=0
     ↙     ↘                    ↙       ↘
 low:−2   low:0              low:2       low:3
 high:−2  high:0             high:2      high:3
 cnt=0    cnt=1              cnt=0       cnt=0
```

圖 10-9　更新後的線段樹 (1)

對於前綴和中的第二個元素「-2」，需要搜尋 [-4,0] 所在的節點的 cnt 之和，得到 res=1，同時更新元素 -2，更新後的線段樹如圖 10-10 所示。

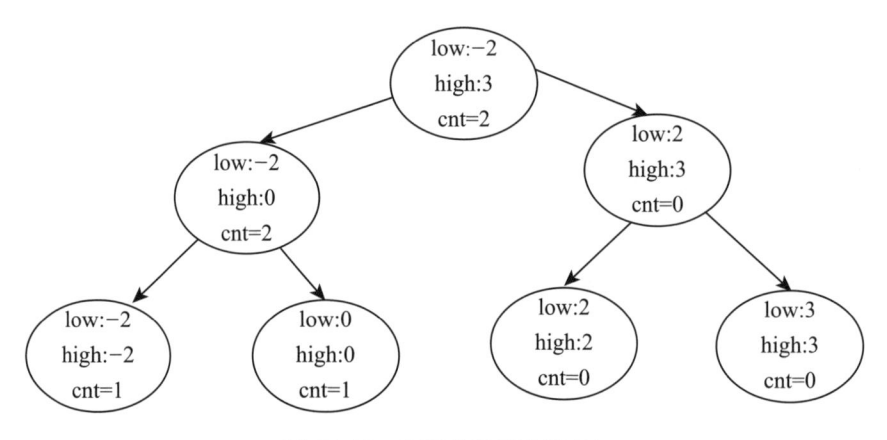

```
                    low:−2
                    high:3
                    cnt=2
           ↙                    ↘
      low:−2                      low:2
      high:0                      high:3
      cnt=2                       cnt=0
     ↙     ↘                    ↙       ↘
 low:−2   low:0              low:2       low:3
 high:−2  high:0             high:2      high:3
 cnt=1    cnt=1              cnt=0       cnt=0
```

圖 10-10　更新後的線段樹 (2)

對於前綴和中的第三個元素「3」，需要搜尋 [1,5] 所在的節點的 cnt 之和，得到 res=1，同時更新 3，更新後的線段樹如圖 10-11 所示。

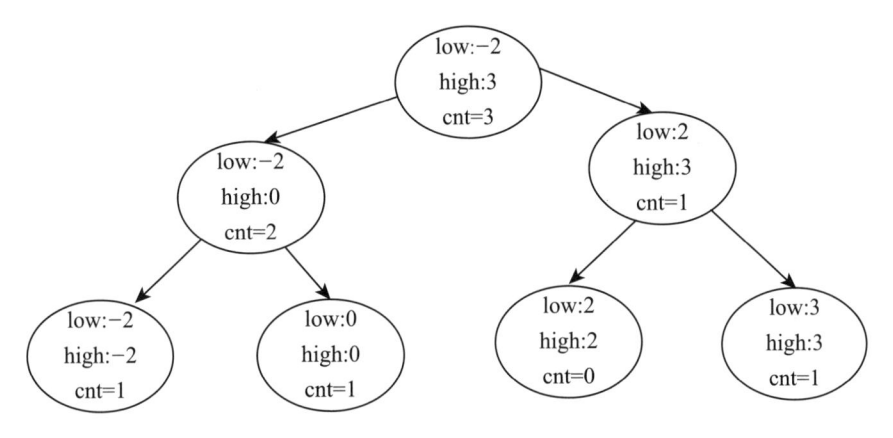

圖 10-11　更新後的線段樹 (3)

對於前綴和中的第四個元素「2」，需要搜尋範圍 [0,4] 內的所有節點的 cnt 之和，得到 res=3，同時更新元素 2，更新後的線段樹如圖 10-12 所示。

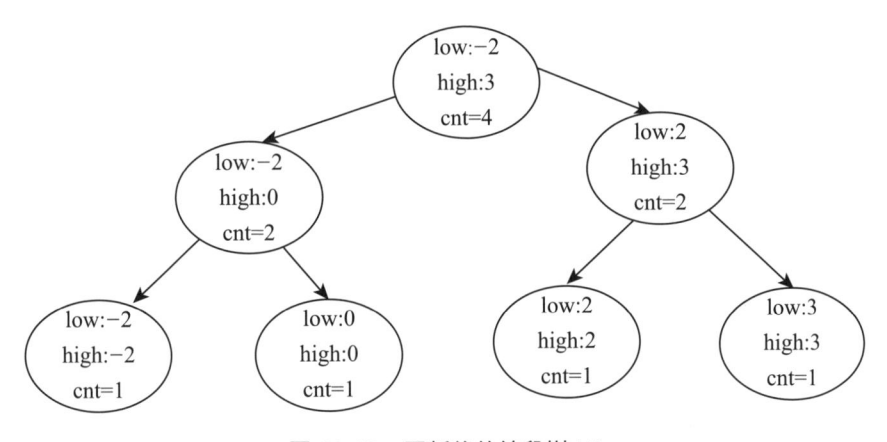

圖 10-12　更新後的線段樹 (4)

程式碼清單 10-8　利用線段樹求解

```
class SegmentTreeNode:
    def __init__(self,low,high):
        self.low = low
        self.high = high
        self.left = None
        self.right = None
        self.cnt = 0
```

```python
class Solution:
    def _bulid(self, left, right):
        root = SegmentTreeNode(self.cumsum[left],self.cumsum[right])
        if left == right:
            return root

        mid = (left+right)//2
        root.left = self._bulid(left, mid)
        root.right = self._bulid(mid+1, right)
        return root

    def _print(self,root):
        if not root:
            return
        self._print(root.left)
        self._print(root.right)

    def _update(self, root, val):
        if not root:
            return
        if root.low<=val<=root.high:
            root.cnt += 1
            self._update(root.left, val)
            self._update(root.right, val)

    def _query(self, root, lower, upper):
        if lower <= root.low and root.high <= upper:
            return root.cnt
        if upper < root.low or root.high < lower:
            return 0
        return self._query(root.left, lower, upper) + self._query(root.right,
          lower, upper)

    # prefix-sum + SegmentTree | O(nlogn)
    def countRangeSum(self, nums: List[int], lower: int, upper: int) -> int:
        cumsum = [0]
        for n in nums:
            cumsum.append(cumsum[-1]+n)

        self.cumsum = sorted(list(set(cumsum)))
        root = self._bulid(0,len(self.cumsum)-1)
        self._print(root)
        res = 0
        for csum in cumsum:
            res += self._query(root, csum-upper, csum-lower)
            self._update(root, csum)
        return res
```

10.4.2 利用二元索引樹求解

因為該題目是範圍計數，所以我們可以用二元索引樹來解決。解決此問題時還有一個技巧：參數中應包含 presum-lower 和 presum-upper，因為我們將使用這兩個值進行查詢。

將串列轉為包含 presum、presum-lower 和 presum-upper 的串列，然後掃描這個串列，計算符合 presum-upper ≤ x ≤ presum-lower 的值。

```
# let cursum be current sum of arr[0 ~ i]
l = bit.query(x2i[presum - upper] - 1)  # 小於 presum - lower 的數
r = bit.query(x2i[presum - lower])      # 小於或等於 presum - upper 的數
res += r - l
```

時間複雜度：$O(nlogn)$。$O(nlogn)$ 用於排序，$O(n)$ 用於 x2i 映射，$O(nlogn)$ 用於數值更新和查詢。

空間複雜度：$O(n)$。$O(n)$ 用於二元索引樹的空間分配，$O(n)$ 用於 x2i 映射。

對於本題 nums = [-2,5,-1]，首先計算前綴和 presum 的值 ([0,1,2,3,4,5,-4,-2])，列印排序後的 presum 以及對應的位置 ([-4,-20,1,2,3,4,5])，然後需要更新 presum=0 在二元索引樹中的值，即 0,0,0,1,1,0,0,0,1。具體步驟如下。

- 步驟 1：串列中第 0 個元素為 -2 以及當前前綴和 presum 為 -2。

  presum-upper=-4，索引位置為 1，count of values < -4，有 0。

  presum-lower=0，索引位置為 3，count of values < 0，有 1。

  需要更新當前 presum=-2 對應的索引 2 在二元索引樹中的值，目前二元索引樹的狀態為 0,0,1,1,2,0,0,0,2。

- 步驟 2：串列中第 1 個元素 5 以及當前前綴和 presum 為 3。

  presum-upper=1，索引位置為 4，count of values < 1，有 2。

  presum-lower=5，索引位置為 8，count of values < 5，有 2。

需要更新當前 presum=3 對應的索引 6 在二元索引樹中的值，目前 BIT 的狀態為 0,0,1,1,2,0,1,0,3。

- 步驟 3：串列中第 2 個元素 -1 以及當前前綴和 presum 為 2。

    presum-upper=0，索引位置為 3，count of values < 0，有 1。

    cursum-lower=4，索引位置為 7，count of values < 4，有 3。

需要更新當前 presum=2 對應的索引 5 在二元索引樹中的值，目前二元索引樹的狀態為 0,0,1,1,2,1,2,0,4。

📖 程式碼清單 10-9　利用二元索引樹求解

```python
class BIT:
    def __init__(self, n):
        self.n = n
        self.tree = [0] * (n + 1)

    def update(self, x, delta):
        while x <= self.n:
            self.tree[x] += delta
            x += x & -x

    def query(self, x):
        res = 0
        while x > 0:
            res += self.tree[x]
            x -= x & -x
        return res

    def dump(self):
        print(" 目前 BIT 的狀態 ")
        print(*self.tree, sep=',')

class Solution:
    def countRangeSum(self, nums: List[int], lower: int, upper: int) -> int:
        if not nums:
            return 0
        presum = 0
        values = set([0])
        """
        對於每個 presum，有
        lower ≤ presum - x ≤ upper
        x ≤ presum - lower
```

```
        x ≥ presum - upper
        即
        presum - upper ≤ x ≤ presum - lower
        """
        for x in nums:
            presum += x
            values.add(presum)
            values.add(presum - lower)
            values.add(presum - upper)
        print(f' 當前 presum 的值為：{values}')
        # 將稀疏有序值映射到 1 ～ n
        x2i = {x: i + 1 for i, x in enumerate(sorted(set(values)))}
        # DEBUG 用
        print(' 列印排序後的 presum 的值以及對應的位置：')
        [print(key, value) for key, value in x2i.items()]
        bit = BIT(len(x2i))
        bit.update(x2i[0], 1)
        print(' 需要更新一下 presum=0 在 BIT 中的值：')
        bit.dump()
        res = cur = 0
        # 計算配對
        for i, x in enumerate(nums):
            cur += x
            print(f' 串列中第 {i} 個元素 {x} 以及當前前綴和 {cur} ')
            # 小於 cursum - upper
            print(f'cursum-upper={cur-upper} 以及索引位置 ={x2i[cur - upper]}')
            l = bit.query(x2i[cur - upper] - 1)
            print(f'count of values < {cur - upper} 有 {l}')
            # 小於或等於 cursum-lower
            print(f'cursum-lower={cur-lower} 以及索引位置 ={x2i[cur - lower]}')
            r = bit.query(x2i[cur - lower])
            print(f'count of values < {cur-lower} 有 {r}')
            res += r - l
            print(f' 需要更新當前 presum={cur} 對應的索引 {x2i[cur]} 在 BIT 中的值：')
            bit.update(x2i[cur], 1)
            bit.dump()
        return res
```

10.4.3　利用二分搜尋求解

sum[i] 表示前 i 項和，任意區間 [i, j] 的和可以透過 sum[j+1]-sum[i] 在 $O(1)$ 時間得到，sum[0]=0。要找到滿足需求的區間，需要：lower ≤ sum[i + 1] - x ≤ upper，推導可得 sum[i + 1] - upper ≤ x ≤ sum[i + 1] - lower。對於二

分搜尋而言，計算上界和下界的時間複雜度都是 $O(n\log n)$，所以該演算法的時間複雜度是 $O(n\log n)$，而空間複雜度則是 $O(n)$。

程式碼清單 10-10　利用二分搜尋求解

```python
def countRangeSum_bs(self, nums, lower, upper):
    import bisect
    count, s = 0, 0
    sorted_sums = [0]
    for x in nums:
        s += x    # 表示 sum[i+1]
        l = bisect.bisect_left(sorted_sums, s - upper)
        r = bisect.bisect_right(sorted_sums, s - lower)
        count += r - l
        bisect.insort(sorted_sums, s)
    return count
```

10.5　實例 2：計算後面較小數字的個數

指定一個整數串列 nums，傳回一個新的 counts 串列，其中 counts [i] 是 nums [i] 右側較小元素的數量。舉例如下。

- 輸入：nums = [5, 2, 6, 1]
- 輸出：[2, 1, 1, 0]

說明：

- 在 5 的右邊有 2 個較小的元素（2 和 1）。
- 在 2 的右邊，只有 1 個較小的元素（1）。
- 在 6 的右邊有 1 個較小的元素（1）。
- 在 1 的右邊有 0 個較小的元素。

10.5.1　二元索引樹解法

這個題目可以使用二元索引樹來解決。具體方法如下：

首先把串列的元素從小到大排列，得到 [1,2,5,6]，然後把索引轉換為原來串列中的順序，即 index=[2,1,3,0]。

從串列 index 中最後一個數 0 開始，統計串列中在 0 左邊的所有數字之和。初始和為 0；同時更新串列中 0 右邊的數字。此時串列為 [0,1,1,0,1]。

檢視串列 index 中倒數第二個元素 3，統計串列中 3 左邊所有數字的和，此時為 1。同時更新串列中 3 右邊的數字。此時串列為 [0,1,1,0,2]。

檢視串列 index 中倒數第三個元素 1，統計串列中 1 左邊所有數字的和，此時為 1。同時更新串列中 1 右邊的數字。此時串列為 [0,1,2,0,3]。

最後檢視串列 index 中最後一個元素 2，統計串列中 2 左邊所有數字的和，此時為 2。同時更新串列中 2 右邊的數字。此時串列為 [0,1,2,1,4]。

程式碼清單 10-11　二元索引樹解法

```python
class BIT:
    def __init__(self, nums):
        self.tree = [0] * (len(nums) + 1)

    def sum_query(self, i):
        # 二元索引樹的索引從 1 開始
        output, i = 0, i + 1
        while i > 0:
            output += self.tree[i]
            i -= i & (-i)
        return output

    def update(self, i, delta=0):
        i += 1
        while 0 < i < len(self.tree):
            self.tree[i] += delta
            i += i & (-i)

class Solution:
    def countSmaller(self, nums: List[int]) -> List[int]:
        # 如果數字是唯一且已排序的，請檢查數字的索引位置
        e2index = {e: i for i, e in enumerate(sorted(set(nums)))}
        bit = BIT(e2index)
        # 將這些索引轉換回原始順序
        indexes = [e2index[e] for e in nums]
```

```python
    # 在二元索引樹中從右到左走訪出現的次數
    output = []
    for index in indexes[::-1]:
        # 查詢總和到索引左側的所有內容
        output.append(bit.sum_query(index - 1))
        # 更新出現計數器
        bit.update(index, 1)
    return output[::-1]
```

10.5.2　二分搜尋解法

可以使用二分搜尋求解，只需從頭到尾搜索，並維護一個排序串列。每次迴圈時，將當前數字放入排序串列中，並記錄插入位置。

程式碼清單 10-12　二分搜尋解法

```python
def countSmaller_bs(self, nums):
    """
    只需從頭到尾搜索，並維護一個排序串列。每次迴圈時，將當前數字放
    入排序串列中並記錄插入位置
    """
    res = []
    sorted = []
    from bisect import bisect_left
    for i in reversed(range(len(nums))):
        idx = bisect_left(sorted, nums[i])
        sorted.insert(idx, nums[i])
        res.append(idx)
    res.reverse()
    return res
```

10.5.3　線段樹解法

使用線段樹求解時，假設每個元素的值是節點的關鍵字，從串列頭部開始走訪，構建二元索引樹。將第一個元素作為根節點，插入後續節點時則從根節點開始走訪樹，小於當前元素值則插入左子樹，大於當前元素值則插入右子樹。直到走訪至葉子節點時，新插入的節點將作為當前葉子節點的左節點或右節點。

程式碼清單 10-13　線段樹解法

```python
class SegmentTreeNode(object):
    def __init__(self, val, start, end):
        self.val = val
        self.start, self.end = start, end
        self.left, self.right = None, None

class SegmentTree(object):
    def __init__(self, n):
        self.root = self.buildTree(0, n-1)

    def buildTree(self, start, end):
        if start > end:
            return None
        root = SegmentTreeNode(0, start, end)
        if start == end:
            return root
        mid = (start+end) / 2
        root.left, root.right = self.buildTree(start, mid), self.buildTree(mid+1, end)
        return root

    def update(self, i, diff, root=None):
        root = root or self.root
        if i < root.start or i > root.end:
            return
        root.val += diff
        if i == root.start == root.end:
            return
        self.update(i, diff, root.left)
        self.update(i, diff, root.right)

    def sum(self, start, end, root=None):
        root = root or self.root
        if end < root.start or start > root.end:
            return 0
        if start <= root.start and end >= root.end:
            return root.val
        return  self.sum(start, end, root.left) + self.sum(start, end, root.right)
```

CHAPTER 11

圖形

圖形（Graph，或稱圖）是由節點和邊組成的非線性資料結構。節點有時也稱為頂點，邊是連接圖中任意兩個節點的線或圓弧。例如，在圖 11-1 中，$V = \{0,1,2,3,4\}$ 為所有頂點的集合；$E = \{01,12,23,34,04,14,13\}$ 為所有邊的集合。

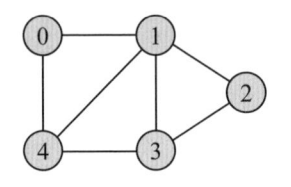

圖 11-1　圖形的範例

圖形用於解決現實生活中的許多問題。圖形可以用來表示網路，例如城市網路、電話網路或電路網路。圖形還可以用來表示像 LinkedIn、Meta（Facebook）這樣的社交網路。例如，在 Facebook 中，每個人都用一個節點表示，每個節點都是一個結構，包含諸如人的姓名、性別、語言環境等資訊。

圖形最常用的表示形式有相鄰矩陣（鄰接矩陣）和相鄰串列（鄰接表）。圖形也有其他表示形式，例如事件矩陣和事件列表。圖形的表示形式選擇取決於具體情況，包括執行的操作類型和易用性等。

11.1　圖形的表示

11.1.1　相鄰矩陣

相鄰矩陣是二維串列，大小為 $V \times V$，其中 V 是圖形中的頂點數，圖形的相鄰矩陣表示如圖 11-2 所示。假設二維串列為 adj，則串列中的元素 adj[i][j] = 1 表示從頂點 i 到頂點 j 有一條邊。相鄰矩陣常用於表示無向圖（即圖形中的邊沒有特定的方向），無向圖的相鄰矩陣始終是對稱的。相鄰矩陣也可用於表示加權圖，例如：如果 adj[i][j] = w，則表示從頂點 i 到頂點 j 有一條權重值為 w 的邊。

	0	1	2	3	4
0	0	1	0	0	1
1	1	0	1	1	1
2	0	1	0	1	0
3	0	1	1	0	1
4	1	1	0	1	0

圖 11-2　圖形的相鄰矩陣範例

這種表示法較易於實現和理解，且移除邊僅需 $O(1)$ 時間。如果查詢從頂點 u 到頂點 v 是否存在邊，也僅需 $O(1)$ 時間。

但是，這種表示法會佔用更多的空間，為 $O(V^2)$。即使圖是稀疏的（包含較少的邊），也會佔用相同的空間。此外，添加一個頂點的時間為 $O(V^2)$。

11.1.2 相鄰串列

使用相鄰串列表示圖形時，串列的大小等於頂點數。假設串列為 array，元素 array[i] 表示與第 i 個頂點相鄰的頂點的鏈結串列。這種表示法也可以用來表示加權圖，邊的權重可以表示為成對的鏈結串列。圖 11-3 是圖 11-1 的相鄰串列表示。

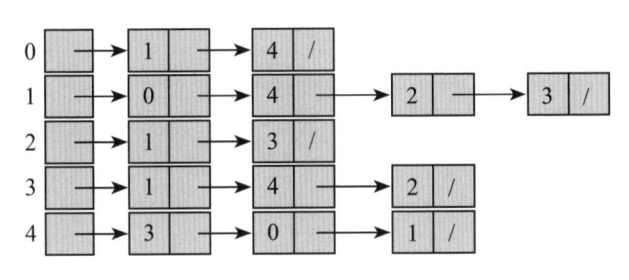

圖 11-3　圖形的相鄰串列

圖形的相鄰串列程式碼如下：

📋 **程式碼清單 11-1　圖形的相鄰串列**

```python
"""
示範相鄰關係的 Python 程式
"""
# 相鄰串列的類別
class AdjNode:
    def __init__(self, data):
        self.vertex = data
        self.next = None

# 圖形的類別。建立大小為頂點數量的串列。
class Graph:
    def __init__(self, vertices):
        self.V = vertices
        self.graph = [None] * self.V

    # 在無向圖中添加邊的函式
    def add_edge(self, src, dest):
        # 建立新的節點並將其連接到原節點的相鄰串列中
        node = AdjNode(dest)
        node.next = self.graph[src]
        self.graph[src] = node
```

```python
        # 將原節點連接到目標節點的相鄰串列中
        node = AdjNode(src)
        node.next = self.graph[dest]
        self.graph[dest] = node

    # 走訪每一個頂點，輸出其相鄰串列
    def print_graph(self):
        for i in range(self.V):
            print("Adjacency list of vertex {}\n head".format(i), end="")
            temp = self.graph[i]
            while temp:
                print(" -> {}".format(temp.vertex), end="")
                temp = temp.next
            print(" \n")

# 主程式，測試 Graph 類別
if __name__ == "__main__":
    V = 5
    graph = Graph(V)
    graph.add_edge(0, 1)
    graph.add_edge(0, 4)
    graph.add_edge(1, 2)
    graph.add_edge(1, 3)
    graph.add_edge(1, 4)
    graph.add_edge(2, 3)
    graph.add_edge(3, 4)

    graph.print_graph()
```

執行結果：

```
Adjacency list of vertex 0
 head -> 4 -> 1

Adjacency list of vertex 1
 head -> 4 -> 3 -> 2 -> 0

Adjacency list of vertex 2
 head -> 3 -> 1

Adjacency list of vertex 3
 head -> 4 -> 2 -> 1

Adjacency list of vertex 4
 head -> 3 -> 1 -> 0
```

11.2 實例 1：克隆圖

指定連接無向圖中節點的引用關係，要求傳回圖的深層副本（克隆圖），如圖 11-4 所示。

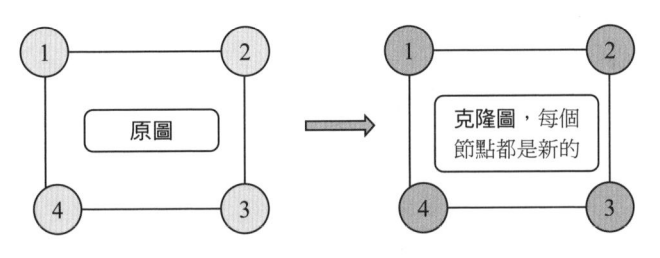

圖 11-4　克隆圖

解題思路：對於這種題目可以採用標準的廣度優先搜尋（BFS）演算法來解決，利用雜湊表來對應原節點和新節點之間的關係。

程式碼清單 11-2　克隆圖的 BFS 解法

```python
class Solution:
    def cloneGraph(self, node: 'Node') -> 'Node':
        if node is None:
            return None
        # 定義一個佇列
        q = deque()
        q.append(node)
        # 使用雜湊表來表示原節點和新節點的對應關係
        vis = defaultdict()
        vis[node] = Node(node.val)

        while q:
            front = q.popleft()   # 取出佇列中的第一個節點
            for child in front.neighbors:
                # 如果當前節點還沒有被訪問過
                if child not in vis:
                    vis[child] = Node(child.val)
                    q.append(child)
                vis[front].neighbors.append(vis[child])
        return vis[node]
```

當然，這個問題也可以使用深度優先搜尋（DFS）演算法解決，利用雜湊表儲存已經存取過的節點。

程式碼清單 11-3　克隆圖的 DFS 解法

```python
class Solution:
    def cloneGraph(self, node: 'Node') -> 'Node':
        table = {}
        def dfs(node):
            if not node:
                return node          # 如果節點為空，返回 None
            elif node.val in table:
                return table[node.val]   #如果該節點已存在字典中，則返回
            else:
                ans = Node(node.val)   # 建立一個新的節點
                table[node.val] = ans  # 將這個新的節點儲存在字典中
                for n in node.neighbors:  # 走訪當前節點的所有鄰居
                    ans.neighbors.append(dfs(n))
                return ans
        return dfs(node)
```

上述兩種方法的時間複雜度都是 $O(n)$，空間複雜度為 $O(n)$。

11.3　實例 2：圖驗證樹

指定 n 個從 0 到 n-1 編號的節點以及一系列無向邊（每個邊都有一對節點），試撰寫一個函式來檢查這些邊是否構成有效樹（即沒有循環）。舉例如下：

例 1

輸入：n = 5，邊線 = [[0,1],[0,2],[0,3],[1,4]]

輸出：True

例 2

輸入：n = 5，邊線 = [[0,1],[1,2],[2,3],[1,3],[1,4]]

輸出：False

> **注意！**
>
> 可以假設邊中不會出現重複。由於所有邊都是無向的，因此 [0,1] 與 [1,0] 相同，[0,1] 與 [1,0] 不會同時出現在邊中。

這裡可以使用三種不同的方法來求解：深度優先搜尋（DFS）、廣度優先搜尋（BFS），以及並查集（Union-Find）演算法。

11.3.1 深度優先搜尋解法

首先用深度優先搜尋演算法來求解，根據邊線來建立一個圖的結構，用相鄰串列來表示，還需要一個一維串列 v 來記錄某個節點是否被訪問過，然後用 DFS 來搜索節點 0。走訪時要判斷的是，當深度搜索到某個節點時，先查看當前節點是否已被訪問過，如果已經被訪問過，則證明存在循環，直接傳回 False；如果未被訪問過，則將其狀態標記為已訪問，然後到相鄰串列裡找與其相鄰的節點繼續遞迴走訪。注意，此時還需要一個變數 pre 來記錄上一個節點，以避免回到上一個節點。走訪結束後，將和節點 0 相鄰的所有節點都標記為 True，然後查看 v 裡面是否還有未被訪問過的節點，如果有，則表示圖不是完全連通的，傳回 False，反之則傳回 True。

以例 1 來說，從節點 0 開始執行操作。因為節點 0 沒有被訪問過，所以把節點 0 標記為已訪問，然後走訪與節點 0 相連的節點 1、2、3。在 DFS 算法中，對於節點 1 而言，與它連接的節點包括節點 0 和節點 4，但節點 0 是節點 1 的父節點，因此不需要走訪。接著訪問節點 4，並將節點 4 標記為已訪問。當節點 4 訪問完後，回到上一個狀態，此時訪問節點 2，節點 2 尚未被訪問，因此將其標記為已訪問。接著訪問節點 3，節點 3 也未被訪問，同樣標記為已訪問。最後，檢查所有節點是否都已被訪問。如果所有節點都被訪問過，證明沒有孤立節點存在，則可以構成有效樹，如圖 11-5 所示。

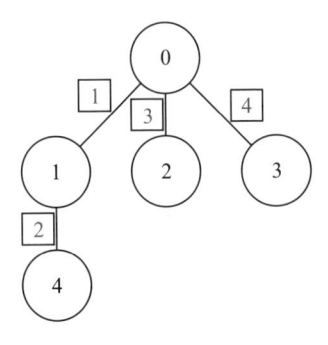

圖 11-5　圖解使用 DFS 驗證有效樹 (1)

例 2 的流程，同樣從節點 0 開始執行操作。因為節點 0 沒有被訪問過，所以將節點 0 標記為已訪問，然後走訪與節點 0 相連的節點 1。對於節點 1 而言，與它連接的節點包括節點 0、節點 2、節點 3 以及節點 4，但節點 0 是節點 1 的父節點，因此不需要走訪。接著訪問節點 4，並將節點 4 標記為已訪問。節點 4 訪問完後，開始訪問節點 2。節點 2 尚未被訪問，標記為已訪問。接下來走訪節點 2 的鄰居節點 1 和節點 3，因為節點 1 是節點 2 的父節點，所以跳過。至於節點 3，因為它未被訪問，所以將其標記為已訪問。最後回到節點 1 的下一個節點 3，此時發現節點 3 已被訪問，說明有循環產生，返回 False，如圖 11-6 所示。

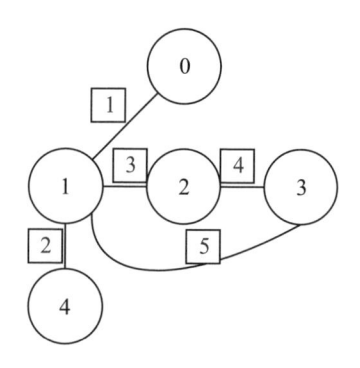

圖 11-6　圖解使用 DFS 驗證有效樹 (2)

程式碼清單 11-4　使用 DFS 驗證有效樹

```python
class Solution(object):
    def validTree(self, n, edges):
        lookup = collections.defaultdict(list)
        for edge in edges: # 將所有邊的連接關係存入相鄰串列
            lookup[edge[0]].append(edge[1])
            lookup[edge[1]].append(edge[0])

        visited = [False] * n # 初始化訪問串列，所有節點的狀態皆設為 False

        if not self.helper(0, -1, lookup, visited):
            return False

        for v in visited: # 檢查是否尚有未訪問的節點
            if not v:
                return False
```

```
        return True

def helper(self, curr, parent, lookup, visited):
    if visited[curr]: # 如果當前節點已經訪問過，傳回 False
        return False

    visited[curr] = True # 標記當前節點已被訪問

    for i in lookup[curr]: # 走訪當前節點的所有鄰居節點
        if i != parent and not self.helper(i, curr, lookup, visited):
            return False

    return True
```

11.3.2 廣度優先搜尋解法

下面來看廣度優先搜尋演算法，程式流程很相似，需要用佇列來輔助走訪，這裡沒有用一維串列來標記節點是否被訪問過，而是用了一個雜湊表。如果走訪到一個節點，它在雜湊表中不存在，則將其加入雜湊表，如果已經存在，則傳回 False。在走訪相鄰串列時，走訪完成後需要將節點刪掉。

📄 程式碼清單 11-5　使用 BFS 驗證有效樹

```
class Solution(object):
    def validTree(self, n, edges):
        if len(edges) != n - 1: # 檢查邊的數量是否正確，樹應該有 n-1 條邊
            return False

        # 初始化相鄰串列來存儲圖的結構
        neighbors = collections.defaultdict(list)
        for u, v in edges:
            neighbors[u].append(v)
            neighbors[v].append(u)

        # 使用 BFS 判斷是否為有效樹
        visited = {}
        q = collections.deque([0])
        while q:
            curr = q.popleft()
            for node in neighbors[curr]:
                if node not in visited:
                    visited[node] = True
                    q.append(node)
```

```
        else:
            return False
return len(visited) == n
```

11.3.3 併查集解法

併查集（Union Find，並查集）對於解決連通圖的問題很有效。程式流程是走訪節點，如果兩個節點相連，則將其根節點相連，這樣可以找到循環。初始化根節點串列為對應的索引，然後對一條邊的兩個節點分別執行 find 函式。得到的值如果相同，則證明存在循環，傳回 False；如果不同，則使其根節點連通。

在此以例 2 來解釋 Union Find 是如何執行的，如圖 11-7 所示。定義一個 roots 串列，串列中的每個元素均對應於其索引。首先看邊 [0,1]，雖然節點 0 和節點 1 對應的父節點不一樣，但是它們是相連的。把節點 1 的父節點連接到節點 0 的父節點，因此節點 1 的父節點就是節點 0。

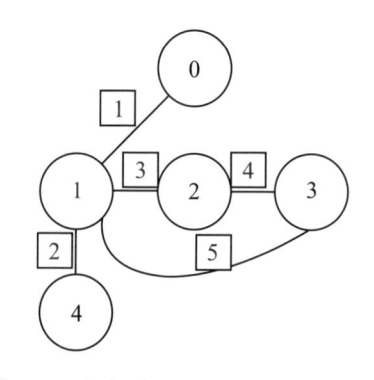

圖 11-7　圖解使用 Union Find 驗證圖形

- 對於邊 [1,4]，因為它們的父節點分別是節點 0 和節點 4，而它們是相連的，所以把節點 4 的父節點連接到節點 0 上。

- 對於邊 [1,2]，因為它們的父節點分別是節點 0 和節點 2，而它們是相連的，所以把節點 2 的父節點連接到節點 0 上。

- 對於邊 [2,3]，因為它們的父節點分別是節點 0 和節點 3，而它們是相連的，所以把節點 3 的父節點連接到節點 0 上。

- 對於邊 [1,3]，因為它們的父節點分別是節點 0 和節點 0，它們的父節點已經相同，所以它們已經相連了，證明循環存在。

程式碼清單 11-6　使用 Union Find 驗證有效樹

```python
class Solution:
    # 參數 n：圖中節點的數量
    # 參數 edges：無向邊的列表
    # 如果是有效樹，則傳回 True；否則傳回 False
    def validTree(self, n, edges):
        root = [i for i in range(n)] # 初始化每個節點的父節點
        for i in edges: # 走訪所有的邊
            root1 = self.find(root, i[0])
            root2 = self.find(root, i[1])
            if root1 == root2: # 如果兩個節點的根相同，則證明兩節點相連
                return False
            else:
                root[root1] = root2
        return len(edges) == n - 1

    def find(self, root, e):
        if root[e] == e:
            return e
        else:
            root[e] = self.find(root, root[e])
            return root[e]
```

PART 3

演算法

- 第 12 章：二分搜尋法
- 第 13 章：雙指標法
- 第 14 章：動態規劃
- 第 15 章：深度優先搜尋
- 第 16 章：回溯
- 第 17 章：廣度優先搜尋
- 第 18 章：併查集
- 第 19 章：資料結構、演算法面試試題實戰

CHAPTER 12

二分搜尋法

二分搜尋（也稱為二分法）是電腦科學中的基本演算法之一，一般用於已排序的串列。它透過將搜索間隔分成兩半來搜索排序的串列。首先將整個串列一分為二間隔開來，如果搜索鍵的值小於間隔中間的項目，將範圍縮小到下半部分，否則將其縮小到上半部分。重複此過程，直到找到該值或範圍為空。計算複雜度是 $O(\log n)$。

下面來看一下比較常見的幾個二分法的面試題目。

12.1 實例1：求平方根

實作 int sqrt(int x)，計算並傳回 x 的平方根，其中 x 是一個非負整數。由於傳回型別是整數，因此小數部分將會被捨棄，僅傳回結果的整數部分。

提示：利用二分法求解。

📋 **程式碼清單 12-1　利用二分法求平方根**

```python
class Solution:
    def mySqrt(self, x: int) -> int:
        if x == 0:
            return 0
        if x == 1:
            return 1
        left = 0
        right = x
        value = -1
        while left <= right:
            mid = (left + right) // 2
            if mid * mid > x:
                value = mid
                right = mid -1
            else:
                left = mid + 1
        if value * value > x:
            return value - 1
        return value
```

12.2　實例 2：在旋轉排序串列中搜索

假設以升冪排序的串列以未知的某個樞軸旋轉，如 [0, 1, 2, 4, 5, 6, 7] 可能會變成 [4, 5, 6, 7, 0, 1, 2]。請在該串列中搜索目標值，如果目標值在串列中找到，則傳回其索引，否則傳回 -1。可以假設串列中不存在重複項目，演算法的執行時間複雜度必須為 $O(\log n)$。

解題思路：利用二分法求解。如果中間的元素大於左邊的那個元素，表示左邊部分已經排好序；反之，則表示右邊部分已經排好序。

📋 **程式碼清單 12-2　在旋轉排序串列中搜索**

```python
class Solution:
    def search(self, nums: List[int], target: int) -> int:
        l, r = 0, len(nums) - 1

        while l <= r:
            mid = (l + r) // 2
            if target == nums[mid]:
                return mid
```

```
        # 對 nums[left to mid] 進行排序
        if nums[l] <= nums[mid]:
            if target > nums[mid] or target < nums[l]:
                l = mid + 1
            else:
                r = mid - 1
        # 對 nums[mid to right] 進行排序
        else:
            if target < nums[mid] or target > nums[r]:
                r = mid - 1
            else:
                l = mid + 1
    return -1
```

12.3 實例 3：會議室預訂問題

設計一個會議室預訂系統，系統有一個 book 函式，該函式將在一個時間間隔內多次執行。如果房間可使用，系統將傳回 True 並儲存該時間間隔。如果不可使用，它只會傳回 False。

只有當時間間隔不與任何其他預訂的時間間隔重疊時，才能預訂會議室。舉例如下：

- book(10, 20) —> True
- book(20, 30) —> True
- book(5, 15) —> False

第三個時間間隔與第一個時間間隔重疊，這就是它傳回 False 的原因。

這是面試常見的考題之一。實作上，我們可以利用串列保存每個會議室預訂的時間間隔，遇到新的會議室預訂時，就要走訪所有的串列，來比較串列中的每個元素和新的會議室預訂時間是否有重疊。面試的時候可以做以下假設：時間間隔只是數字，而不是像分鐘或小時這樣的「真實時間」。

12.3.1 問題 1：如何最佳化

最佳化的解決方案是建立一個時間間隔串列，並按開始時間對其進行排序，例如，bookings = [[10, 20], [20, 30], [70, 72]]。然後，使用二分法來搜尋區間是否重疊。

📋 程式碼清單 12-3　會議室預訂問題

```python
class Event:
    def __init__(self, start, end):
        self.start = start
        self.end   = end

class ConferenceBooking:

    def __init__(self):
        self.schedules = []

    def booking(self, event):
        if event.start > event.end:
            return False
        low, high = 0, len(self.schedules)-1
        while low < high:
            mid = (low+high)//2
            if event.start > self.schedules[mid].end:
                low = mid + 1
            elif event.end < self.schedules[mid].start:
                low = mid - 1
            else:
                return False
        self.schedules.insert(low, event)
        return True

if __name__ == "__main__":
    solution = ConferenceBooking()
    event1 = Event(10,20)
    res = solution.booking(event1)
    assert res == True
    event2 = Event(20,30)
    res = solution.booking(event2)
    assert res == True
    event3 = Event(10, 15)
    res = solution.booking(event3)
    assert res == False
```

12.3.2　問題 2：如何預訂多個會議室

假設你現在有兩個會議室，你將如何更改程式碼，以便可以最多「重疊」兩個預訂？

解決此問題的一種方法如下：

1. 建立一個排序串列，最多可以重疊 2 個（或在一般情況下為 N 個），該串列具有所有開始和結束時間，但不再組合在一起，如下所示：

```
Bookings = [{ 'type' : 'start', '時間' : 10}, { 'type' : "end", '時間' : 20},
    { 'type' : "start", '時間' : 30},{ 'type' : "end", '時間' : 40}]
```

2. 將"新的可能預訂"插入到正確位置的串列中。

3. 走訪串列。初始化計數器為 0。每次找到 type = "start" 時，則計數器加 1。每次找到 type = "end" 時，從計數器中減去 1。如果在任何時候計數器 counter > 2（或者計數器 counter > N），那麼這意味著對於這個新的預訂，會議室將重疊，所以函式應該傳回 False，並從 bookings 串列中刪除添加的值。

使用二分搜尋解決此問題的另一種更有效的方法是：

- 對於每個點都儲存型別、時間和計數器。
- 使用二分搜尋搜尋插入新起始位置的位置。
- 使用二分搜尋搜尋插入新結束位置的位置。
- 如果可能，插入起始位置並嘗試遞增每個計數器，直到結束位置。

CHAPTER 13

雙指標法

13.1 實例 1：稀疏向量的內積

假設有非常大的稀疏向量（向量中的大多數元素為 0）：

- 找到一個資料結構來儲存它們；
- 計算內積。

如果其中一個向量中的元素很少，該怎麼辦？

解題思路：該題是臉書常考的面試問題，此題可以用雙指標法（雙指針法）來解決。一般正常的演算法就是走訪兩個串列，分別相乘，最後把相乘的結果相加。但是由於向量稀疏，很多元素都為 0，因此上述方法顯然效率不高。首先需要考慮如何保存稀疏向量結構中的資料。因為大部分元素是 0，一種方式就是利用雜湊表來保存非零元素索引和其對應的數值關係。當然雜湊表還是需要額外的資料結構。另一種方式就是利用另一個串列，串列中的每個元素用來儲存非零資料的索引和數值,然後比較兩個串列的每個元素的索引,如果一致,就相乘,否則就移動指標。

程式碼清單 13-1　稀疏向量的內積

```
a = [(1,2),(2,3),(100,5)]
b = [(0,5),(1,1),(100,6)]

i = 0; j = 0
result = 0
while i < len(a) and j < len(b):
    if a[i][0] == b[j][0]:      # 如果兩個串列的索引相同,則相乘
        result += a[i][1] * b[j][1]
        i += 1
        j += 1
    # 串列A非零元素的索引小於串列B非零元素的索引,A移到下一個非零元素
    elif a[i][0] < b[j][0]:
        i += 1
    # 串列B非零元素的索引小於串列A非零元素的索引,B移到下一個非零元素
    else:
        j += 1
print(result)
```

複雜度分析:時間複雜度為 $O(n)$,空間複雜度為 $O(n)$,其中 N 為非零元素的個數。

13.2　實例2:最小視窗子字串

指定一個字串 S 和一個字串 T,找到 S 中的最小視窗,視窗中將包含 T 中的所有字元,時間複雜度為 $O(n)$。舉例如下:

- 輸入:S ＝"ADOBECODEBANC",T ＝"ABC"

- 輸出:"BANC"

解題思路:這種問題一般使用雙指標法求解。但是如何判斷一個字串 S 包含 T 中所有的字元呢?這裡可以非常巧妙地利用雜湊表來解決。首先利用一個雜湊表儲存所有 T 裡面的字元,同時統計 T 裡的字元個數,即 figures。然後不斷移動右指標,每移動一個字元,偵測當前字元是否在雜湊表中,如果在的話,那麼雜湊表中對應的字元個數就減 1,如果對應的字元

的個數為 0，figures 減去 1。如果 figures 變為 0，說明當前的字串裡面包含了字串 T，這時需要偵測當前的長度是不是最小長度。同時移動左指標，每移動一個左指標的字元，需要偵測當前字元是否在雜湊表中，如果在的話，那麼雜湊表中相對應的字元個數就加 1，如果對應的字元的個數大於 0，figures 加 1。

程式碼清單 13-2　最小視窗子字串

```python
class Solution:
    def minWindow(self, s: str, t: str) -> str:
        s += "@"
        # 建立一個字典
        dict_t = collections.Counter(t)
        # 初始化左右指標，以及 figures 表示 T 中不同字元的數量
        l, r, figures = 0, 0, len(dict_t.keys())
        res = [0, len(s) + 1]  # 記錄子字串的起始和結束位置之變數
        while r < len(s):
            if figures == 0:  # 當前字串已經包含 T 的所有字元
                if r - l < res[1] - res[0]:  # 更新結果
                    res = [l, r]
                if s[l] in dict_t:  # 如果左指標所指的字元在字典中
                    dict_t[s[l]] += 1
                    # 如果對應字元的個數大於 0，就增加一個字元
                    if dict_t[s[l]] > 0:
                        figures += 1
                l += 1  # 移動左指標
            else:
                if s[r] in dict_t:  # 如果右指標所指的字元在字典中
                    dict_t[s[r]] -= 1  # 字元的個數減 1
                    # 如果對應字元的個數為 0，就移除當前字元
                    if dict_t[s[r]] == 0:
                        figures -= 1
                r += 1  # 移動右指標
        # 傳回運算結果
        if res == [0, len(s) + 1]: return ""
        else:
            return s[res[0]:res[1]]
```

13.3　實例 3：區間交集

指定兩個閉合區間串列，每個區間串列的區間不相交並且已按照順序排列，要求傳回這兩個區間串列的交集。通常，閉合區間 $[a, b]$（其中 $a \leq b$）

為實數 x 的集合，其中 $a \leq x \leq b$。兩個閉合區間的交集要麼為一組可組成閉合區間的實數，要麼為空。例如，[1, 3] 與 [2, 4] 的交集為 [2, 3]。下面以圖 13-1 為例進行說明：

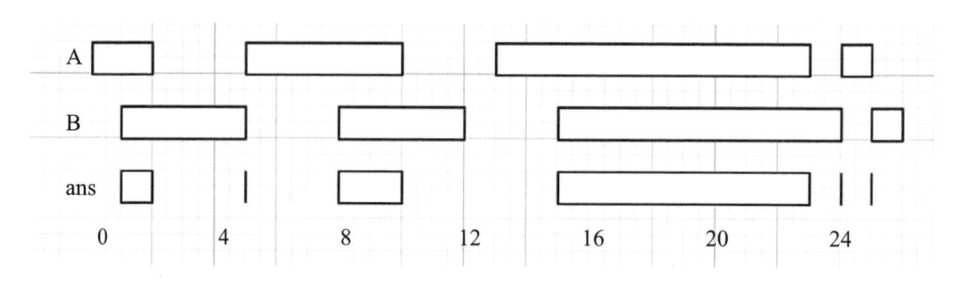

輸入：A = [[0,2],[5,10],[13,23],[24,25]]，B = [[1,5],[8,12],[15,24], [25,26]]
輸出：[[1,2],[5,5],[8,10],[15, 23],[24,24],[25,25]]

圖 13-1　兩個區間串列的交集

解題思路：在區間 [a, b] 中，將 b 稱為「端點」。在輸入的區間中，考慮具有最小端點的區間 A [0]（假設此區間在串列 A 中）。在串列 B 的區間中，A [0] 只能與串列 B 中的一個區間相交（如果 B 中的兩個區間都與 A [0] 相交，則它們必定共享 A [0] 的端點，但這與 B 中的區間彼此不相交的條件矛盾）。

如果 A [0] 的端點較小，則它只能與 B [0] 相交。之後可以丟棄 A [0]，因為它無法與其他任何區間相交。同樣地，如果 B [0] 的端點較小，則它只能與 A [0] 相交，並且由於 B [0] 無法與其他任何區間相交，因此可以丟棄 B [0]。在此情境中，使用兩個指標 i 和 j 來模擬「丟棄」 A [0] 或 B [0] 的過程。具體的求解過程如圖 13-2 ～圖 13-6 所示。

圖 13-2　圖解區間交集 (1)

- 第一步：$i=0$，$j=0$，lo = max($A[i][0],B[j][0]$) = 1，hi = min(max($A[i][1]$, $B[j][1]$)) = 2，所以有交集 [1,2]。

    因為 $A[i][1]<B[j][1]$，i++，所以 $i=1$。

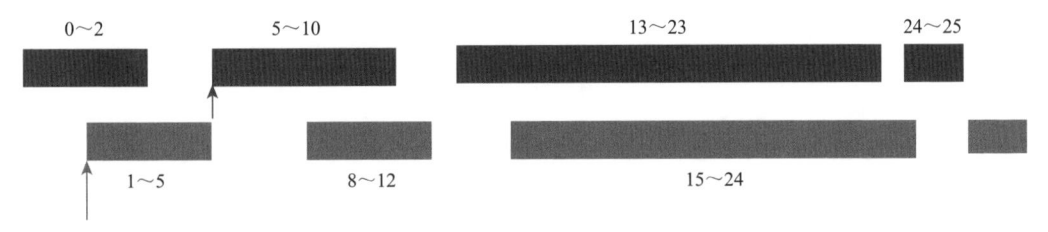

圖 13-3　圖解區間交集 (2)

- 第二步：$i=1$，$j=0$，lo = max($A[i][0],B[j][0]$) = 5，hi = min(max($A[i][1]$, $B[j][1]$)) = 5，沒有交集。

    因為 $A[i][1]>B[j][1]$，j++，所以 $j=1$。

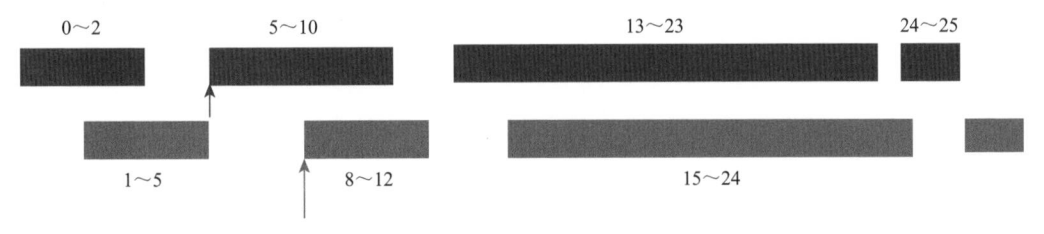

圖 13-4　圖解區間交集 (3)

- 第三步：$i=1$，$j=1$，lo = max($A[i][0],B[j][0]$) = 8，hi = min(max($A[i][1]$, $B[j][1]$)) = 10，交集為 [8,10]。

    因為 $A[i][1]<B[j][1]$，i++，所以 $i=2$。

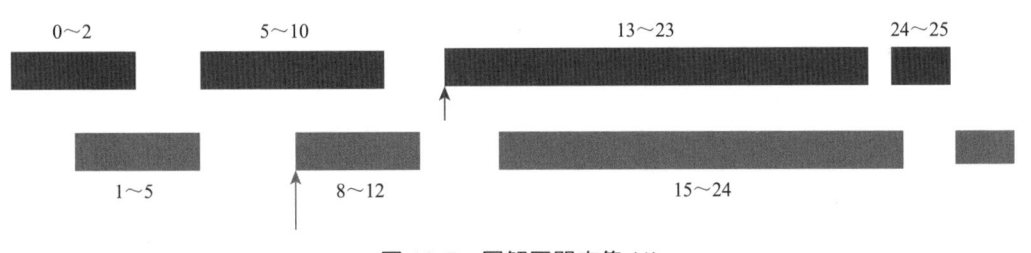

圖 13-5　圖解區間交集 (4)

- 第四步：$i=2$，$j=1$，lo = max($A[i][0],B[j][0]$) = 13，hi = min(max($A[i][1]$, $B[j][1]$)) = 12，無交集。

    因為 $A[i][1]>B[j][1]$，j++，所以 $j= 2$。

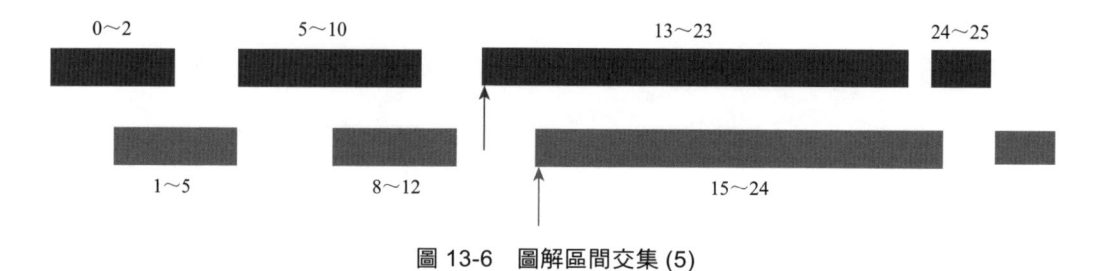

```
0～2         5～10              13～23              24～25


        1～5        8～12         15～24
```

圖 13-6　圖解區間交集 (5)

- 第五步：$i=2$，$j=2$，lo = max($A[i][0],B[j][0]$) = 15，hi = min(max($A[i][1]$, $B[j][1]$)) = 13，交集為 [15,23]。

    因為 $A[i][1]<B[j][1]$，i++，所以 $i= 3$。

- 第六步：$i=3$，$j=2$，lo = max($A[i][0],B[j][0]$) = 24，hi = min(max($A[i][1]$, $B[j][1]$)) = 24，無交集。

    因為 $A[i][1]>B[j][1]$，j++，所以 $j= 3$。

- 第七步：$i=3$，$j=3$，lo = max($A[i][0],B[j][0]$) = 25，hi = min(max($A[i][1]$, $B[j][1]$)) = 25，無交集。

    因為 $A[i][1]<B[j][1]$，j++，所以 $j= 4$，超出串列 A 長度，結束迴圈。

程式碼清單 13-3　區間交集

```python
class Solution:
    def intervalIntersection(self, A: List[List[int]], B: List[List[int]]) -> 
        List[List[int]]:
        ans = []
        i = j = 0

        while i < len(A) and j < len(B):
            # 檢查 A[i] 是否 B[j] 交集
            # lo -- 交集的起點
            # hi -- 交集的終點
            lo = max(A[i][0], B[j][0])
```

```
            hi = min(A[i][1], B[j][1])
            if lo <= hi:
                ans.append([lo, hi])

            # 誰的區間終點比較小,誰就被丟棄
            if A[i][1] < B[j][1]:
                i += 1
            else:
                j += 1
    return ans
```

複雜度分析:時間複雜度為 $O(n)$,空間複雜度為 $O(1)$。

13.4 實例 4:最長連續 1 的個數

問題:指定串列 A,串列元素為 0 或 1,我們最多可以將 K 個數值從 0 更改為 1。傳回值:僅有 1 的最長(連續)子串列的長度。舉例如下:

例 1

輸入:A = [1,1,1,0,0,0,1,1,1,1,0],K = 2

輸出:6

說明:[1,1,1,0,0,**1**,**1**,**1**,**1**,**1**],粗體字者從 0 翻轉成 1;劃底線處為最長的子串列。

例 2

輸入:A = [0,0,1,1,0,0,1,1,1,0,1,1,0,0,0,1,1,1,1,1],K = 3

輸出:10

說明:[0,0,1,1,**1**,**1**,1,1,1,**1**,1,1,0,0,0,1,1,1,1,1],粗體字者從 0 翻轉成 1,劃底線處為最長的子串列。

解題思路:利用雙指標法,如果遇到 0,則統計 0 的個數,儲存於變數 flip 中,如果 0 的個數大於 K,則需要移動左指標,如果遇到 0,則 flip 的個數需要減去 1。計算過程如圖 13-7 所示。

```
1. flip=1     3. flip=3, max_len=5    6. flip=3, max_len=8    9. flip=4>K, max_len=10,移動左指標
   2. flip=2                     4. flip=4>K,         7. flip=4>K,
                                   移動左指標           移動左指標
| 0 | 0 | 1 | 1 | 0 | 0 | 1 | 1 | 1 | 0 | 1 | 1 | 0 | 0 | 0 | 1 | 1 | 1 |
                         8. flip=3, max_len=8
   5. flip=2, max_len=5
```

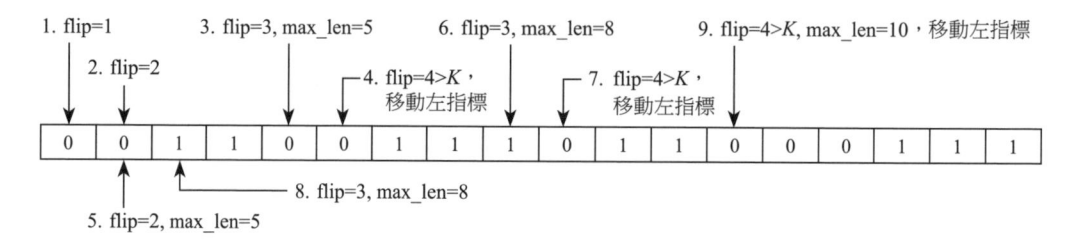

圖 13-7　圖解最長連續 1 的個數

- 第一步：遇到 0，flip++，flip = 1，max_len = 1。

- 第二步：遇到 0，flip++，flip = 2，max_len = 2。

- 第三步：遇到兩個 1，flip = 2，max_len = 4，直到下一個 0，flip++，flip = 3，此時 max_len = 5。

- 第四步：遇到 0，flip++，flip = 4，此時 flip > K，開始移動左指標。

- 第五步：移動左指標，遇到 0，flip--，flip = 2，max_len = 5。

- 第六步：繼續移動右指標，由於遇到 1，直接更新長度，max_len = 8。

- 第七步：繼續移動右指標，遇到 0，flip++，此時 flip=4 > K，所以開始移動左指標。

- 第八步：移動左指標，遇到 0，flip--，flip = 3，max_len = 8。

- 第九步：移動左指標，遇到連續兩個 1，直接更新長度，max_len = 10。

程式碼清單 13-4　最長連續 1 的個數

```
class Solution:
    def longestOnes(self, A: List[int], K: int) -> int:
        max_len = -1
        # 初始化左右指標
        left, right = 0, 0
        # 記錄翻轉過的 0 的數量之變數
        flip = 0
        for right, item in enumerate(A):
            if item == 0: flip += 1
            # 確保翻轉的 0 數量不超過 K
```

```
        while flip > K:
            if A[left] == 0: flip -= 1
            left += 1
        # 記錄當前最大長度
        max_len = max(max_len, right - left + 1)
    return max_len
```

複雜度分析：時間複雜度為 $O(n)$，空間複雜度為 $O(1)$。

13.5　實例 5：搜尋字串中的所有字母

指定字串 s 和非空字串 p，在 s 中找到 p 的異位詞的所有起始索引。字串僅包含小寫英文字母，並且字串 s 和 p 的長度分別不得大於 100、20。輸出順序不受限。舉例如下：

- 輸入：s 為 "cbaebabacd"，p 為 "abc"

- 輸出：[0, 6]

說明：起始索引為 0 的子字串是 "cba"，它是 "abc" 的異位詞。起始索引為 6 的子字串是 "bac"，它是 "abc" 的異位詞。

解題思路：利用雙指標法來求解。首先利用雜湊表儲存目標字串，然後走訪輸入字串，如果兩個指標之間的距離等於目標字串的長度，則需要偵測兩個雜湊表是否相同。同時移動左指標。計算過程如圖 13-8 所示。

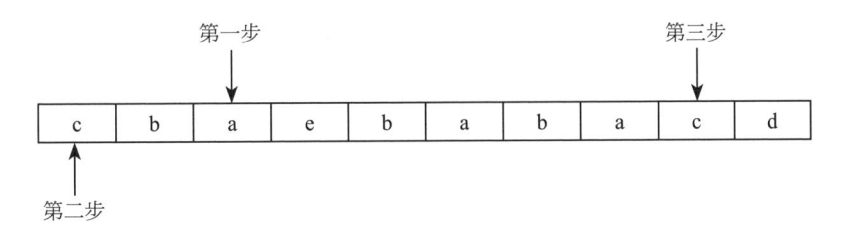

圖 13-8　圖解如何搜尋字串中的所有字母

- 第一步：當右指標到達長度為 3 的時候，需要偵測 s_counter 與 p_counter 是否相等，如果相等，把左指標位址 0 記錄於串列中。
- 第二步：移動左指標，s_counter[c]=1，所以刪除字典裡的字元 c。
- 第三步：繼續移動右指標，發現此時 s_counter=p_counter，把左指標的位址 6 記錄於串列中。

程式碼清單 13-5　搜尋字串中的所有字母

```python
class Solution:
    def findAnagrams(self, s: str, p: str) -> List[int]:
        # 定義兩個雜湊表
        p_counter = Counter(p)
        s_counter = Counter()

        # 儲存結果的串列
        ans = []
        np = len(p)
        ns = len(s)

        # 左指標初始化為 0，用來控制滑動視窗的大小
        left = 0
        for i in range(ns): # 右指標
            s_counter[s[i]] += 1
            # 當字串長度等於 p 的長度時，開始檢查異位詞
            if i - left + 1 == np:
                # 如果兩個雜湊表相同，則將起始索引加入結果串列
                if s_counter == p_counter:
                    ans.append(left)
                # 如果當前字元計數為 1，就從字典中刪除此字元
                if s_counter[s[left]] == 1:
                    del s_counter[s[left]]
                else:
                    s_counter[s[left]] -= 1
                # 移動左指標
                left += 1

        return ans
```

CHAPTER 14

動態規劃

動態規劃（Dynamic Programming，DP）的主要思維是將一個複雜問題分解為多個子問題，再將子問題的解答結合在一起，來構成該問題的解答。如果能夠善用動態規劃解決問題，將大大提高解題能力。本章主要介紹如何透過動態規劃解決問題。

14.1 動態規劃的基礎知識

動態規劃是一種演算法技術，通常基於遞迴公式和一個或多個起始狀態，問題的子解決方案是從先前解決的問題中構造出來的。動態規劃解決方案具有多項式複雜性，與其他技術（例如回溯、無窮搜索等）相比，執行效率更快。

舉一個範例來講解動態規劃的主要程式流程：假設有 N 個硬幣（可以根據需要使用任意數量的同幣值的硬幣）的串列，它們的值為 $(V_1, V_2, \cdots, V_N)$，總和為 S，要找到總和為 S 的最少硬幣數量，或傳回「不可能以總和為 S 的方式選擇硬幣」。

為了構建 DP 解決方案，首先需要找到一個狀態，為該狀態找到最佳解法，並且借助它可以為下一個狀態找到最佳解法。

我們需要解決如下問題。

- 「狀態」代表什麼？這是描述情況的一種方法，是問題的子解決方案。例如，當前狀態是總和 i 的解，其中 $i \leq S$，比當前狀態小的狀態將是總和 j 的解，其中 $j < i$。為了找到當前狀態，需要先找到所有較小的狀態（總和為 j）。而找到了總和為 i 的最少硬幣數量後，則可以輕鬆找到總和為 $i+1$ 的解決方案。

- 如何找到最佳解法？對於每個硬幣 j，$V_j \leq i$，透過計算 $dp[i]=\min\{dp[i-V_1]+1, dp[i-V_2]+1, dp[i-V_3]+1, \cdots, dp[i-V_n]+1\}$，利用已經找到的最少硬幣數量來計算當前狀態下的最少硬幣數量。

14.2　實例 1：買賣股票的最佳時間

假設有一個串列，其中第 i 個元素表示第 i 天指定股票的價格，並且只允許最多完成一筆交易（即買入和賣出一股股票），另外，不能在買股票之前賣出股票，要求設計一種演算法以找到最大利潤。舉例如下：

- 輸入：[7,1,5,3,6,4]
- 輸出：5

說明：在第 2 天買入（價格 = 1）並在第 5 天賣出（價格 = 6），利潤為 6-1 = 5。

解題思路：找到當天之前的最低的股票價格，然後利用當天價格減去之前最低的價格。

程式碼清單 14-1　買賣股票的最佳時間

```
class Solution:
    def maxProfit(self, prices: List[int]) -> int:
        min_price, profit = float('inf'), 0
        for price in prices:
            min_price = min(min_price, price)
            profit = max(profit, price - min_price)

        return profit
```

14.3　實例 2：硬幣找零

假設有不同面額的硬幣和總金額，編寫一個函式來計算組成該總金額所需的最少數量的硬幣。如果該總金額不能用硬幣的任何組合來完成，則傳回 -1。舉例如下：

例 1

輸入：硬幣 = [1,2,5]，總金額 = 11

輸出：3

說明：11 = 5 + 5 + 1。

例 2

輸入：硬幣 = [2]，總金額 = 3

輸出：-1

解題思路：這是一題典型的動態規劃問題，如圖 14-1 所示，可以先計算硬幣總金額為 1 的硬幣數量，然後在此基礎上，計算下一個硬幣總金額為 2 的硬幣數量。在計算總和為 i 的最少硬幣數量 $F(i)$ 之前，必須計算直到 i 的所有最小計數。在演算法的每次迭代中，$F(i) = \min_{j=0,\cdots,n-1} F(i - C_j) + 1$，其中 C_j 是每個硬幣的面值。

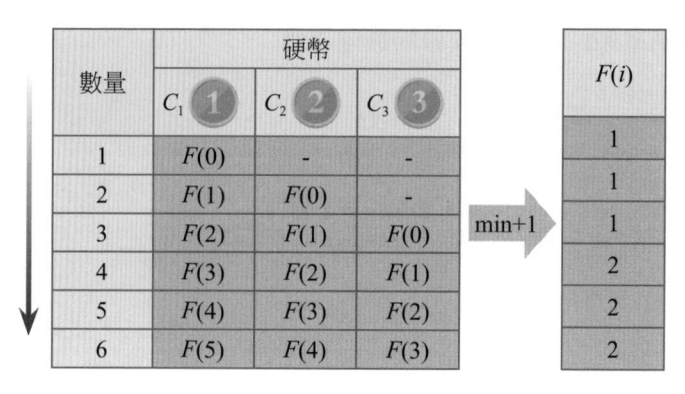

數量	硬幣				F(i)
	C_1	C_2	C_3		
1	F(0)	-	-		1
2	F(1)	F(0)	-		1
3	F(2)	F(1)	F(0)	min+1	1
4	F(3)	F(2)	F(1)		2
5	F(4)	F(3)	F(2)		2
6	F(5)	F(4)	F(3)		2

圖 14-1　硬幣找零的動態規劃

程式碼清單 14-2　硬幣找零

```python
class Solution:
    def coinChange(self, coins: List[int], amount: int) -> int:
        dp = [maxsize]*(amount+1)
        dp[0]=0
        for coin in coins:
            for i in range(1, amount+1):
                if i>=coin:
                    dp[i] = min(dp[i-coin]+1,dp[i])
        if dp[amount]>amount:
            return -1
        return dp[amount]
```

14.4　實例 3：計算解碼方式總數

使用以下對照表將字母 A ～ Z 轉換成數字（或將數字轉換成字母）：

```
A → 1
B → 2
...
Z → 26
```

指定一個僅包含數字的非空字串，請傳回其解碼方式的總數。舉例如下：

例 1

輸入："12"
輸出：2

說明：可以將其解碼為 "AB"（1 2）或 "L"（12）。

例 2

輸入："226"

輸出：3

說明：可以將其解碼為 "BZ"（2 26）、"VF"（22 6）或 "BBF"（2 2 6）。

解題思路：利用動態規劃求解，具體程式碼如下。

程式碼清單 14-3　利用動態規劃計算解碼方式總數

```python
class Solution:
    def numDecodings(self, s: str) -> int:
        n = len(s)
        # 初始化動態規劃表 dp，長度為 n + 1
        dp =[0]*(n+1)
        dp[0] = 1
        dp[1]= 0 if s[0]=='0' else 1
        for i in range(2,n+1,1):
            # 讀取當前索引的前一個字元
            first = int(s[i-1:i])
            second = int(s[i-2:i])
            if first>=1 and first<=9 :
                dp[i]+=dp[i-1]
            if second>=10 and second<=26:
                dp[i]+=dp[i-2]
        return dp[n]
```

CHAPTER 15

深度優先搜尋

圖形的走訪一般使用深度優先搜尋（DFS）/ 廣度優先搜尋（BFS）演算法，目前很多面試題目都可以利用這種演算法來解決。

深度優先搜尋是一種用於走訪樹或圖形資料結構的演算法，該演算法從根節點開始（在圖形的情況下，選擇任意節點作為根節點），並在回溯之前盡可能沿著每個分支進行探索。其基本流程是從根節點或任意節點開始，標記該節點，接著移至相鄰的未標記節點，然後重複此步驟，直到沒有未標記的相鄰節點為止。最後回溯並檢查其他未標記的節點並走訪它們。

採用深度優先搜尋解題的要點是：

- 設置初始條件。
- 利用變數防止進入迴圈或者已經走訪過的節點。
- 確定下一個階段需要走訪的節點。

15.1 深度優先搜尋的應用

深度優先搜尋（Depth-First Search，DFS）是一種圖形走訪演算法，它從起始節點開始，沿著一條路徑儘可能地深入探索，直到無法再繼續前進，然後回溯並探索其他路徑。DFS 在電腦科學和工程領域有廣泛的應用，包括但不限於以下幾種情境：

- 圖形走訪：DFS 用於走訪圖形或樹結構，搜尋特定節點、路徑或執行拓撲排序。例如：計算兩個節點之間的最短路徑，搜尋連接兩個節點的路徑，或者確定圖形的連通性等。

- 老鼠走迷宮：在迷宮問題中，DFS 可用於尋找從起點到終點的路徑。它會盡可能深入地探索迷宮，透過遞迴或堆疊來實現。

- 拓撲排序：DFS 用於執行拓撲排序，這是一種用於有向無環圖（DAG）的排序演算法。它在編譯器設計、任務排程、依賴關係分析等領域廣泛被使用。

- 連通性分析：DFS 用於確定圖形中的連通分量或搜尋強連通分量，這在網路分析、社交網路分析等領域非常有用。

- 解謎遊戲：在解決八皇后、數獨遊戲等謎題時，DFS 可用於探索可能的解法。

- 人工智慧和機器學習：DFS 可用於搜索問題空間，尋找問題的最佳解決方案。例如，在博弈樹搜索、迷宮問題、規劃問題中都可以應用 DFS。

- 資料庫查詢：在資料庫系統中，DFS 可用於查詢處理和最佳化查詢執行計畫。

- 編譯器設計：DFS 用於語法分析、構建語法樹和程式碼生成等編譯器的各個階段。

- 人際關係分析：在社交網路分析和推薦系統中，DFS 可用於發現社交網路中的社區結構、確定兩個人之間的關聯程度等。

- 路徑搜尋：在地理資訊系統（GIS）中，DFS 可用於搜尋兩個地點之間的最短路徑，如導航應用。

15.2　實例 1：太平洋和大西洋的水流問題

問題：指定一個 $m \times n$ 的非負整數矩陣，表示一個大陸中每個單元的高度，「太平洋」觸及矩陣的左邊緣和上邊緣，而「大西洋」觸及右邊緣和下邊緣。水只能向上、向下、向左或向右從一個單元流向另一個高度相同或更低的單元。請給出水可以同時流向太平洋和大西洋的座標。

解題思路：這道題目如果使用深度優先搜尋的話，可以從太平洋接觸的上邊緣和左邊緣的點出發，看看水流能到達哪些點，同時，從大西洋接觸的右邊緣和下邊緣出發，看看水流能到達哪些點。

程式碼清單 15-1　基於深度優先搜尋的演算法

```
class Solution:
    def pacificAtlantic(self, matrix: List[List[int]]) -> List[List[int]]:
        if not matrix or not matrix[0]:
            return []
        R, C = len(matrix), len(matrix[0])
        pacific, atlantic = set(), set()
        def dfs(r, c, seen):
            if (r, c) in seen:
                return
            seen.add((r, c))
            for nr, nc in ((r, c+1), (r, c-1), (r+1, c), (r-1, c)):
                # 下一個點要高於當前的點
                if 0 <= nr < R and 0 <= nc < C and matrix[nr][nc] >= matrix [r][c]:
                    dfs(nr, nc, seen)
        for r, c in [(r, 0) for r in range(R)] + [(0, c) for c in range(C)]:
            dfs(r, c, pacific)
        for r, c in [(r, C-1) for r in range(R)] + [(R-1, c) for c in range(C)]:
            dfs(r, c, atlantic)
        return pacific & atlantic
```

15.3 實例 2：預測獲勝者

指定一個分數串列，這些分數是非負數的整數。有兩個玩家，玩家 1 從串列的任一端選擇一個分數，接著玩家 2 選擇，再來是玩家 1 選擇，以此類推。每當玩家選擇一個分數後，另一個玩家不得再選擇該分數。遊戲持續進行，直到選了所有分數為止，得分最高的玩家獲勝。如果玩家 1 獲勝，傳回 True，否則傳回 False。舉例如下。

- 輸入：[1,5,2]
- 輸出：False

說明：最初玩家 1 可以在 1 和 2 之間選擇。如果他選擇 2（或 1），則玩家 2 可以從 1（或 2）和 5 中選擇。如果玩家 2 選擇 5，則玩家 1 將剩下 1（或 2）。因此，玩家 1 的最終得分為 1 + 2 = 3，而玩家 2 為 5。因此，玩家 1 永遠不會是贏家，最後傳回 False。

解題思路：這種問題一般是利用 minmax 的方法求解。對於玩家 1 來說，如果選取第一個 nums[s]，那麼玩家 2 可以選取剩下的第一個或最後一個元素。因此對於玩家 1 來說，只能加上串列中剩下元素較小的一個。

當然，玩家 1 也可以選取最後一個元素，玩家 2 就在剩餘的元素中，選取第一個或者最後一個元素，而玩家 1 也只能加上剩餘元素較小的一個。

程式碼清單 15-2　預測獲勝者

```
class Solution:
    def PredictTheWinner(self, nums: List[int]) -> bool:
        sum = 0
        for num in nums:
            sum+=num
        first = self.dfs(nums,0,len(nums)-1)
        second = sum-first
        return first>=second
    def dfs(self,nums:List[int],s:int,e:int) ->int:
        if s > e:return 0
        start = nums[s]+min(self.dfs(nums,s+1,e-1),self.dfs(nums,s+2,e))
        end = nums[e]+min(self.dfs(nums,s+1,e-1),self.dfs(nums,s,e-2))
        return max(start,end)
```

15.4　實例 3：運算式與運算子

指定一個僅包含數字 0 ～ 9 的字串和一個目標值的字串，請在數字之間加上二元運算子（非一元）+、- 或 *，建構一個完整的運算式，而且該運算式的運算結果等於目標值。最後請輸出所有可能的組合。舉例如下：

例 1
輸入：num ="123"，目標 = 6
輸出：["1 + 2 + 3"，"1 * 2 * 3"]

例 2
輸入：num ="232"，目標 = 8
輸出：["2 * 3 + 2"，"2 + 3 * 2"]

例 3
輸入：num ="105"，目標 = 5
輸出：["1 * 0 + 5"，"10-5"]

解題思路：利用深度走訪的方式求解。需要注意的是，如果遇到乘法，需要把以前的數字減掉，乘上當前的數字，前一個數字需要保存下來。另外，還要注意，選取的下一個數字第一位不能為零。下面以例 1 為例，說明計算過程，如圖 15-1 所示。

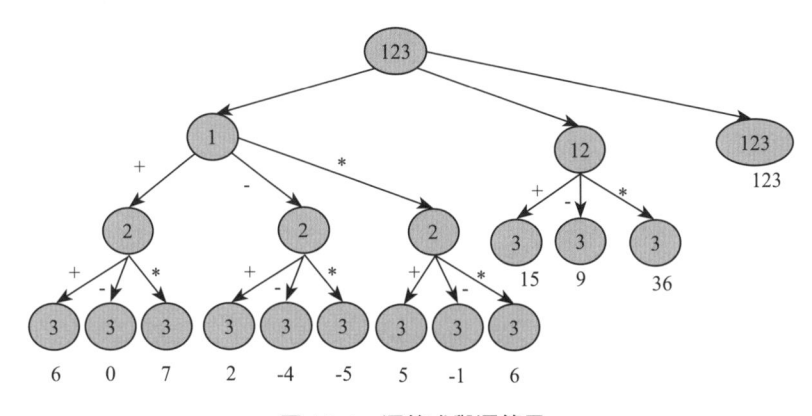

圖 15-1　運算式與運算子

程式碼清單 15-3　運算式與運算子

```python
class Solution:
    def addOperators(self, num: str, target: int) -> List[str]:
        res = []
        self.target = target

        for i in range(1, len(num) + 1):
            if i==1 or (i>1 and num[0] != '0'):
                self.dfs(num[i:], num[:i], int(num[:i]), int(num[:i]), res)
        return res

    def dfs(self, num, fstr, fval, flast, res):
        # fstr 是當前所構建的運算式的字串
        # fval 是當前運算式的運算結果
        # flast 是運算式中最後一個操作數，用來處理乘法的優先權問題。例如：
        # fstr=2+3 則 flast=3；fstr=2-3 則 flast=-3；fstr=2+3*4 則 flast=3*4=12
        if not num:
            if fval == self.target:
                res.append(fstr)
            return

        for i in range(1, len(num)+1):
            val=num[:i]
            if i == 1 or (i>1 and num[0] != '0'):
                self.dfs(num[i:], fstr + '+' + val, fval + int(val), int(val), res)
                self.dfs(num[i:], fstr + '-' + val, fval - int(val), -int(val), res)
                self.dfs(num[i:], fstr + '*' + val, fval-flast+flast*int(val), flast*int(val), res)
```

CHAPTER 16

回溯

回溯法是一種常用的演算法，主要是利用遞迴來建構並解決問題，當發現無法滿足問題的條件時，就回溯尋找其他滿足條件的解法。

運用回溯演算法求解的問題之所以困難，是因為遞迴和迴圈同時存在，思考問題和求解的過程變得比較複雜。

回溯演算法的解題步驟大致分為三個：

- 選擇項。即在這個問題中我們可以做哪些事情。例如在數獨空格中，我們的選擇有 0～9 這 10 個數字。

- 規則。即我們並不能隨心所欲地選擇，在做選擇的同時，有一定的規則來限制我們。例如在數獨空格中，我們所要依據數獨的規則，在個空格選填一個數字，而不是在空格中填 0～9 中的任意一個數字都可以。

- 目標或者遞迴的停止條件。隨著選擇的不斷進行，達到目標或遞迴的停止條件時，就不用再做選擇了，即問題求解完成。

16.1 實例 1：數獨求解

試撰寫一程式，將數字填入空白儲存格來解決數獨難題。數獨解決方案必須滿足以下所有規則：數字 1 ～ 9 中的每個數字必須在每行中恰好出現一次。每個數字 1 ～ 9 必須在每列中出現一次。在網格的 9 個 3×3 子框中，每個數字 1 ～ 9 必須恰好出現一次。空白儲存格由字元「.」代替。圖 16-1 為數獨範例，圖 16-2 為範例之解答。

5	3			7				
6			1	9	5			
	9	8					6	
8				6				3
4			8		3			1
7				2				6
	6					2	8	
			4	1	9			5
				8			7	9

圖 16-1　數獨範例

5	3	4	6	7	8	9	1	2
6	7	2	1	9	5	3	4	8
1	9	8	3	4	2	5	6	7
8	5	9	7	6	1	4	2	3
4	2	6	8	5	3	7	9	1
7	1	3	9	2	4	8	5	6
9	6	1	5	3	7	2	8	4
2	8	7	4	1	9	6	3	5
3	4	5	2	8	6	1	7	9

圖 16-2　數獨範例之解答

解題思路：首先把空格的位置儲存到串列，對於每一個空格位置上的值，有 9 個值的可能性。走訪每個數值，看其是否符合條件，即偵測行、列以及所在的九宮格的值是否滿足數獨的條件。如果成功就傳回，否則就需要回溯。

程式碼清單 16-1　數獨求解

```python
class Solution(object):
    def isValid(self, board, x, y, rows, cols, digit):
        # 檢查行 x 中是否存在數字 digit
        for j in range(cols):
            if (board[x][j] == digit):
                return False

        # 檢查列 y 中是否存在數字 digit
        for i in range(rows):
            if (board[i][y] == digit):
```

```python
            return False

        # 計算 3x3 小方格的左上角坐標
        boundary_x = x - x % 3
        boundary_y = y - y % 3

        for i in range(boundary_x, boundary_x + 3):
            for j in range(boundary_y, boundary_y + 3):
                if (i == x and j == y):
                    continue
                if (board[i][j] == digit):
                    return False

        return True

    def emptySlots(self, board, rows, cols):
        empty = []

        # 將空格座標記錄到串列
        for i in range(rows):
            for j in range(cols):
                if (board[i][j] == '.'):
                    empty.append((i,j))

        return empty

    def DFS(self, board, empty, start, N, rows, cols):

        # N 記錄空格數
        if (start >= N):
            return True

        # 獲得當前空格的座標 (x, y)
        x = empty[start][0]
        y = empty[start][1]

        # 試著填入數字 1 到 9
        for k in range(1, 10):
            # 檢查數字 k 是否滿足條件
            if (self.isValid(board, x, y, rows, cols, str(k))):
                board[x][y] = str(k)  # 將數字填入
                if (self.DFS(board, empty, start + 1, N, rows, cols)):
                    return True

        # 如果無法找到解答,將該格子重置為空,並且回溯
        board[x][y] = '.'
        return False
```

```python
def solveSudoku(self, board):
    """
    :type board: List[List[str]]
    :rtype: None Do not return anything, modify board in-place instead.
    """
    
    rows = len(board)
    cols = len(board[0])
    
    empty = self.emptySlots(board, rows, cols)
    self.DFS(board, empty, 0, len(empty), rows, cols)
```

時間複雜度為 $O(M \times 9)$，其中 M 是空格的個數，對於每一個空格，都有 9 種可能的值需要走訪。

16.2　實例 2：掃地機器人

指定一個模擬為網格房間中的掃地機器人。網格中的每個儲存格可能是空格或是非空格。有四個 API 分別來操作掃地機器人進行前進、左轉、右轉或打掃等動作。當它試圖移動到一個非空格的儲存格時，其感測器會偵測到障礙物，並停留在目前的儲存格上。請使用下面四個特定功能的 API 設計出一種演算法來清潔整個房間。

```
interface Robot {
    // 下一個儲存格是空的，掃地機器人移動過去，傳回 True
    // 下一個儲存格非空格，掃地機器人停留在目前的儲存格，傳回 False
    boolean move();
    
    // 向左或向右轉，每次旋轉 90°
    void turnLeft();
    void turnRight();
    
    // 清掃目前的儲存格
    void clean();
}
```

輸入：

```
房間 = [
    [1,1,1,1,1,0,1,1],
    [1,1,1,1,1,0,1,1],
    [1,0,1,1,1,1,1,1],
    [0,0,0,1,0,0,0,0],
    [1,1,1,1,1,1,1,1]
]
row = 1
col = 3
```

說明：房間中的所有儲存格都用 0 或 1 作標記。0 表示該儲存格有障礙物，而 1 表示該儲存格為空格。

掃地機器人最初從 row = 1、col = 3 的位置開始。從左上角算起，它的位置在下面一行，在右邊三列。

解題思路：利用深度優先搜尋的方法求解，但是要注意回溯。因為當前位置可能已經被清掃過了。

程式碼清單 16-2　掃地機器人

```python
class Solution(object):
    def cleanRoom(self, robot):
        """
        :type robot: Robot
        :rtype: None
        """
        directions = [(0, 1), (1, 0), (0, -1), (-1, 0)]

        def goBack(robot):
            robot.turnLeft()
            robot.turnLeft()
            robot.move()
            robot.turnRight()
            robot.turnRight()

        def dfs(pos, robot, d, lookup):
            if pos in lookup:
                return
            lookup.add(pos)
```

```
            robot.clean()
        for _ in directions:
            if robot.move():
                dfs((pos[0]+directions[d][0], pos[1]+directions[d][1]),
                    robot, d, lookup)
                goBack(robot)
            robot.turnRight()
            d = (d+1) % len(directions)

    dfs((0, 0), robot, 0, set())
```

CHAPTER 17

廣度優先搜尋

廣度優先搜尋（BFS）又叫寬度優先搜索或橫向優先搜索，是從根節點開始沿著樹的寬度搜索走訪，將離根節點最近的節點先走訪出來，繼續深挖下去。

BFS 的解題步驟如下：

1. 從圖形中某個頂點 V0 出發，並記錄此頂點；

2. 從 V0 出發，走訪 V0 的各個未曾走訪的鄰接點 W1，W2，…，Wk。然後，依次從 W1，W2，…，Wk 出發走訪各自未被走訪的鄰接點。

3. 重複步驟 2，直到全部頂點都被走訪為止。

廣度優先搜尋就是把當前所有狀態的下一個狀態加入佇列，如果越界或者下一個狀態節點已經被走訪過，則不加入佇列。在遍歷的過程中，通常需要求解出最短距離，需要額外的變數來儲存遍歷過程中的一些數值等。

程式碼清單 17-1　廣度優先搜尋解法

```python
from collections import deque

class Solution:
    def pacificAtlantic(self, matrix: List[List[int]]) -> List[List[int]]:
        if not matrix:
            return []
        pacificSeen = set()
        pacificQueue = deque()
        for y in range(len(matrix)):
            pacificSeen.add((y, 0))
            pacificQueue.append((y, 0))
        for x in range(1, len(matrix[0])):
            pacificSeen.add((0, x))
            pacificQueue.append((0, x))

        atlanticSeen = set()
        atlanticQueue = deque()
        for y in range(len(matrix)):
            atlanticSeen.add((y, len(matrix[0])-1))
            atlanticQueue.append((y, len(matrix[0])-1))
        for x in range(0, len(matrix[0]) - 1):
            atlanticSeen.add((len(matrix)-1, x))
            atlanticQueue.append((len(matrix)-1, x))

        self.bfs(matrix, pacificQueue, pacificSeen)
        self.bfs(matrix, atlanticQueue, atlanticSeen)

        both = pacificSeen & atlanticSeen
        return [list(point) for point in both]

    def bfs(self, matrix, queue, seen):
        while queue:
            y, x = queue.popleft()
            dirs = ((0,1), (0, -1), (1, 0), (-1, 0))
            for dy, dx in dirs:
                if not (0 <= y+dy < len(matrix)) or not (0 <= x+dx < len(matrix[0])):
                    continue
                if (y+dy, x+dx) in seen:
                    continue
                if matrix[y+dy][x+dx] < matrix[y][x]:
                    continue
                seen.add((y+dy, x+dx))
                queue.append((y+dy, x+dx))
```

17.1　廣度優先搜尋的應用

以下是一些廣度優先搜尋的常見應用：

- 最短路徑搜尋：BFS 可以用於搜尋兩個節點之間的最短路徑，特別是在無向圖中，它可以找到最短路徑的步數。這在行車導航、地理資訊系統（GIS）和電腦遊戲中有廣泛應用。

- 網路爬蟲：在網際網路搜尋引擎中，BFS 用於網頁爬取，以發現和檢索網站上的連結和內容。它幫助搜尋引擎建立網頁索引。

- 社交網路分析：BFS 用於探索社交網路中的關係，搜尋兩個人之間的最短路徑或搜尋特定社交網路中的社交圈。

- 最小生成樹：在圖論中，BFS 可用於生成最小生成樹，如廣度優先樹。最小生成樹在網路設計和通信中有應用。

- 拓撲排序：BFS 用於執行拓撲排序。拓撲排序是一種在有向無環圖（DAG）中對節點進行排序的演算法，在編譯器設計和任務排程中有廣泛應用。

- 通信網路：在通信網路設計中，BFS 用於搜尋通信路徑、路由演算法和網路故障排除。

- 棋盤遊戲和謎題解決：BFS 可用於解決各種棋盤遊戲和謎題，如八數字謎題和迷宮問題。

- 影像處理：在電腦視覺中，BFS 用於圖像分割、區域填滿、連通區域偵測和邊緣偵測等應用。

- 檔案系統和目錄遍歷：在檔案系統中，BFS 用於遍歷檔案和目錄，以搜尋檔案或執行備份操作。

- 電腦模擬：BFS 在電腦模擬應用中用於模擬傳播、傳染病傳播、流體力學和感測器網路等問題。

總之，BFS 是一種多用途的演算法，適用於許多不同領域的問題，尤其是需要搜尋路徑、關係、最短路徑或圖形結構分析的問題。

17.2　實例 1：牆與門

對一個 $m \times n$ 二維網格，使用 3 種值進行初始化：

- -1 表示牆壁或障礙物。
- 0 表示門。
- INF 表示一個空房間，使用值 214748367 表示 INF。

為每個空房間填上到其最近的門的距離。如果不可能到達大門，則應填充 INF。例如：指定如下二維網格：

```
INF   -1    0    INF
INF   INF   INF   -1
INF   -1    INF  -1
 0    -1    INF  INF
```

當執行函式後，網格變為：

```
 3   -1    0    1
 2    2    1   -1
 1   -1    2   -1
 0   -1    3    4
```

這個題目一般用來作為電話面試的經典題目，可以用 DFS/BFS 求解。選擇 "0" 門開始，利用 DFS/BFS，在走訪的時候，需要一個輔助變數 visited，避免讓走訪陷入無窮迴圈。

當然，這裡可以修改走訪條件的檢查，如果下一個位置的值小於當前值，則表明已經存取過。

首先看一下 DFS 的解法，從 "0" 的位置開始 DFS。在走訪下一個位置前，確保邊界保護以及查看當前的位置是不是已經被存取過，如果沒有，改變當前陣列的值。然後進入下一個狀態，距離加 1。

程式碼清單 17-2　牆與門的 DFS 解法

```python
def wallsAndGates(self, rooms: List[List[int]]) -> None:
    if not rooms:
        return []
    row = len(rooms)
    col = len(rooms[0])
    directions=[(-1,0),(0,1),(1,0),(0,-1)]
    def dfs(x,y,dis):
        for dx, dy in directions:
            nx, ny = x+dx, y+dy
            if 0<=nx<row and 0<=ny<col and rooms[nx][ny]>rooms[x][y]:
                rooms[nx][ny]=dis+1
                dfs(nx,ny,dis+1)

    for x in range(row):
        for y in range(col):
            if rooms[x][y] == 0:
                dfs(x,y,0)
```

下面來看一下 BFS 的解法。首先把所有 "0" 的位置加入佇列，然後判斷下一個位置的數字是不是大於當前位置的數字，如果大於，則改變下一個位置的數字大小，同時推入堆疊。

程式碼清單 17-3　牆與門的 BFS 解法

```python
class Solution:
    def wallsAndGates(self, rooms):
        """
        :type rooms: List[List[int]]
        """
        if not rooms:
            return
        row, col = len(rooms), len(rooms[0])
        # 找到門的索引
        q = [(i, j) for i in range(row) for j in range(col) if rooms[i][j] == 0]
        for x, y in q:
            # 獲取當前位置到門的距離
            distance = rooms[x][y]+1
            directions = [(-1,0), (1,0), (0,-1), (0,1)]
```

```
                for dx, dy in directions:
                    # 找到門附近的空房間
                    new_x, new_y = x+dx, y+dy
                    if 0 <= new_x < row and 0 <= new_y < col and
                        rooms[new_x][new_y] == 2147483647:
                        # 更新值
                        rooms[new_x][new_y] = distance
                        q.append((new_x, new_y))
```

類似的題目：給你一個棋盤，上面有三種型別的網格，第一種是空位，第二種是障礙物，第三種是貓。如果你是老鼠，你想離貓越遠越好，應該待在哪些網格之上，請輸出這些網格。

17.3　實例 2：課程表

假設你必須參加的課程總數為 numCourses，標記為 0 ～ numCourses-1。學習某些課程可能會有先決條件，例如，要學習課程 0，你必須首先學習前置課程 1，該課程以 [0,1] 作表示。給你課程總數和先決條件關聯列表，你應該如何安排，才能完成所有課程？

解題思路：首先要把課程的前後依賴關係建構成圖形，記錄每個節點的依賴數目，然後把依賴的數目為零的節點推入堆疊，利用 BFS 的方式不斷釋放節點的依賴關係。

📋 程式碼清單 17-4　課程表的 BFS 解法

```
class Solution:
    def canFinish(self, numCourses: int, prerequisites: List[List[int]]) -> bool:
        if numCourses == 0: return True

        # 建立空的相鄰串列，儲存課程之間的依賴關係
        adj = [[] for _ in range(numCourses)]
        # 建立一個佇列，儲存依賴為 0 的課程（無前置的課程）
        q = deque()

        # 初始化每個課程的依賴（前置課程的數量），預設為 0
        indegree = [0] * numCourses
        count = 0  # 計數器，記錄已完成的課程數
```

```
    for i in range(len(prerequisites)):
        # 將當前課程添加到前置課程的相鄰串列中
        adj[prerequisites[i][1]].append(prerequisites[i][0])
        # 當前課程的依賴加 1
        indegree[prerequisites[i][0]] += 1

    # 將所有依賴為 0 的課程加入佇列中
    for i in range(numCourses):
        if indegree[i] == 0:
            q.append(i)
            count += 1

    # 用 indegree = 0 的課程去解鎖其他課程，直到都解鎖，才結束迴圈
    while q:
        # 上完前置課程後，才能解鎖後續課程
        front = q.popleft()
        for child in adj[front]:
            indegree[child] -= 1
            # 如果課程的依賴變為 0，就加入佇列中
            if indegree[child] == 0:
                q.append(child)
                count += 1

    return count == numCourses
```

17.4　實例 3：公車路線

假設有公車路線清單，每條路線 route[i] 是第 i 條重複的公車路線。例如：如果 routes [0] = [1、5、7]，則表示第 1 條路線（第 0 個索引）的行駛順序為 1 → 5 → 7 → 1 → 5 → 7 → 1……。假設從 S 站開始（最初不在公共汽車上），想去 T 站，限搭乘公共汽車，請傳回要到達目的地，必須最少乘坐多少輛公共汽車。如果無法到達，則傳回 -1。

- 輸入：路線 = [[1, 2, 7], [3, 6, 7]]；S = 1，T = 6。
- 輸出：2。

說明：最短路徑是乘坐第 1 輛公共汽車到 7 號公車站，然後乘坐第 2 輛公共汽車到 6 號公車站。

解題思路：使用廣度優先搜尋求解。利用雜湊表儲存每個公共汽車停車站相對應的公車路線。把起始車站加入佇列，然後走訪這個車站所對應的公車路線中的每個停車站，看有沒有抵達目的地，如果有的話，就結束。如果沒有，並且對應的公車路線已經走訪過（利用額外的一個串列來檢查停車站是否已經走訪過），如果停車站未被走訪過，則加入佇列。

程式碼清單 17-5　公車路線

```python
class Solution:
    def numBusesToDestination(self, routes: List[List[int]], S: int, T: int) -> int:
        if S == T:
            return 0
        # 建立一個雜湊表，記錄每個公車站有哪些公車路線會經過
        stop_bus = collections.defaultdict(list)
        for i, route in enumerate(routes):
            for stop in route:
                stop_bus[stop].append(i)

        # 記錄已經搭乘過的公車，用於廣度搜索
        bus_visited = set()
        queue = collections.deque()
        queue.append((S, 1))

        while queue:
            # 從佇列中取出一個停車站和已搭乘的公車數
            stop, buses = queue.popleft()
            # 走訪當前停車站的所有公車路線
            for bus in stop_bus[stop]:
                if bus in bus_visited:
                    continue
                bus_visited.add(bus)
                # 走訪這輛公車的所有停車站
                for s in routes[bus]:
                    if s == T:
                        return buses  # 傳回已搭乘的公車數量
                    queue.append((s, buses + 1))
        return -1
```

17.5 實例 4：判斷二分圖

存在一個無向圖，圖中有 n 個節點。其中每個節點都有一個介於 $0 \sim (n\text{-}1)$ 的唯一編號。輸入一個二維陣列 graph，其中 graph[u] 是一個節點陣列，由節點 u 的相鄰節點組成。形式上，對於 graph[u] 中的每個節點 v，都存在一條位於節點 u 和節點 v 之間的無向邊。該無向圖同時具有以下屬性：

- 不存在自環（graph[u] 不包含 u）。
- 不存在平行邊（graph[u] 不包含重複值）。
- 如果 v 在 graph[u] 內，那麼 u 也應該在 graph[v] 內（該圖是無向圖）。
- 這個圖可能不是連通圖，也就是說兩個節點 u 和 v 之間可能不存在一條連通彼此的路徑。

如果能將一個圖的節點集合分割成兩個獨立的子集 A 和 B，並使圖中的每一條邊的兩個節點一個來自 A 集合，一個來自 B 集合，就將這個圖稱為二分圖。在下面的例子中，如果圖是二分圖，傳回 True；否則，傳回 False。

例 1

輸入：[[1,3]，[0,2]，[1,3]，[0,2]]
輸出：True

說明：如圖 17-1 所示。
可以將頂點分為兩組：{0，2} 和 {1，3}。

```
0----1
|    |
|    |
|    |
3----2
```
圖 17-1　二分圖例 (1)

例 2

輸入：[[1,2,3], [0,2], [0,1,3], [0,2]]
輸出：False

說明：如圖 17-2 所示，找不到將節點集合分為兩個獨立子集的方法。

```
0----1
| \  |
|  \ |
|   \|
3----2
```
圖 17-2　二分圖例 (2)

解題思路：利用廣度優先搜尋的方法求解。

程式碼清單 17-6　判斷圖形是二分圖

```python
class Solution:
    def isBipartite(self, graph: List[List[int]]) -> bool:
        size = len(graph)
        q = deque()
        visited = {}
        colors = [""]*size
        for i in range(size):
            if i in visited:
                continue
            visited[i] = True
            q.append(i)
            colors[i] = "red" # 將節點 i 設為紅色
            while q:
                # 這一輪佇列的節點和下一個節點應該有不同的顏色
                for _ in range(len(q)):
                    curr_id = q.popleft()
                    curr_color = colors[curr_id]
                    for next_id in graph[curr_id]:
                        if next_id not in visited:
                            next_color = "green" if curr_color=="red" else "red"
                            q.append(next_id)
                            colors[next_id] = next_color
                            visited[next_id] = True
                        else:
                            if colors[next_id] == curr_color:
                                return False
        return True
```

17.6　實例 5：單字階梯

指定兩個單字（beginWord 和 endWord）以及字典的單字清單，找到從 beginWord 到 endWord 的所有最短轉換序列，並且滿足下列條件：一次只能更改一個字母，每個轉換的單字都必須存在於單字清單中。注意 beginWord 不是轉換後的單字。舉例如下。

例 1

輸入：

```
beginWord ="hit"
endWord ="cog"
wordList = ["hot","dot","dog","lot","log","cog"]
```

輸出：

```
[
    ["hit","hot","dot","dog","cog"],
    ["hit","hot","lot","log","cog"]
]
```

例 2

輸入：

```
beginWord ="hit"
endWord ="cog"
wordList = ["hot","dot","dog","lot","log"]
```

輸出：[]

說明：endWord "cog" 不在 wordList 中，因此無法進行轉換。

解題思路：首先利用 BFS 找到從 endWord 到 beginWord 的所有變換關係。然後利用 DFS 計算從 beginWord 到 endWord 的所有路徑。

程式碼清單 17-7　單字階梯

```python
class Solution:
    def findLadders(self, beginWord, endWord, wordList):
        # 建立字典 dist，記錄從 endWord 到 beginWord 單詞的距離
        dist = {endWord: 0}
        q = deque()
        q.append((endWord, 0))
        words = set(wordList)

        # 生成與輸入單字相差一個字元的所有可能單字
        def nextWords(word):
            result = []
            for i in range(len(word)):
                for c in string.ascii_lowercase:
                    if c == word[i]: continue
                    w = word[:i] + c + word[i+1:]
                    if w in words or w == beginWord:
                        result.append(w)
            return result

        # 進行廣度優先搜尋（BFS），從 endWord 開始向前搜索
```

```python
    while q:
        word, distance = q.popleft()
        if word == beginWord:
            break
        for w in nextWords(word):
            if w not in dist:
                dist[w] = 1 + distance
                q.append((w, 1 + distance))

    solution = []

    # 使用 DFS 計算出從 beginWord 到 endWord 的所有路徑
    def dfs(word, res):
        if word == endWord:
            solution.append(res[:])
            return
        for w in nextWords(word):
            if w not in dist: continue
            # 只加入與當前單字在距離上相鄰的下一個單字
            if dist[w] == (dist[word] - 1):
                res.append(w)
                dfs(w, res)
                res.pop()

    dfs(beginWord, [beginWord])
    return solution
```

CHAPTER 18

併查集

併查集（Union Find，或稱並查集、聯合查找）用於判斷兩個點所在的集合是否屬於同一個集合，若屬於同一個集合但還未合併，則將兩個集合進行合併。屬於同一個集合的意思是這兩個點是連通的，無論是直接相連或者透過其他點連通。

動態連接問題是指一組可能相互連接也可能沒有相互連接的物件中，判斷這兩個物件是否連通的問題。這類問題可以抽象地以如下形式表示：

- 有一組構成不相交集合的物件；
- Union：聯通兩個物件；
- Find：傳回兩個物件之間是否存在一條聯通的通路。

18.1　併查集的基本概念

如圖 18-1 所示，能找到一個從 p 到 q 的路徑嗎？

我們希望有一種資料結構，能很快地查詢出，任意兩點是不是相互連通的（換句話說，是否屬於同一個分組）。

一種做法就是使用 Quick Find 演算法，維護每個點所在分組的 id。其基本演算流程是，初始化時，給每個點一個唯一的 id，然後不斷地合併兩個不同分組的點（例如把 5 號分組全部併入 3 號分組中，就是把所有 id=5 的點，全改成 id=3）。

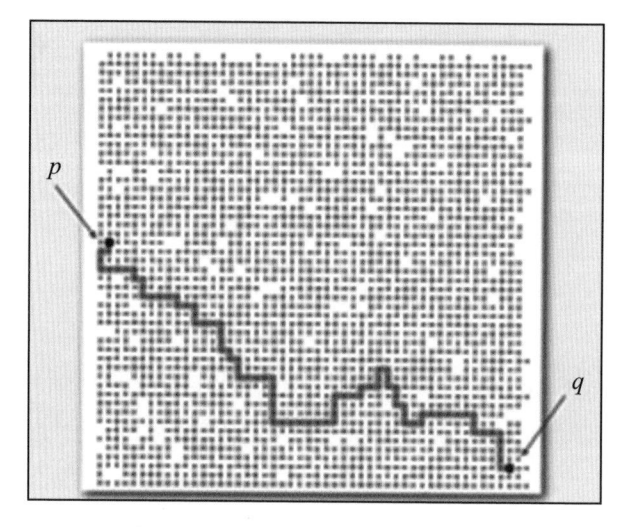

圖 18-1 連接 *p* 以及 *q* 之間的路徑

更好的 Quick Union 演算法，複雜度 $O(n^2)$。不是一定要給相同的分組相同的編號。而是以一個樹狀結構保存一個分組。目的是讓所有屬於同一分組的點都擁有同一個根節點。每個節點中只要保存其某個父節點的編號即可。

如圖 18-2 所示，*p*=5 的根節點是 1，*q*=9 的父節點是 8，因為它們的父節點不同，所以將節點 1 連到節點 8 上，使得 *p* 和 *q* 連通。

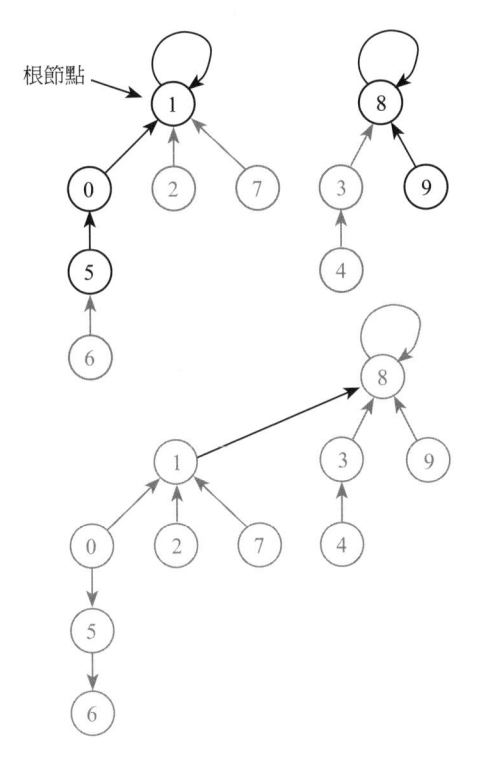

圖 18-2　併查集的概念

這樣做的好處是，合併兩個分組時，不需要走訪所有節點並改變分組中所有節點的編號。只需要改變被合併的那個分組的根節點的 id 即可。

這裡使用一個精簡的技巧來區分一個節點是不是根節點。在串列中，如果一個節點的 id 編號和它的索引相等 (id[i] = i)，它就是根節點。

Python 併查集演算法程式如下：

程式碼清單 18-1　Python 併查集演算法程式

```
# Python 併查集演算法程式，用於檢測無向圖中的循環
from collections import defaultdict

# 定義一個圖形類別，使用相鄰串列表示無向圖
class Graph:

    def __init__(self, vertices):
```

```python
        self.V = vertices  # 節點數量
        self.graph = defaultdict(list)  # 使用字典儲存圖形

    # 添加一條從節點 u 到節點 v 的邊
    def addEdge(self, u, v):
        self.graph[u].append(v)

    # 搜索節點 i 的根節點的函式
    def find_parent(self, parent, i):
        if parent[i] == -1:
            return i
        if parent[i] != -1:
            return self.find_parent(parent, parent[i])

    # 將兩個節點 x 和 y 合併到一個集合中
    def union(self, parent, x, y):
        x_set = self.find_parent(parent, x)
        y_set = self.find_parent(parent, y)
        parent[x_set] = y_set

    # 檢查圖中是否存在循環
    def isCyclic(self):

        # 建立 V 個子集並將所有子集初始化為單一元素集
        parent = [-1] * self.V

        # 走訪圖中的所有邊，找出每個邊的兩個節點的子集
        # 如果兩個子集相同，則圖中存在循環
        for i in self.graph:
            for j in self.graph[i]:
                x = self.find_parent(parent, i)
                y = self.find_parent(parent, j)
                if x == y:
                    return True
                self.union(parent, x, y)
        # 如果沒有找到循環，返回 False
        return False

# 測試資料
g = Graph(3)
g.addEdge(0, 1)
g.addEdge(1, 2)
g.addEdge(2, 0)

if g.isCyclic():
    print("Graph contains cycle")
else:
    print("Graph does not contain cycle")
```

18.2 實例：朋友圈

一班有 N 個學生，他們中有些是朋友，有些不是。他們的朋友關係是單線相連的。例如：如果 A 是 B 的直接朋友，並且 B 是 C 的直接朋友，則 A 是 C 的間接朋友。本題定義的朋友圈是一組直接或間接朋友的學生。

指定一個 N×N 矩陣 M 表示班上學生之間的朋友關係。如果 M [i] [j] = 1，則第 i 個和第 j 個學生是彼此的直接朋友，否則不是。本題要求輸出所有學生之間的朋友圈總數。舉例如下：

- 輸入：[[1,1,0], [1,1,0], [0,0,1]]
- 輸出：2

說明：第 0 個和第 1 個學生是直接朋友，因此他們在朋友圈中。第 2 個學生本人則在朋友圈中。所以傳回 2。

解題思路：可以利用廣度優先搜尋或深度優先搜尋的方法求解。當然也可以利用 Union Find 方法求解。

18.2.1 廣度優先搜尋解法

程式碼清單 18-2　廣度優先搜尋解法

```
def findCircleNum_bfs(self, M: List[List[int]]) -> int:
    def bfs(i, j):
        q = deque()
        q.append((i, j))
        M[i][j] = -1 # 將當前走訪的節點標記為已訪問
        while q:
            currx, curry = q.popleft()
            for dirx, diry in ((-1, 0), (1, 0), (0, -1), (0, 1)):
                nextx = currx + dirx
                nexty = curry + diry
                if nextx < 0 or nextx >= m or nexty < 0 or nexty >= n or M[nextx]
                    [nexty] != 1: continue
                M[nextx][nexty] = -1 # 將找到的鄰居標記為已走訪
                q.append((nextx, nexty))
```

```
m, n = len(M), len(M[0])
cnt = 0
for i in range(m):
    for j in range(n):
        if M[i][j] == 1:
            cnt += 1
            bfs(i, j)
return cnt
```

18.2.2 深度優先搜尋解法

程式碼清單 18-3　深度優先搜尋解法

```
def findCircleNum(self, M: List[List[int]]) -> int:
    def dfs(i, j):
        if M[i][j] == -1: # 已經走訪過
            return
        M[i][j] = -1
        for dir in ((-1, 0), (1, 0), (0, -1), (0, 1)):
            next_i = i + dir[0]
            next_j = j + dir[1]
            if next_i < 0 or next_i >= m or next_j < 0 or next_j >= n or M[next_i]
                [next_j] != 1: continue
            dfs(next_i, next_j)

    m, n = len(M), len(M[0])
    cnt = 0
    for i in range(m):
        for j in range(n):
            if M[i][j] == 1:
                cnt += 1
                dfs(i, j)
    return cnt
```

18.2.3　併查集解法

📋 程式碼清單 18-4　併查集解法

```python
# Union Find
def findCircleNum_unionfind(self, M: List[List[int]]) -> int:
    m, n = len(M), len(M[0])
    roots = [-1] * m * n
    total_cnt = 0
    for x in range(m):
        for y in range(n):
            if M[x][y] == 1:
                total_cnt += 1

    def find_roots(x, y):
        idx = x * n + y
        while roots[idx] != -1:
            idx = roots[idx]
        return idx

    for x in range(m):
        for y in range(n):
            if M[x][y] == 1:
                # 檢查四個相鄰節點
                for dirx, diry in ((-1, 0), (1, 0), (0, -1), (0, 1)):
                    nextx = x + dirx
                    nexty = y + diry
                    if nextx < 0 or nextx >= m or nexty < 0 or nexty >= n or \
                        M[nextx][nexty] != 1: continue
                    curr_root = find_roots(x, y)
                    next_root = find_roots(nextx, nexty)
                    if curr_root != next_root:
                        roots[next_root] = curr_root
                        total_cnt -= 1
    return total_cnt
```

CHAPTER 19 資料結構、演算法面試試題實戰

在技術層次面談中，面試官通常從以下角度來評鑑應徵者。

1. 程式設計

    一個優秀的應徵者會將圖形建立與搜索部分分開。

    優秀的應徵者會編寫模組化的程式碼，以便快速處理後續問題，並且應該能夠擴展問題。

2. 資料結構和演算法

    優秀的應徵者將能夠將演算法轉換為程式碼，並迅速識別出最佳的時間複雜度。

3. 設計

    一個優秀的應徵者會很快認識到問題可以使用巢狀的 for 迴圈來解決，並給出正確的時間複雜度。

下面結合作者的一些面試經歷，選擇幾道典型的面試試題來具體講解。

19.1　實例 1：檔案系統

問題描述：假設我們設計了一個簡單的檔案管理系統。有兩種類型的實體：「檔案」和「目錄」。每個實體都有一個整數「實體 ID」，並有一個「名稱」。檔案實體還有一個「大小」欄位，表示它們消耗了多少空間（以位元組為單位）。如下所示：

```
# =============== 指定一個檔案系統 ===============
root (id=1)
    dir (id=2)
        file1 (id=4): 100b
        file2 (id=5): 200b
        file3 (id=3): 300b
```

這個時候面試官和應徵者需要溝通，讓應徵者理解這個題目的意思。接下來我們可以用一個更加直覺的例子來描述這個問題。

例如：上面這個題目可以表示成如下結構：

```
Filesystem =
{ 1: { type: 'directory', name: "root", children: [2, 3] },
  2: { type: 'directory', name: "dir", children: [4, 5] },
  4: { type: 'file', name: "file1", size: 100 },
  5: { type: 'file', name: "file2", size: 200 },
  3: { type: 'file', name: "file3", size: 300 }
}
```

19.1.1　關於資料結構的探討

首先面試官會要求應徵者寫出正確的資料結構，來表示上述概念（需要與應徵者討論），如果應徵者很快給出如下資料結構來描述上面這個問題，可以就資料結構部分，給應徵者分數。

```
class Entity:
    def __init__(self, id, type,name,size,children):
        self.id = id
```

```
        self.type = type
        self.name = name
        self.size = size
        self.children = children
```

以指定的資料進行資料初始化，如下所示：

```
def build_dict(self):
    entities = [Entity(id=1, type='directory', name="root", size=0, children=[2,3]),
                Entity(id=2, type='directory', name="dir", size=0, children=[4,5]),
                Entity(id=3, type='file', name="file1", size=100, children=[]),
                Entity(id=4, type='file', name="file2", size=200, children=[]),
                Entity(id=5, type='file', name="file3", size=300, children=[])]
    Dict = {}
    for entity in entities:
        Dict[entity.id] = entity
    return Dict
```

這類型的題目，大多數都會圍繞於「entitySize(Filesystem, EntityId)」函式，來計算檔案系統會使用多少空間。就「檔案」而言，會佔用該檔案的長度，而對於「目錄」來說，則要計算該目錄和子目錄中所有檔案的總長度。

問題 1：指定範例中的某一個實體 id，計算出使用多少空間。

例如：指定 id=1，讓應徵者計算這個 id 使用的多少空間。

問題 2：編寫一個函式，指定檔案系統和實體 id，傳回該實體的大小。

這裡可以利用深度走訪的演算法求解，這題可以考驗應徵者分析問題及推導的實力，如果應徵者很快指出可以利用深度走訪演算法，並且清楚地說出執行步驟，可得到部分分數。

但是為了快速找到當前 id 的實體，最好使用雜湊表 / 字典，否則需要走訪整個串列來尋找指定 id 的實體。如果應徵者能指出利用雜湊表 / 字典來加速，得到的分數會更高。

```python
def entity_size(self, entity_id: int) -> int:
    # 傳回與 entity_id 關聯的檔案或目錄的大小
    if entity_id not in self.id_to_entity:
        return -1
    # 利用字典找到和 id 相關聯的 entity
    entity = self.id_to_entity[entity_id]
    # 如果當前 entity 是目錄，繼續遞迴
    if entity.type == 'directory':
        return self.dfs(entity)
    # 如果當前 entity 是檔案，就傳回檔案大小
    if entity.type == 'file':
        return entity.size

    return 0
```

如果應徵者正確回答了以上兩個問題，通常都能通過面試。但是如果有時間的話，可以和應徵者探索如下加分題。如果應徵者還能繼續回答出以下幾個問題，面試成績將會更好。

問題 3：如果我們在同一個檔案系統中查詢多個實體 id，如何最佳化？

對於這個問題，我們期望應徵者利用「快取」這方案來解決。

問題 4：「有效」檔案系統結構的屬性是什麼？

這個問題主要是開放性討論，本質上我們需要確保資料結構是「樹」，而不是「森林」，沒有迴圈或多個目錄之間共用的檔。我們還可以驗證所有子實體是否都存在於原始檔案系統中。這裡一般就是走訪圖形，但不能出現循環往復環繞的情況，以確保每個檔案實體都被存取過。這裡可以參考第 11.3 節圖驗證樹。

問題 5：編寫一個函式來驗證檔案系統結構的有效性。

問題 6：編寫一個函式來傳回 entity_id 的完整路徑，這可能需要為查詢的基本字串構建 map<entity_id, parent_entity_id> 來建立對應關係，最後利用深度走訪把完整的路徑輸出出來。

問題 7：編寫一個函式「addEntity(filesystem, Entity, parent_entity_id)」對問題 3 進行擴展，但仍然保持 entitySize 快取。

問題 8：編寫一個函式「removeEntity(filesystem, entity_id)」。這裡執行遞迴刪除 entity，並維護快取。

問題 9：設計一個運行相同元數據的檔案系統（可以擴展成一個設計問題），支援添加和刪除實體，還支援快照。

基本上，每個添加 / 刪除操作都會生成檔案系統的新快照，可以在任何快照處查看檔案系統。

19.1.2　面試題評分重點

首先，我們要評定應徵者對資料結構的應用、分析問題和理解問題的能力，以及能不能很快地給出資料結構來描述這個問題。

然後，我們主要評定應徵者的深度走訪能力，這是目前面試時經常會考的一個演算法。

最後，如果應徵者的實力很強，可以擴展問題，例如驗證檔案系統的有效性，添加和刪除檔案系統，以及檔案系統的快照。

19.1.3　檔案系統程式碼

▦ 程式碼清單 19-1　檔案系統程式碼

```python
from collections import deque
class Entity:
    def __init__(self, id, type, name, size, children):
        self.id = id
        self.type = type
        self.name = name
        self.size = size
        self.children = children

class FileSystem:
```

```python
def __init__(self):
    self.id_to_entity = self.build_dict()

def entity_size(self, entity_id: int) -> int:
    # 計算與計算所指定的 entity_id 實體大小
    if entity_id not in self.id_to_entity:
        return -1
    # 利用字典獲取對應的實體
    entity = self.id_to_entity[entity_id]
    # 如果實體類型為目錄，則遞迴計算其子實體的大小
    if entity.type == 'directory':
        return self.dfs(entity)
    # 如果實體類型為檔案，則直接返回該檔案的大小
    if entity.type == 'file':
        return entity.size

    return 0

def build_dict(self):
    # 初始化一個字典
    entities = [
        Entity(id=1, type='directory', name="root", size=0, children=[2, 3]),
        Entity(id=2, type='directory', name="dir", size=0, children=[4, 5]),
        Entity(id=3, type='file', name="file1", size=100, children=[]),
        Entity(id=4, type='file', name="file2", size=200, children=[]),
        Entity(id=5, type='file', name="file3", size=300, children=[])]
    Dict = {}
    for entity in entities:
        Dict[entity.id] = entity
    return Dict

def dfs(self, entity):
    if entity.type == 'file':
        return entity.size
    if entity.type == 'directory' and len(entity.children) == 0:
        return 0
    # DFS 方法
    res = 0
    for child in entity.children:
        res += self.dfs(self.id_to_entity[child])
    return res
```

19.2 實例 2：最長單字鏈

問題：找到可以連續刪除字母的最長單字，這單字必需是字典中的有效字，刪除到剩下一個字母為止。範例如下所示：

- I -> in -> sin -> sing -> sting -> string -> staring -> starling
- a -> at -> sat -> stat -> state -> Estate -> restate -> restated - > restarted

看到這種問題之後，首先需要向面試官確認以下問題。

- 輸入順序：首先向面試官確認這些單字的輸入順序，是不是有特定的規律。這裡假設輸入的單字清單是無序串列。
- 字母：可以假設只有小寫字母，例如英文字元（a～z）。

從概念上來講，可以將最長的有效字表示為單字的有向無環圖，其中兩個單字有效連接的條件是，從一個單字到下一個單字，恰好有一個字母被刪除。因此，我們需要找到可以出現在輸入單字之前或之後的單字集合，此時可分成兩種不同遞迴的方法來實作。

- 減法：從輸入的單字開始，依次刪除其每個字元並檢查結果單字是否有效，然後對生成的單字進行遞迴深度搜索。例如，對於單字 string，刪除一個字母後的單字串列是 ["tring", "sring", "sting", "strng", "strin"]。
- 加法：這是與「減法」相反的操作。從輸入的單字開始，在單字的每個可能位置添加字母表中的每個字母，並檢查結果單字是否在字典之中。然後對生成的單字進行遞迴深度搜索。遞迴可由空字開始，也可以由有效的單字母詞開始。例如，對於單字 a，其後面的單字串列是 ["aa", "ba", "ca",…, "za", "ab", "ac", "ad",…, "az"]。

19.2.1　找到更快的解決方案

我們應該快取先前計算的結果，並能夠識別多次計算相同結果的位置，並且記住部分結果。

接下來，演算法需要一種機制來檢查生成的單字，是否已經在字典中。假設輸入是一個無序串列，我們需要建立一個更有效的資料結構來進行檢查。這裡有兩個選項。

- 雜湊集：將字典儲存為雜湊集，並允許有效搜尋輸入單詞是否在字典中，這是最簡單的方法。
- Trie：我們也可以將整個字典表示為一個 Trie，允許字典的高效搜尋和緊湊表示。

但是不建議使用 Trie，原因如下：

1. 實作時間太長並且沒有給出有用的信號，因為我們可以在任意位置添加和刪除字母。
2. 可能會將問題誤認為是前綴搜尋問題，並嘗試使用 Trie 作為核心資料結構。
3. 可能會嘗試走訪樹來識別可以在有效鏈中相互跟隨的單字。這是一個不明智的做法，因為可以在單字的任何位置添加和刪除字母。

19.2.2　關於儲存 / 快取的解決方案

一個關鍵點是在遞迴的過程中，可能多次遇到同一個單字。字母可以按不同的順序刪除。舉例來說，有一個單字串列為 [abc, zbc, bc, c]，"abc" 可以透過 abc → bc → c 的路徑到達 c，而 zbc 可以透過 zbc → bc → c 的路徑到達 c。兩者都有一個共同的子問題，即檢查 "bc" 是否可以簡化為單個字母詞，在比較粗暴的解決方案中，這個問題需要多次解決。因此，簡單的遞迴方案需要多次解決相同的子問題（搜尋以特定單字開頭或結尾的變更）。在最壞的情況下，這會導致時間複雜度指數級的成長。

更好的解決方案是使用儲存 / 快取，它可以快取已經完成的特定單字的計算。由於單個操作（雜湊集搜尋）需要的是恆定時間，所以時間複雜度是 $O(1)$。

1. 減法操作的時間複雜度：$O(N \times M)$，其中 N 是字典中的單字數，M 是字典中最長單字的長度。

程式碼清單 19-2　最長單字鏈（減法）

```python
def chain_from_sub(self, word, all_words, chain_length, cache):
    if not word:
    # 如果當前單字為空，表示鏈已經結束，返回當前鏈長度減 1
        return chain_length - 1

    # 如果當前單字已被訪問過，則傳回其長度
    if word in cache:
        return cache[word] + chain_length - 1

    # 如果單字不在字典中，表示它無法繼續構成鏈，返回 -1
    if word not in all_words:
        return -1

    max_chain_length = 0
    for i in range(len(word)):
        new_word = word[:i] + word[i+1:]
        current_chain_length = self.chain_from_sub(new_word, all_words,
            chain_length + 1, cache)
        max_chain_length = max(max_chain_length, current_chain_length)

    cache[word] = max_chain_length
    return max_chain_length

def longest_subword_chain_sub(self, words):
    all_words = set()
    for w in words:
        all_words.add(w)

    max_chain_length = 0
    cache = {}
    for w in words:
        current_chain_length = self.chain_from_sub(w, all_words, 1, cache)
```

```
            if current_chain_length > max_chain_length:
                max_chain_length = current_chain_length

        return max_chain_length
```

2. 加法操作的時間複雜度：$O(M \times N \times A)$，其中 A 是字母表中字母對應的排序數（例如 26）。

📋 程式碼清單 19-3　最長單字鏈（加法）

```
def chain_from_add(self, word, all_words, chain_length, cache):
    # 如果當前單字已在 cache 中，則傳回當前單字的長度
    if word in cache:
        return cache[word] - 1

    max_chain_length = chain_length
    for i in range(len(word) + 1):
        # 在每個位置嘗試插入一個字母，形成新單字
        for a in string.ascii_lowercase:
            new_word = word[:i] + a + word[i:]
            # 檢測新單字是否存在於字典中
            if new_word in all_words:
                # 深度走訪
                current_chain_length = self.chain_from_add(new_word, all_words,
                    chain_length + 1, cache)
                if current_chain_length > max_chain_length:
                    max_chain_length = current_chain_length

    cache[word] = max_chain_length
    return cache[word]

def longest_subword_additive(self, words):
    all_words = set()
    # 將所有單字加入字典中，方便查詢
    for w in words:
        all_words.add(w)

    max_chain_length = 0
    cache = {}
    # 走訪每個單字
    for w in words:
        current_chain_length = self.chain_from_add(w, all_words, 1, cache)
        if current_chain_length > max_chain_length:
            max_chain_length = current_chain_length

    return max_chain_length
```

這個問題可以擴展：如果我們要把最長的單字鏈列印出來，那要怎麼辦？各位讀者可以思考一下。

19.2.3 面試題評分重點

首先評定應徵者對題目的理解和溝通能力，以及大膽思考和提問的能力；然後應徵者應該能夠寫出深度走訪的演算法程式碼，並且給出演算法的時間複雜度；最後，如果應徵者能夠利用快取的方法來最佳化深度走訪的程式碼，可以給應徵者較高的分數。

19.3 實例 3：圓圈組

圓是由 x 軸位置、y 軸位置和半徑來定義的。圓圈是重疊的圓的集合。指定一個圓的串列，確定它們是否屬於同一個圓圈。這個時候可以和應徵者討論輸入的格式，以及用什麼標準判斷兩個圓是否屬於同一個圓圈。

在討論過程中，逐步讓應徵者明白以下幾點。

- 圓圈重疊是雙向的。

- 圓圈組可以包含間接連接的圓圈。例如，考慮具有 1<-->3、2<-->3 重疊的 1,2,3 個圓圈，這是一個圓圈組，因為從任何節點到其他節點都有一條路徑。

- 對於圖形的解決方案，如果未預先計算相鄰串列或矩陣，則時間複雜度可能為 $O(n^3)$。因為相鄰節點是即時計算的。

- 讓應徵者知道他們可以做出以下假設：如果圓圈相互接觸，則它們是該組的一部分。

這是一個圖形走訪問題。任何標準的圖形走訪演算法（BFS、DFS 等）都會給出最佳解決方案。也可以透過巢狀的 for 迴圈來解決。

圖形解決方案：考慮問題的一種方法是，圓的中心是一個頂點，如果兩個圓相連，則它們之間有一條邊。

- 透過迴圈走訪所有圓圈來構建圖形（相鄰串列或矩陣）。
- 選擇圖形中的任何節點進行走訪（BFS 或 DFS），並跟蹤存取過的節點。
- 如果在一次走訪中存取了所有節點，則傳回 True，否則傳回 False。

最佳時間複雜度為 $O(n^2)$，因為構建圖形（相鄰串列或矩陣）需要 $O(n^2)$ 複雜度。

程式碼清單 19-4　圓圈組（DFS）

```python
import math
class Circle:
    def __init__(self, x, y, r):
        # 初始化圓的屬性：圓心座標 (x, y) 和半徑 r
        self.x = x
        self.y = y
        self.r = r

# 使用 DFS 演算法的解決方案
class CircleGroup(object):
    def IsOverlapped(self, circle1, circle2):
        distance = math.sqrt(math.pow(circle1.x - circle2.x, 2) +
            math.pow(circle1.y - circle2.y, 2))
        if distance <= (circle1.r + circle2.r):
            return True
        return False

    def ConstructAdjacencyDict(self, circles):
        # 建立一個字典，儲存相鄰的圓
        adjacency_dict = dict()
        for circle1 in circles:
            if circle1 not in adjacency_dict:
                adjacency_dict[circle1] = set()

            for circle2 in circles:
                if circle2 not in adjacency_dict:
                    adjacency_dict[circle2] = set()
                if circle1 != circle2 and self.IsOverlapped(circle1, circle2):
                    adjacency_dict[circle1].add(circle2)
```

```
            adjacency_dict[circle2].add(circle1)
    return adjacency_dict

def DFS(self, node, adjacency_dict, current_group):
    # 如果節點已被走訪，直接返回
    if node in current_group:
        return
    current_group.add(node)

    for child_node in adjacency_dict[node]:
        self.DFS(child_node, adjacency_dict, current_group)

def IsSingleGroup(self, circles) -> bool:
    """ 指定圓圈的串列，傳回它們是否屬於同一個圓圈 """
    visited = set()
    # 建立圓的相鄰字典
    adjacency_dict = self.ConstructAdjacencyDict(circles)
    # 從第一個圓開始進行深度優先搜尋
    self.DFS(circles[0], adjacency_dict, visited)
    # 檢查是否所有圓都已被走訪
    return len(visited) == len(circles)
```

19.3.1　圓圈組的個數

指定一個圓圈串列，傳回重疊圓的組數。此問題的解法與前一個實例「圓圈組」的解決方案基本相同。但不是跟蹤所有節點是否都在一個組中，而是跟蹤圓的總組數。

📋 程式碼清單 19-5　圓圈組的個數

```
def CountGroups(self, circles: List[Circle]) -> int:
    """ 指定一個圓圈串列，傳回圓圈組的個數 """
    total_groups = 0
    visited = set()
    adjacency_dict = self.ConstructAdjacencyDict(circles)
    for circle in circles:
        if circle in visited:
            continue
        self.DFS(circle, adjacency_dict, visited)
        total_groups += 1
    return total_groups
```

19.3.2　最大的 k 個圓圈組

指定一個圓圈串列，找出重疊圓最多的前 K 個組。

📄 **程式碼清單 19-6　最大的 k 個圓圈組**

```python
def GetTopKGroups(self, circles: List[Circle], top_k: int) -> List[List[Circle]]:
    """ 指定一個圓圈串列，傳回最大的 k 個圓圈組 """
    visited = set()
    size_and_groups = []
    adjacency_dict = self.ConstructAdjacencyDict(circles)

    for circle in circles:
        if circle in visited:
            continue
        current_group = set()
        self.DFS(circle, adjacency_dict, current_group)
        size_and_groups.append((len(current_group), current_group))
        visited.update(current_group)

    return [list(group) for _, group in heapq.nlargest(top_k, size_and_groups)]
```

PART 4

系統設計

- 第 20 章：系統設計理論
- 第 21 章：系統設計實戰
- 第 22 章：多執行緒程式設計
- 第 23 章：設計機器學習系統

CHAPTER 20

系統設計理論

一般系統設計主要是考查物件導向的設計,或是巨量資料(big data,或稱大數據)系統分析。針對系統設計的面試題往往是一個開放式的對話,面試官會期望應聘人主導這個對話。

20.1 設計步驟

以巨量資料系統為例,可以透過下面的步驟來完成系統設計的面試題。

20.1.1 描述使用場景、約束和假設

把所有必要的資訊整理在一起,來審視面試題,持續提問以明確系統使用場景和約束,並討論假設條件。思考誰會使用這個系統?他們會怎樣使用它?有多少用戶?系統的主要功能是什麼?系統的輸入、輸出分別是什麼?期望它能處理多少資料,每秒處理多少個請求,以及讀寫比率是多少?

20.1.2　建立策略規劃

巨量資料系統的策略規劃是一個綜合規劃，涉及資料蒐集、儲存、處理、分析、應用和安全等方面。以下是巨量資料系統策略規劃的關鍵要素。

1. **需求分析**：首先，瞭解業務需求和目標。明確要解決的問題、資料的來源、資料類型和資料量，以及所需的分析和報告。

2. **資料採集與收集**：確定資料的採集和收集策略。考慮如何從不同來源（例如資料庫、紀錄、感測器、社群媒體）收集資料，並確保資料的高品質和一致性。

3. **資料儲存**：選擇適當的資料儲存方案。這可能包括分散式檔案系統（如HDFS）、欄式資料庫（Columnar Database）、資料湖（data lake）、主記憶體資料庫和NoSQL（No Only SQL）資料庫。資料儲存層應該支援擴展性、容錯性和高可用性。

4. **資料處理**：設計資料處理層面，包括批次處理引擎、資料流處理引擎和查詢引擎。使用適當的工具和技術來處理與轉換資料，以滿足分析和應用的需求。

5. **資料分析和探勘**：定義資料分析和探勘（mining，或稱挖掘）任務，包括資料淨化（cleaning，或稱清洗）、轉換、模型訓練和預測等。使用機器學習和資料探勘演算法來獲得有價值的資訊。

6. **資料應用和視覺化**：開發資料應用程式和視覺化工具，以將分析結果傳遞給最終用戶，例如儀錶板、資料報告和決策支援系統。

7. **資料安全性和合規性**：確保資料的安全性和合規性，包括資料加密、身分驗證、訪問控制和合規性檢查。

8. **性能和可伸縮性**：考慮系統的性能和可伸縮性。使用負載平衡和快取來提高性能，並實施彈性伸縮策略以適應負載變化。

9. **監控和管理**：實施監控工具來追蹤系統性能、資源利用率和異常。建立日誌紀錄和審計機制以支援故障排除和合規性。

10. **備份和容錯**：開發備份和容錯策略，以確保資料的安全和可復原性。

11. **定期評估和改進**：進行定期的系統評估和性能測試，以保持系統的高效運行，並根據需求進行適時改進和最佳化。

12. **培訓和支援**：建立培訓計畫，確保團隊熟悉巨量資料系統的運維工作，並提供支援以解決問題和應對挑戰。

這些要素是巨量資料系統策略規劃的基礎，能夠確保系統滿足業務需求、高效運行並持續演進。設計應根據組織的需求和資源進行訂製，以便建立出一個強大、高性能的巨量資料系統。面試的時候一般需要把給定的問題轉化成系統策略規劃。

20.1.3 設計核心元件

巨量資料系統的核心元件是建立和管理大規模資料的關鍵部分。對每一個核心元件進行深入的分析。以下是巨量資料系統中的一些核心元件。

1. **分散式檔案系統**（Distributed File System，DFS，或稱分布式文件系統）：這是巨量資料系統的核心元件之一，用於儲存大量分佈在多個節點上的資料。一些常見的 DFS 包括 HDFS 和 Amazon S3。

2. **批次處理引擎**：批次處理引擎（或稱批處理引擎）用於處理大規模批量資料。Hadoop MapReduce 和 Apache Spark 是常見的批次處理引擎，它們支援分散式運算。

3. **串流處理引擎**：串流處理引擎（或稱流處理引擎）用於處理即時資料流，允許對資料進行即時分析和回應。Apache Kafka 和 Apache Flink 是串流處理引擎的示例。

4. **查詢和分析引擎**：查詢和分析引擎允許使用者查詢和分析儲存在巨量資料系統中的資料，常見的工具有 Apache Hive、Presto、Apache Impala 和 Apache Drill。

5. **資料倉儲**：資料倉儲（data warehouse，或稱數據倉庫）是一種專門用於儲存和查詢資料的資料庫系統，通常用於支持商業智慧（BI）和資料分析。常用的資料倉儲包括 Amazon Redshift、Google BigQuery 和 Snowflake。

6. **機器學習和深度學習框架**：巨量資料系統通常包括機器學習和深度學習框架，用於建立和訓練模型，以進行預測和分類。TensorFlow、PyTorch、Scikit-learn 等是常用的機器學習和深度學習框架。

7. **NoSQL 資料庫**：NoSQL 資料庫用於儲存半結構化和非結構化資料，以支援巨量資料應用程式。MongoDB、Cassandra、HBase 和 Couchbase 是常見的 NoSQL 資料庫。

8. **快取層**：快取層用於加速資料訪問、降低儲存和計算的負載。快取層工具包括 Redis、Memcached 和 Apache Kafka。

9. **資料管理工具和中繼資料儲存**：資料管理工具和元資料（或稱元數據、中繼資料）儲存用於管理資料和追蹤資料的來源、定義和品質。

10. **資料視覺化工具**：資料視覺化工具用於將分析結果視覺化，以便用戶理解資料並制定決策。Tableau、Power BI 和 Matplotlib 等是常見的資料視覺化工具。

11. **監控和日誌記錄工具**：監控工具用於追蹤系統性能和資源利用率，而日誌記錄工具用於記錄操作紀錄和審計資料。

12. **負載平衡器**：負載平衡器（load balancer，或稱負載均衡器）用於平衡請求和任務，確保資源有效分配。

這些核心元件是建立巨量資料系統的關鍵部分，根據組織的需求和具體的巨量資料用例，可以選擇和配置適當的元件。巨量資料系統通常採用分散式和雲端架構，以應對大規模資料的挑戰，同時保持高性能、可擴展性和可靠性。

例如，如果你被問到「設計一個 URL 縮寫服務」，則可以討論以下要點。

1. 生成並儲存一個完整 URL 的雜湊值。

    使用 MD5 還是 Base62：我們可以使用 MD5 和 Base62 這兩種演算法來獲得隨機雜湊值（hash value，或稱哈希值）。實際上兩種演算法均可，但本次我們使用 Base62，因為該演算法可以生成超過 3 萬億個字串組合。而 MD5 雜湊有一個小問題，是它會給出 20 ~ 22 個字元長的雜湊值，而我們只需要 7 個字元。

    雜湊碰撞（collision，或稱哈希碰撞）是指在雜湊函式中，兩個不同的輸入值（通常是資料或關鍵字）對應到相同的雜湊值的情況。雜湊函式的目標是將資料均勻分散到雜湊表或雜湊桶中，以便在進行搜尋、插入和刪除操作時能夠快速訪問資料。然而，由於輸入空間遠大於雜湊值的輸出空間，雜湊碰撞是不可避免的。

    使用 SQL 還是 NoSQL：根據經驗，如果需要分析資料的行為或建立自訂儀錶板，則使用 RDBMS（關聯式資料庫管理系統）及 SQL 是更好的選擇。此外，SQL 通常允許更快的資料儲存和復原，並且可以處理更複雜的查詢。如果想擴展 RDBMS 的標準結構或者需要建立靈活的架構，則 NoSQL 將是更好的選擇。

    資料庫模型。資料庫模型描述在資料庫中結構化和操縱資料的方法。模型的結構部分規定資料如何被描述（例如樹、資料表等）。模型的操作部分規定資料的增加、刪除、顯示、維護、列印、搜尋、選擇、排序和更新等操作。

2. 將一個 hashed URL 轉成完整的 URL。

3. 討論如何進行物件導向設計以及 API 的設計。

20.1.4 擴展設計

這裡結合圖 20-1 來簡單介紹巨量資料架構設計的基本知識點。

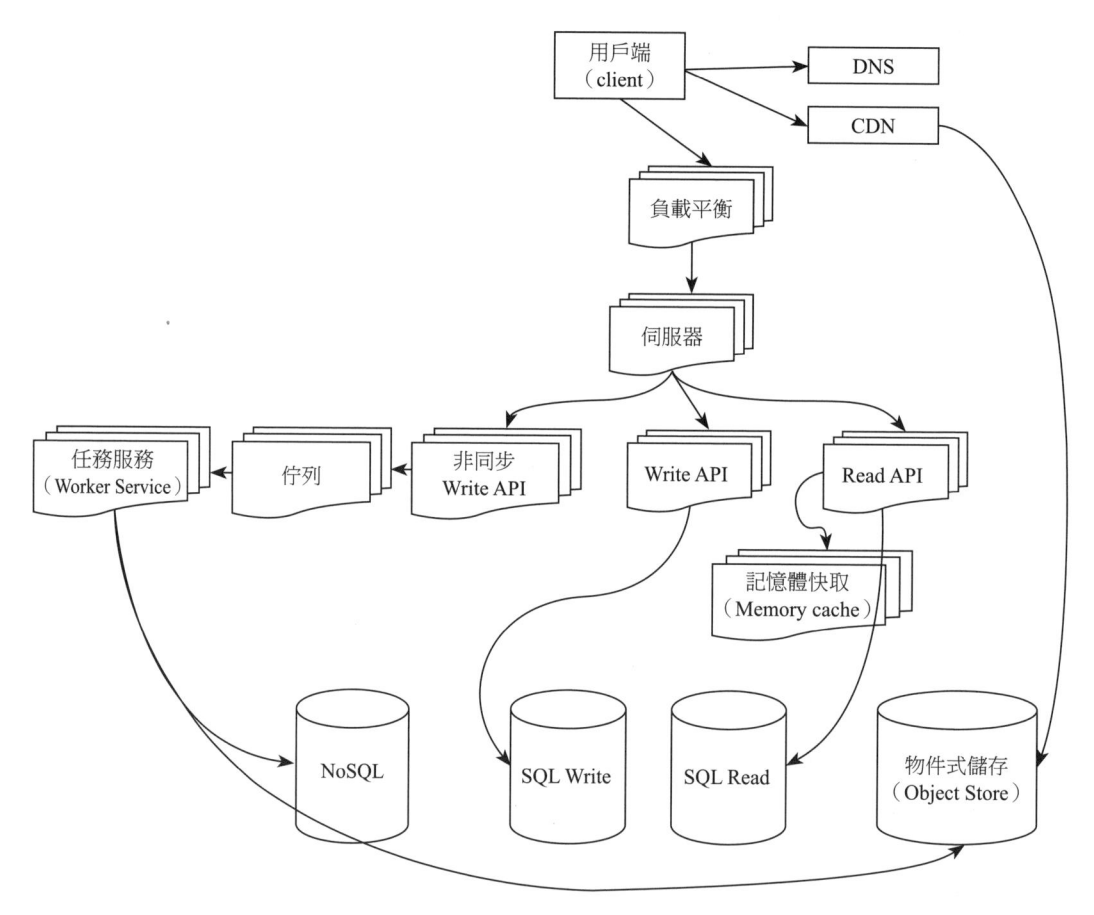

圖 20-1　巨量資料架構設計圖

巨量資料架構的擴展設計，是為了應對不斷增長的資料量和更高的性能需求。以下是關於巨量資料架構擴展設計的一些建議：

1. **分散式儲存的擴展**：如果儲存層使用的是分散式檔案系統（如 HDFS）或雲端儲存（如 Amazon S3），可以考慮增加更多的儲存節點，以增加容量。此外，確保儲存層可以水平擴展，以應對資料量的增長。

2. **計算資源的擴展**：在資料處理層面，如批次處理引擎和串流處理引擎，考慮增加更多的計算節點，以提高處理能力。可以使用雲端服務提供者的彈性計算資源，根據需求動態擴展或縮小資源。

3. **資料分區**：將資料分成更小的分區，以便進行並行處理和負載平衡。這可以提高性能，並縮短單個任務或查詢的執行時間。

4. **資料壓縮和歸檔**：針對歷史資料，可以實施資料壓縮和歸檔策略，以降低儲存成本，但仍然能夠快速檢索和分析舊資料。

5. **快取層的增強**：在資料處理層增加快取，以減輕儲存和計算資源的負載，提高回應速度。

6. **負載平衡**：使用負載平衡器來將請求和任務均勻分佈到不同的計算節點和資料節點，以確保資源有效利用。

7. **資料分區策略**：考慮採用更精細的資料分區策略，以使資料在不同節點之間更均勻地分佈，來防止熱點。

8. **自動化和彈性伸縮**：實施自動化的資源調整和彈性伸縮策略，以根據負載動態分配和釋放資源。

9. **備份和災難復原**：實施有效的備份和災難復原（Elastic Disaster Recovery，或稱容災）計畫，以防止資料丟失和系統中斷。在不同的地理位置備份資料。

10. **安全性和合規性**：隨著資料量的增加，確保資料的安全性和合規性變得更加重要。加強資料加密、身分驗證和審計，以滿足合規性要求。

11. **監控和性能調整**：使用監控工具來追蹤系統性能和資源使用情況，及時識別問題並進行性能調整。

12. **定期評估和規劃**：定期評估巨量資料架構的性能和需求，制定長期規劃，以應對未來的需求。

巨量資料架構的擴展設計是一個持續的過程，需要根據不斷變化的需求和技術發展進行調整。透過合理規劃和實施擴展策略，可以確保巨量資料平臺高效地處理大規模資料，並滿足組織的需求。

20.2 網域名稱系統

網域名稱系統（Domain Name System，DNS）是網際網路的核心組成部分，它用於將人類可讀的網域名稱（簡稱域名）如 www.example.com 轉換為電腦可理解的 IP 位址（IP address，或稱 IP 地址）如 192.0.2.1，其工作原理如圖 20-2 所示。

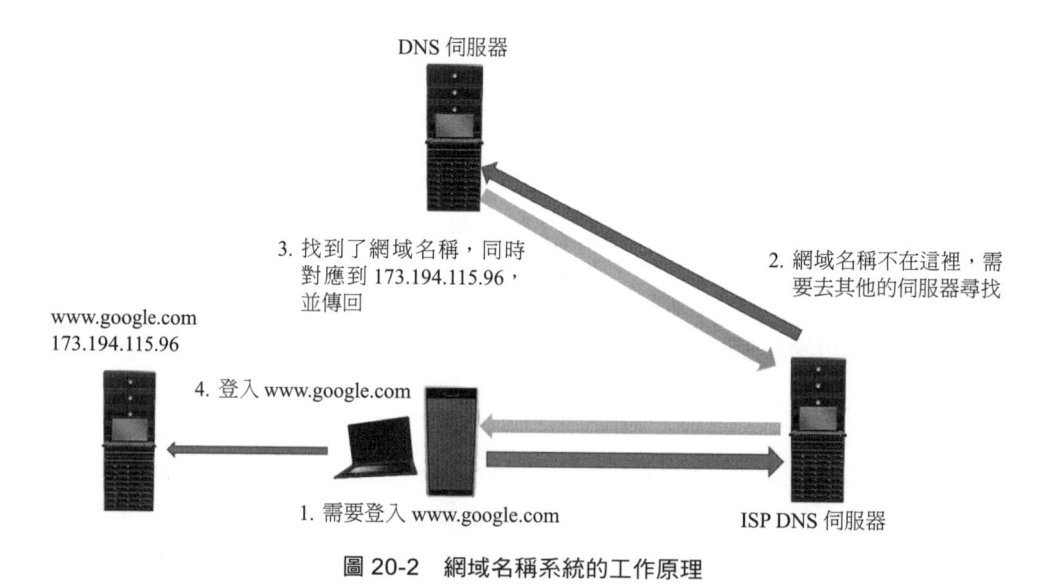

圖 20-2　網域名稱系統的工作原理

DNS 的工作原理如下。

1. **網域名稱查詢請求**：在瀏覽器中輸入一個網址（例如 www.example.com），瀏覽器首先會檢查本地 DNS 快取（本地主機檔）以搜尋對應的 IP 位址。如果沒有找到，瀏覽器將向本地 DNS 伺服器發出查詢請求。

2. **本地 DNS 伺服器查詢**：本地 DNS 伺服器是由網際網路服務提供者（ISP）或所連接的網路（如公司或學校）所提供。本地 DNS 伺服器會嘗試在其快取中搜尋相應的 IP 位址。如果找到了，它將直接傳回 IP 位址給瀏覽器。

3. **遞迴查詢**：如果本地 DNS 伺服器沒有所需網域名稱的 IP 位址，它會執行遞迴查詢。在遞迴查詢中，本地 DNS 伺服器將向根網域名稱伺服器發送請求，請求根網域名稱伺服器提供頂層網域名稱伺服器（TLD 伺服器，例如 .com）的 IP 位址。

4. **根網域名稱伺服器**：根網域名稱伺服器是 DNS 階層的最高層，管理頂層網域名稱伺服器的資訊。根網域名稱伺服器返回本地 DNS 伺服器所需頂層網域名稱伺服器的 IP 位址。

5. **頂層網域名稱伺服器**：本地 DNS 伺服器接下來會向頂層網域名稱伺服器發出請求，請求頂層網域名稱伺服器提供二級網域名稱伺服器的 IP 位址。例如，對於 .com 網域，頂層網域名稱伺服器將返回 example.com 網域名稱伺服器的 IP 位址。

6. **網域名稱伺服器**：本地 DNS 伺服器獲得了二級網域名稱伺服器的 IP 位址後，繼續向該網域名稱伺服器發出請求。網域名稱伺服器通常由網站的託管提供商管理，並儲存有關特定網域名稱的 DNS 紀錄。

7. **DNS 紀錄查詢**：網域名稱伺服器根據請求回傳相應的 DNS 紀錄，例如，A 紀錄（將網域名稱對應到 IPv4 位址）或 AAAA 紀錄（將網域名稱對應到 IPv6 位址）。

8. **本地 DNS 伺服器快取**：本地 DNS 伺服器將從網域名稱伺服器接收的 DNS 紀錄儲存在其快取中，以便將來的查詢使用，這可以減少對外部 DNS 伺服器的依賴。

9. **返回 IP 位址**：最終，本地 DNS 伺服器將所需的 IP 位址回傳給瀏覽器，瀏覽器將使用該 IP 位址建立與目標伺服器的連接。

整個過程是逐級查詢，從根網域名稱伺服器到頂層網域名稱伺服器，再到網域名稱伺服器，最終到達目標網域名稱的 DNS 紀錄。這使得 DNS 能夠有效地將網域名稱轉換為 IP 位址，從而使網際網路用戶能夠輕鬆地訪問各種網站和資源。

20.3　負載平衡器

負載平衡器將傳入的請求分發到應用伺服器和資料庫等計算資源。無論哪種情況，負載平衡器都將來自計算資源的回應回傳給恰當的用戶端。

負載平衡器的效用在於：防止請求進入不好的伺服器、防止資源超載、幫助消除單一的故障點。

負載平衡器的設計如圖 20-3 所示。

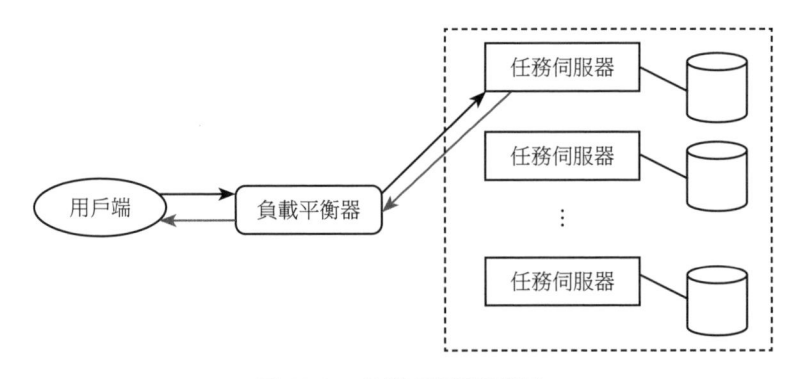

圖 20-3　負載平衡器的設計

從圖 20-3 中可以看到，使用者訪問負載平衡器，再由負載平衡器將請求轉發給後端伺服器。在這種情況下，單點故障移轉到負載平衡器上了，又可以透過引入第二個負載平衡器來緩解。但在討論之前，我們先探討負載平衡器的工作方式。

負載平衡演算法是用於在多個伺服器之間分配負載（如網路請求、資料流量等）的策略，以確保伺服器資源的有效利用，提高性能和可用性。以下是一些常見的負載平衡演算法。

1. **輪詢**（Round Robin）：這是最簡單的負載平衡演算法之一，它按照順序將每個請求分配給下一個伺服器。當到達伺服器串列的末尾時，輪詢重新開始。輪詢對於具有相似硬體性能的伺服器非常有效。

2. **加權輪詢**（Weighted Round Robin）：在加權輪詢中，每個伺服器都被賦予一個權重，以決定每個伺服器獲得多少請求。這對於伺服器性能不均等情況非常有用。

3. **最少連接**（Least Connections）：這個演算法會將請求分配給當前連接數最少的伺服器。它適用於伺服器之間負載不均等的情況。

4. **加權最少連接**（Weighted Least Connections）：類似於最少連接演算法，但會考慮每個伺服器的權重，以便更好地處理性能不均等的情況。

5. IP **雜湊**（IP Hash）：這種方法使用用戶端的 IP 位址來計算雜湊值，將請求分配給特定的伺服器。這對於確保相同用戶端的請求都被發送到相同的伺服器時很有用。

6. URL **雜湊**（URL Hash）：這種方法使用請求的 URL 來計算雜湊值，以決定請求應該發送到哪個伺服器。這對於快取和內容傳遞網路（CDN，或稱內容分發網路）等應用很有用。

7. **最短回應時間**（Least Response Time，或稱最少響應時間）：這個演算法會將請求發送到回應時間最短的伺服器。這需要即時監控伺服器的回應時間。

8. **隨機**（Random）：隨機演算法隨機選擇一個伺服器來處理請求。儘管它非常簡單，但在某些情況下卻很有效。

9. **來源 IP 雜湊**（Source IP Hash，或稱源 IP 雜湊）：這種方法使用用戶端的來源 IP 位址來計算雜湊值，以決定請求應該發送到哪個伺服器。它適用於會話保持的應用。

10. **最大連接**（Maximum Connections）：這個演算法將請求分配給允許的最大連接數未達到上限的伺服器。

不同的負載平衡演算法適用於不同的應用場景，通常根據伺服器性能、應用需求和負載分佈等因素選擇合適的演算法。一些負載平衡器還支援自訂演算法，以滿足特定需求。

20.4 分散式快取系統

Memcached 是一個高性能的分散式快取（distributed cache，或稱分布式緩存）系統，廣泛用於加速應用程式的資料訪問。它採用了分散式架構，允許將資料儲存在多個伺服器節點上，並透過雜湊演算法將資料分佈到這些節點上，以提高性能和可伸縮性。

Memcached 一般透過記憶體資料庫查詢結果，可減少資料庫的訪問次數，以提高動態 Web 應用的速度和擴展性。分散式快取的架構如圖 20-4 所示。

在快取儲存容量已滿的情況下，刪除快取物件需要考慮多種機制：一種是按佇列機制；另一種是根據快取物件的優先順序。Memcached 會優先使用已超時的紀錄空間，但即使如此，也會發生追加新紀錄時空間不足的情況。此時就要使用名為最近最少使用（LeastRecently Used，LRU）的機制來分配空間。因此當 Memcached 的記憶體空間不足並且獲取到新紀錄時，就在最近未使用的紀錄中搜尋，將該空間分配給新的紀錄。

圖 20-4　分散式快取的架構

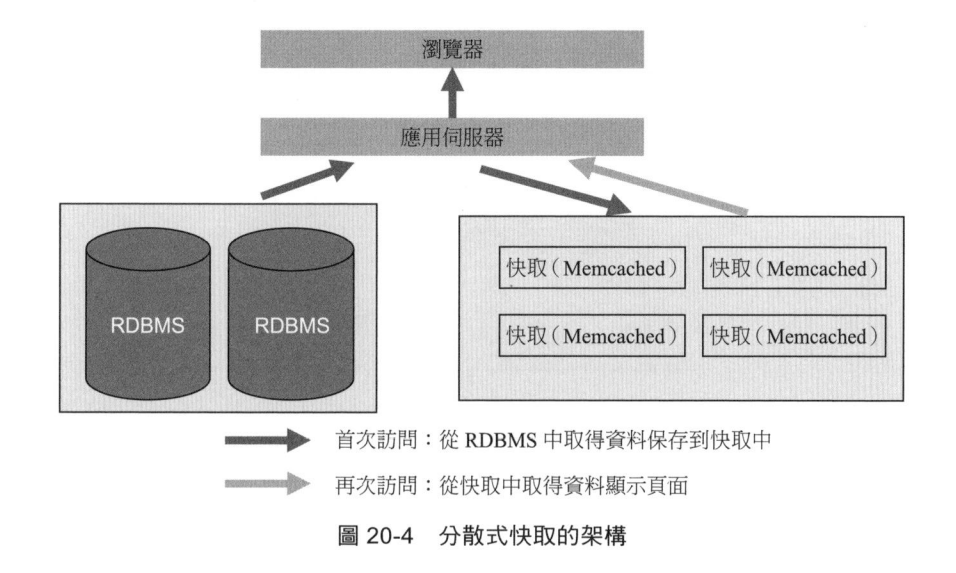

Memcached 雖然稱為「分散式」快取伺服器，但伺服器端並沒有分散式的功能。Memcached 的分散式完全是由用戶端實現，下面舉例說明 Memcached 是如何實現分散式快取。

例如，假設有三台 Memcached 伺服器 Node1～Node3，應用程式要保存鍵名為"tokyo"、"kanagawa"、"chiba"、"saitama"、"gunma"等資料。

首先在 Memcached 中增加"tokyo"。將"tokyo"傳給用戶端程式庫後，用戶端實現的演算法，就會根據「鍵」來決定保存資料的 Memcached 伺服器。伺服器選取後，即命令它保存鍵"tokyo"及其值。同樣，鍵"kanagawa"、"chiba"、"saitama"、"gunm"也都是先選擇伺服器再保存。

接下如何來讀取保存的資料，這時要將要讀取的鍵"tokyo"傳遞給函式庫。函式庫利用與資料保存時相同的演算法，根據「鍵」選擇伺服器，然後發送 get 命令。只要資料沒有因某些原因被刪除，就能取得保存的值。

Memcached 伺服器實現分散式快取的原理如圖 20-5 所示。

```
                    Node1         Node2          Node3
                      ↑             ↑              ↑
                      │             │              │
                  ┌───┴─────────────┴──────────────┴────┐
                  │                      伺服器串列      │
                  │                    ┌──────────┐    │
                  │                    │  Node1   │    │
                  │      ┌──────┐      ├──────────┤    │
                  │      │演算法│      │  Node2   │    │
                  │      └──────┘      ├──────────┤    │
                  │                    │  Node3   │    │
                  │                    └──────────┘    │
                  └──────────────┬──────────────────────┘
                                 ↑
                         ┌───────────────┐
                         │ get("tokyo")  │
                         └───────────────┘
                         ┌───────────────┐
                         │   應用程式    │
                         └───────────────┘
```

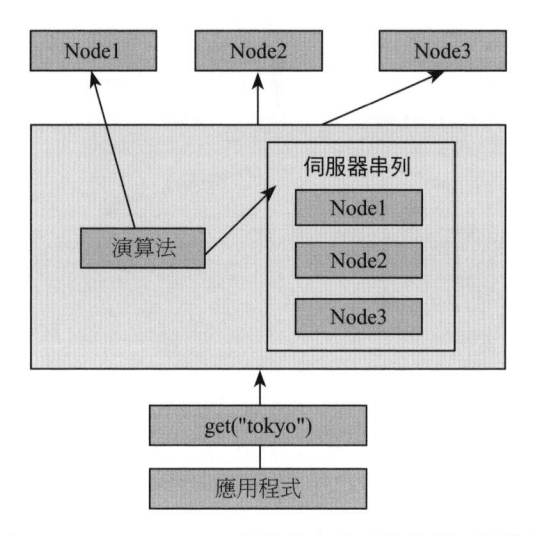

圖 20-5　Memcached 伺服器實現分散式快取的原理

這樣，將不同的鍵保存到不同的伺服器上，就實現了分散式快取。Memcached 伺服器增多後，鍵就會分散，即使一台 Memcached 伺服器發生故障無法連接，也不會影響其他快取，系統依然能繼續運行。

以下是關於 Memcached 分散式系統的一些要點。

1. **節點和叢集**：Memcached 分散式系統由多個節點組成，每個節點可以是一台獨立的伺服器。這些節點一起構成了 Memcached 叢集（Cluster，或稱集群），負責儲存快取資料。

2. **資料分片**：Memcached 使用分片（Sharding）策略，將資料分成多個片段。每個節點負責儲存其中的一個或多個資料片段。

3. **一致性雜湊**：為了確定哪個節點儲存特定的資料，Memcached 使用了一致性雜湊（Consistent Hashing）演算法。這個演算法利用雜湊函式將資料的鍵對應到環形空間，然後選擇離雜湊值最近的節點來儲存資料。

4. **節點的動態加入和退出**：Memcached 支援節點的動態加入和退出。當節點加入或退出叢集時，一致性雜湊演算法會重新分佈資料，確保資料均勻分佈，並避免大規模資料移轉。

5. **資料備份**：為了提高可用性，Memcached 可以配置資料備份。每個資料片段通常有一個主節點和一個備份節點。如果主節點失效，備份節點可以立即接管資料服務。

6. **負載平衡**：透過一致性雜湊和資料分片，Memcached 可以實現負載平衡。資料被均勻分佈到不同的節點上，防止熱點問題。

7. **資料過期和失效**：Memcached 允許為儲存的資料設置過期時間，一旦資料過期，它將自動從快取中刪除。這有助於釋放記憶體並確保資料的時效性。

8. **擴展性**：Memcached 叢集可以輕鬆擴展，透過增加更多的節點來增加儲存容量和處理能力。

9. **多語言支援**：Memcached 用戶端庫支援多種程式設計語言，如 Java、Python、C++ 等，這使得 Memcached 可以與不同型別的應用程式整合。

Memcached 的分散式架構使其成為一個高性能的快取系統，適用於許多不同型別的應用程式，特別是需要快速資料訪問的 Web 應用程式。透過合理的配置和管理，Memcached 可以提供高可用性和可伸縮性，以滿足不斷增長的資料訪問需求。

20.5 雜湊一致性

雜湊一致性（Hash Consistency，或稱哈希一致性）是一種分散式運算和資料儲存演算法，用於確定如何將資料分佈到多個節點或伺服器。雜湊一致性的主要原理是將資料的鍵（或識別字）透過雜湊函式轉換為雜湊值，然後將這些雜湊值對應到節點或伺服器，以確定資料應儲存在哪個節點上。

雜湊一致性原理如圖 20-6 所示，首先求出 Memcached 伺服器（節點）的雜湊值，並將其配置到劃分為 2^{32} 個節點的圓上。再用同樣的方法求出儲存資料的鍵的雜湊值，並對應到圓上。然後從資料對應到的位置開始順時針搜尋，將資料保存到找到的第一個伺服器上。如果超過 2^{32} 個節點仍然找不到伺服器，就會保存到第一台 Memcached 伺服器上。

在圖 20-6 的狀態下增加一台快取伺服器。餘數分散式演算法由於保存鍵的伺服器會發生巨大變化而影響快取的命中率，但由於雜湊一致性，只有在圓上增加伺服器的位置逆時針方向的第一台伺服器上的鍵會受到影響。

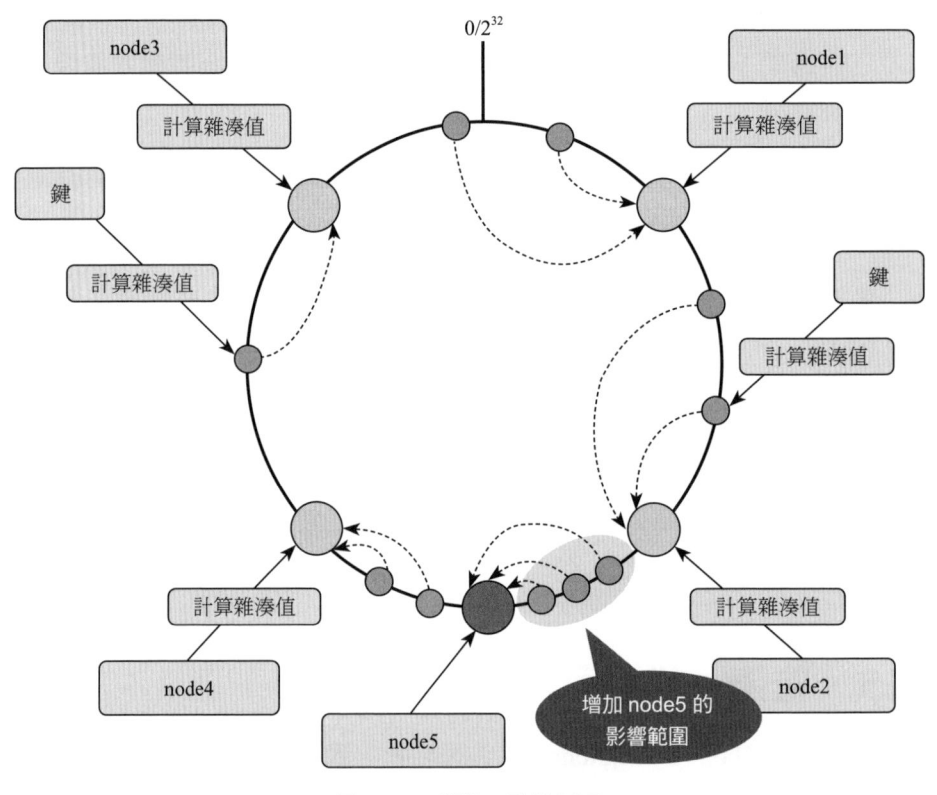

圖 20-6　雜湊一致性原理

因此，雜湊一致性最大限度地抑制了鍵的重新分佈。而且，有些雜湊一致性的實現方法還採用了虛擬節點的構想。如果使用一般的雜湊函式，伺服器的對應位置的分佈非常不均勻。因此，使用虛擬節點的構想，為每個物理節點（伺服器）在圓上分配 100 ～ 200 個點。這樣就能抑制分佈不均勻，最大限度地減少伺服器增減時的快取重新分佈。

最後我們再來整理一下雜湊一致性的一些關鍵要點。

1. **資料分佈**：雜湊一致性用於資料分佈，在分散式系統中，資料通常需要分佈到多個節點或伺服器上，以實現負載平衡和高可用性。

2. **雜湊函式**：雜湊函式將資料的鍵對應為一個雜湊值，通常是一個固定長度的字串或數字。不同的雜湊函式可以用於不同的應用場景。

3. **雜湊環**：所有可用節點或伺服器構成一個虛擬的環狀結構，這被稱為雜湊環。每個節點在環上有一個或多個位置，這些位置是由節點的雜湊值所決定。

4. **資料對應**：當資料需要被儲存或搜尋時，透過雜湊函式計算資料的雜湊值，然後在雜湊環上搜尋最接近的節點。資料被儲存在該節點上，或從該節點上檢索。

5. **動態性**：雜湊一致性允許節點的動態加入或退出，而不會大規模改變資料分佈。當節點加入或退出時，只會影響其周圍的資料分佈。

6. **負載均衡**：雜湊一致性有助於實現負載平衡，因為資料被均勻分佈到不同節點上，避免了熱點問題。

7. **高可用性**：雜湊一致性支持高可用性，因為即使一個節點失效，資料也可以透過找到下一個最接近的節點進行檢索。

8. **應用**：雜湊一致性廣泛用於分散式快取系統、分散式資料庫、內容傳遞網路（CDN）等分散式應用，以確定資料儲存和訪問的節點。

雜湊一致性是一種重要的技術，用於確保分散式系統的可伸縮性、負載平衡和高可用性。不同的系統和應用可能採用不同的雜湊一致性演算法和資料對應策略，以滿足其獨特的需求。

CHAPTER 21 系統設計實戰

21.1 設計分散式快取系統

分散式快取系統的設計應該先從實現本地快取著手，例如採用 LRU 快取演算法，其實質是採用雜湊表 + 雙鏈結串列（doubly linked list，或稱雙鏈表、雙連結串列）來解決問題。將 LRU 快取作為一個單獨的執行緒在主機（專用叢集）或伺服器（位於同一位置）上運行，每個快取伺服器將儲存大塊資料（分片）。客戶應使用分區演算法來選擇分片（shard），快取用戶端與使用 TCP 或 UDP 的快取伺服器進行對話。

設計分散式快取系統主要涉及分散式處理、快取一致性、增加節點或者減少節點、更新快取等。

21.1.1 快取失效

如果在資料庫中修改了資料，則應在快取中使該資料失效，否則，可能導致應用程式行為不一致。主要有 3 種快取系統。

1. **直寫式快取**：只有在對資料庫的寫入操作和快取同時成功的情況下，才能確認寫入操作是成功的，這樣在快取和儲存之間實現完全的資料一致性。如果發生電源故障或其他系統中斷，一切都不會丟失。但是，在這種情況下，由於要對兩個單獨的系統進行寫入操作，因此寫入延遲的機率會更高。

2. **快取寫入**：繞過快取直接寫入資料庫，在大多數情況下都可以減少等待時間。但是，由於快取系統在發生快取未命中時會從資料庫讀取資訊，因此它會增加快取未命中的機率。由於讀取必須從較慢的後端儲存進行，並經歷較高的延遲，因此在應用程式快速寫入和重新讀取資訊的情況下，可能導致更高的讀取延遲。

3. **回寫式快取**：直接對快取層進行寫入操作，並在對快取的寫入操作完成後立即確認寫入操作。然後，快取將該寫入以非同步同步到資料庫。對於寫入密集型應用程式，這將導致非常高的寫入延遲和寫入輸送量。但是，因為寫入資料的唯一單個副本在快取中，如果快取層消失，則存在丟失資料的風險。這種情況可以透過擁有多個副本來確認快取中的寫入來改善。

21.1.2 快取逐出策略

快取逐出（eviction）策略，也被稱為快取替換策略，是用於確定在快取達到容量上限時，哪些資料項目應該被移除以騰出空間來儲存新資料的策略。不同的逐出策略適用於不同的應用場景和性能需求。以下是一些常見的快取逐出策略。

1. **最近最少使用**（Least Recently Used，LRU）：LRU 演算法將最近最少使用的資料項目從快取中移除。它維護一個存取（或稱訪問或走訪）順序串列，當某個資料項目被存取時，它被移到串列的前面。當需要逐出資料時，選擇串列末尾的資料項目。LRU 需要記錄存取順序，因此實現稍顯複雜。

2. **最少使用**（Least Frequently Used，LFU）：LFU 演算法根據資料項目的存取頻率來進行逐出。它維護一個頻率計數器，並選擇存取頻率最低的資料項目進行逐出。LFU 適用於對存取模式有明顯變化的情況。

3. **先進先出**（First-In-First-Out，FIFO）：FIFO 策略按照資料項目被插入快取的順序來進行逐出。最早插入的資料項目首先被移除。FIFO 實現簡單，但可能無法反映資料項目的實際存取頻率。

4. **隨機**（Random）：隨機策略選擇要逐出的資料項目時，完全隨機地選擇一個。這是一種簡單但不太有效的策略，因為它不考慮資料項目的存取頻率或重要性。

5. **最近使用**（Most Recently Used，MRU）：與 LRU 相反，MRU 策略選擇最近存取的資料項目進行逐出。它更適合某些特定的應用，例如需要保持熱資料（hot data）項目的快取。

6. **最不常用**（LRU-K）：LRU-K 是 LRU 的一種變體，它考慮了資料項目的 K 次存取情況。LRU-2、LRU-3 等是 LRU-K 的特例，其中 K 表示指定的存取次數。

7. **自訂策略**：根據具體需求，可以自訂逐出策略。例如，可以根據業務邏輯、資料重要性或其他因素來選擇逐出哪些資料項目。

選擇逐出策略應考慮應用的性能需求、存取模式、資料存取頻率和實現複雜度等因素。不同的應用可能需要不同的策略，因此在實施快取時，通常需要根據具體情況來選擇適當的逐出策略。

21.1.3 設計分散式鍵值快取系統

這裡設計一個分散式鍵值快取系統，例如 Memcached 或 Redis（目前最受歡迎的系統）。在設計之前，必須瞭解以下問題。

- 需要快取的資料量是多少？這取決於系統需要的資料量，通常以 TB 計算。

- 快取逐出策略是什麼？這裡使用 LRU 快取逐出策略。如果深入一點，需要寫出關於 LRU 的程式碼。

- 指定的快取或快取失效方法是什麼存取模式？回寫也被稱為延遲寫入，也就是說，最初資料只在快取中更新，稍後再更新到記憶體中，對記憶體的寫入動作會被推遲，直到修改的內容在快取中即將被另一個快取區塊替換。

- 對系統期望的每秒查詢數（QPS）是什麼？機器將要處理 1M QPS，由於查詢無法足夠快地回應查詢，導致機器當機，可能會面臨高延遲的風險。

- 延遲是一個非常重要的指標嗎？快取的全部重點是低延遲。

- 一致性與可用性如何？快取系統中的不可用意味著有一個快取未命中，由於從較慢的電腦（硬碟而不是記憶體）中讀取資料，會導致高延遲，可以選擇「可用性高於一致性」以減少延遲。只要最終在合理的時間內看到新的變化，就接受最終的一致性。

- 使用什麼資料結構來實現這一目標？可以使用對應和鏈結串列實現，並可能會在 remove 操作的雙鏈結串列上獲得更好的性能。

- 當處理碎片的機器出現故障時會發生什麼？如果每個分片只有一台機器，那麼當該機器出現故障時，對該分片的所有請求將開始命中資料庫，因此延遲會增加。如果有多台電腦，那麼每個分片可以有多台電腦，它們維護的資料量完全相同。由於有多個伺服器維護相同的資料，因此伺服器之間的資料可能不同步。這也意味著某些伺服器上可能缺少一些金鑰，並且一些伺服器可能具有相同金鑰的舊值。如果一個分片中一次只有一台動態伺服器，並且有一個跟隨者（從屬伺服器），該跟隨者不斷獲取更新，那麼當主要伺服器出現故障時，從屬（slave）伺服器將接替主要伺服器。主要伺服器和從屬伺服器可以維護帶有版本號的更改日誌，以確保它們能夠被捕獲。如果對所有伺服器最終都保持一致感到滿意，那麼可以讓一個主要伺服器承擔所有寫入流量和許多讀取副本，以便它們也可以為讀取流量提供服務，或者可以使用對等系統，例如 Apache Cassandra。

21.2　設計網路爬蟲系統

網路爬蟲系統聽起來可能像一個簡單的「爬取 – 解析 – 附加」系統，但很可能會忽略其複雜性，偏離問題的主旨，而將重點放在體系結構上而不是實現細節上。當然，要構建一個 Web 規模的爬蟲系統，爬蟲系統的架構比選擇語言和框架更重要。

21.2.1　架構設計

最低限度的網路爬蟲問題至少需要以下元件。

- **HTTP Fetcher**：從伺服器檢索網頁。
- **爬取元件**：至少支援從連結之類的頁面爬取 URL。
- **重複消除元件**：確保不會無意中兩次爬取相同的內容，可以利用集合資料結構來解決。
- **URL 優先**：優先處理必須爬取和解析的 URL，可以利用優先佇列來解決。
- **資料儲存區**：用於儲存檢索頁面和 URL 以及其他元資料（metadata，或稱元數據）。

與單伺服器相比，分散式網路爬蟲系統更具挑戰性，因為它必須在重複偵測和 URL 優先上進行協調。這需要一個分散式集合實現和優先順序佇列。考慮到資料量，必須在基於硬碟的資料結構和記憶體的快取之間取得平衡。

21.2.2 爬蟲服務

假設有一個 links_to_crawl 初始串列，該串列最初是根據網站的整體受歡迎程度排名。在一個合理的假設下，可以為爬蟲提供連結到外部內容（如 Yahoo、DMOZ 等）的熱點網站種子。爬蟲設計如圖 21-1 所示。

這裡將使用資料表 crawled_links 來儲存已處理的連結及其頁面簽名。可以將 links_to_crawl 和 crawled_links 儲存在 NoSQL 資料庫中。對於其中的排名連結 links_to_crawl，可以將 Redis 與排序集合一起使用，以維持頁面連結的排名。

爬蟲服務用以下迴圈方式處理每個頁面連結。

- 從佇列裡面取出優先順序最高的連結。
- 偵測 NoSQL 資料庫中的 crawled_links 是否具有相似的頁面簽名，如果有相似的頁面簽名，則降低頁面連結的優先順序。
- 避免進入已經存取的連結，繼續執行；否則，抓取連結。
- 將作業增加到反向索引服務佇列以生成反向索引。

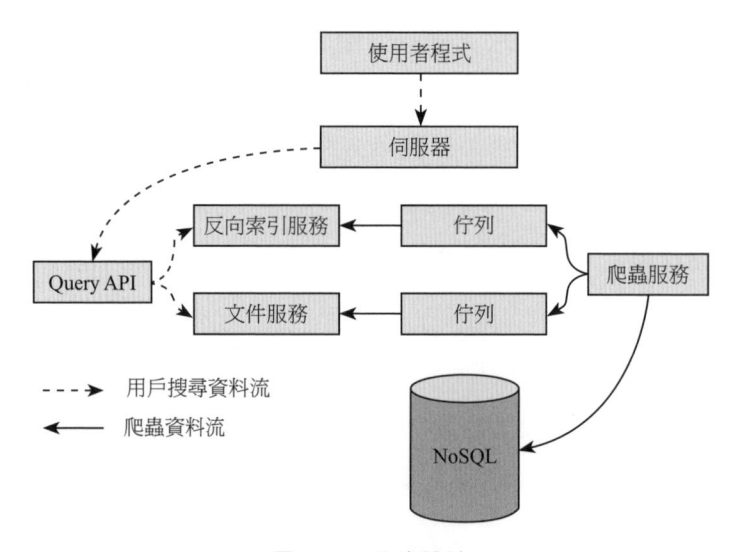

圖 21-1　爬蟲設計

- 將作業增加到文件服務佇列，以生成靜態標題和程式碼片段。

- 生成頁面簽名。

- 從 NoSQL 資料庫的 links_to_crawl 中刪除連結。

- 將頁面連結和簽名插入 NoSQL 資料庫中的 crawled_links。

爬蟲服務的虛擬碼如下。其中，PagesDataStore 是使用 NoSQL 資料庫的爬蟲服務中的抽象類別。

程式碼清單 21-1　爬蟲服務虛擬碼

```python
class PagesDataStore(object):

    # 初始化 PagesDataStore 類別
    def __init__(self, db):
        self.db = db  # db用來儲存資料庫連線或儲存結構

    def add_link_to_crawl(self, url):
        """ 將指定連結增加到 links_to_crawl 中
        links_to_crawl 是等待被爬取的 URL 串列 """

    def remove_link_to_crawl(self, url):
        """ 從 links_to_crawl 中刪除指定連結
        當連結已經被爬取或不再需要爬取時，將其從等待串列中移除 """

    def reduce_priority_link_to_crawl(self, url):
        """ 降低 links_to_crawl 中連結的優先順序以避免無窮迴圈
        若遇到重複的連結，透過降低該連結的優先順序來避免陷入無窮迴圈 """

    def extract_max_priority_page(self):
        """ 傳回 links_to_crawl 中優先順序最高的連結 """

    def insert_crawled_link(self, url, signature):
        """ 將已經爬取的連結增加到 crawled_links 已爬列表中，
        並保存該頁面的簽名 (signature)，用來判斷兩個頁面是否相同 """

    def crawled_similar(self, signature):
        """ 檢查已爬串列中的頁面，確定是否已經爬取了與指定簽名
        匹配的頁面，以避免重複爬取相同的頁面 """
```

Page 是爬蟲服務中的一種抽象類別,它封裝了頁面、頁面內容、子 URL 和簽名。

```python
class Page(object):

    # 初始化 Page 類別
    def __init__(self, url, contents, child_urls, signature):
        self.url = url    # 保存頁面的 URL
        self.contents = contents      # 儲存頁面的內容
        self.child_urls = child_urls  # 儲存該頁面中包含的子 URL 串列
        self.signature = signature    # 儲存該頁面的簽名
```

Crawler 是爬蟲服務中的主要類別,由 Page 和 PagesDataStore 組成。

```python
class Crawler(object):

    # 初始化 Crawler 類別
    def __init__(self, data_store, reverse_index_queue, doc_index_queue):
        self.data_store = data_store   # 資料儲存實例用於管理待爬和已爬連結
        self.reverse_index_queue = reverse_index_queue  # 反向索引佇列
        self.doc_index_queue = doc_index_queue          # 文件索引佇列

    def create_signature(self, page):
        """ 根據 URL 和內容建立唯一的簽名,來標識頁面內容及其 URL """

    # 爬取單個頁面
    def crawl_page(self, page):
        # 將該頁面中的所有子 URL 添加到待爬列表中
        for url in page.child_urls:
            self.data_store.add_link_to_crawl(url)
        # 為該頁面創建一個簽名,標識該頁面的唯一性
        page.signature = self.create_signature(page)
        # 從待爬列表中移除該頁面,因為它已經在處理過程中
        self.data_store.remove_link_to_crawl(page.url)
        # 將該頁面及其簽名加入已爬列表,以避免未來重複爬取
        self.data_store.insert_crawled_link(page.url, page.signature)

    def crawl(self):
        while True:
            # 從待爬列表中提取優先順序最高的頁面
            page = self.data_store.extract_max_priority_page()
            if page is None:
                break   # 若待爬列表中已無頁面,則停止爬取過程
            # 如果已經爬取了與該頁面簽名相似的頁面
            if self.data_store.crawled_similar(page.signature):
                # 降低該頁面的優先級,避免重複爬取
```

```
            self.data_store.reduce_priority_link_to_crawl(page.url)
        else:  # 否則,爬取該頁面
            self.crawl_page(page)
```

21.2.3　處理重複連結

需要注意,網路爬蟲不能陷入無窮迴圈,而無窮迴圈會在圖形包含迴圈時發生。因此,要刪除重複的網址。對於較小的串列,可以使用排序或者唯一性來排除。而對於較大的串列,可以使用 MapReduce 輸出頻率為 1 的條目。

```
class RemoveDuplicateUrls(MRJob):

    # mapper 方法負責將輸入的每一行 URL 轉換為鍵值對
    def mapper(self, _, line):
        yield line, 1  # 輸出 (line, 1),表 URL 都被標記為 1( 出現一次 )

    # reducer 方法負責對相同鍵 (URL) 進行聚合
    def reducer(self, key, values):
        # key 是 URL,values 是 URL 出現的次數 ( 來自 mapper 的輸出 )
        total = sum(values)  # total 計算同一 URL 出現次數的總和
        if total == 1:  # 若 URL 的總計數等於 1,表此 URL 沒有重複
            yield key, total  # 輸出該 URL 和其計數 1
```

21.2.4　更新爬網結果

需要定期爬取頁面以確保時效性。抓取結果中可能有一個 timestamp 欄位,該欄位表示頁面上次被爬取的時間。在預設的時間區段(例如一週)之後,應更新所有頁面。經常更新或更受歡迎的網站可以在較短的時間間隔內更新。

儘管這裡不會深入分析細節,但是可以進行資料探勘,以確定更新特定頁面之前的平均時間,並使用該統計資訊來確定重新爬網的頻率。可能還會選擇支持 Robots.txt 檔,該檔可讓網站管理員控制爬取頻率。

21.2.5　可擴展性設計

設計一個可擴展的爬蟲程式,如圖 21-2 所示。

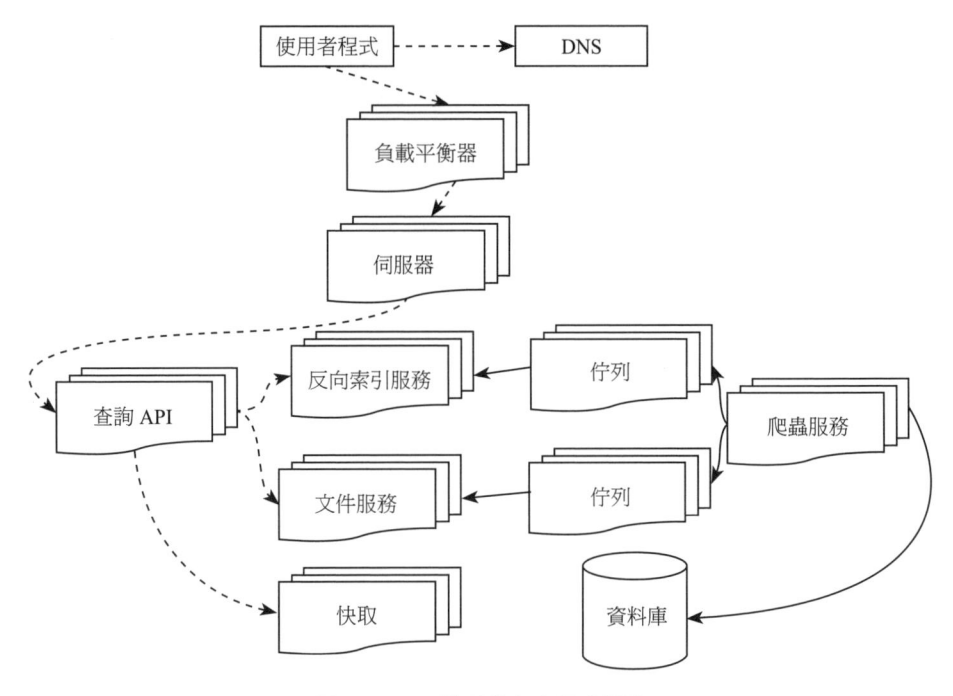

圖 21-2　可擴展的爬蟲程式設計

21.3　TinyURL 的加密與解密

TinyURL（縮網址）是一種 URL 縮短服務，例如，當輸入一個 URL 如 https://leetcode.com/problems/design-tinyurl 時，它將傳回一個縮短的 URL，即 http://tinyurl.com/4e9iAk。

要求：設計一個 TinyURL 的加密和解密演算法。加密和解密演算法如何設計和運作沒有限制，只需要保證一個 URL 可以被加密成一個 TinyURL，並且這個 TinyURL 可以用解密方法恢復成原本的 URL。

21.3.1　系統的要求和目標

TinyURL 系統應滿足以下要求。

1. **功能要求**
   - 指定一個 URL，我們的服務應為其生成一個較短且唯一的別名。
   - 當用戶存取較短的 URL 時，我們的服務應將其重定向到原始連結。
   - 用戶可以選擇為其 URL 自訂別名。
   - 連結將在特定時間區段後自動失效，用戶可以指定過期時間。

2. **非功能要求**
   - 系統應具有高可用性。這是必需的，因為如果服務關閉，則所有 URL 重定向將會失敗。
   - URL 重定向應該以最小的延遲即時進行。

3. **擴展要求**
   - 例如重定向發生了多少次？
   - 其他服務也應該可以透過 REST API 存取我們的服務。

21.3.2　容量估算和約束

設計的系統將進行繁重的工作，與新的 URL 縮短相比，會有很多重定向請求。假設讀寫之間的比例為 100：1。

- **流量估算值**：假設每月將有 500 萬個新的 URL 縮短，期望在同一時間內重定向（100 × 500 萬 = 5 億）。
- **每秒新的 URL 縮短**：5 億 /（30d × 24h × 3600s）≈ 200。
- **每秒的 URL 重定向**：500 億 /（30d × 24h × 3600s）≈ 1.9 × 10^4。
- **儲存估計**：由於我們預計每月會有 5 億個新 URL，並且如果我們將這些物件保留 5 年；我們將儲存的物件總數將達到 300 億，即 5 億 × 5 年 × 12 個月 = 300 億。

假設我們要儲存的每個物件可以為 500B，我們將需要 15TB 的總儲存空間：300 億 × 500B = 15TB。

- **頻寬估計**：對於寫請求，由於每秒我們期望 200 個新 URL，因此服務的總傳入資料為每秒 100KB，即 200 × 500B = 100KB；對於讀取請求，由於我們期望每秒進行約 1.9×10^4 個 URL 重定向，因此服務的總傳出資料為每秒 9MB，即 $1.9 \times 10^4 \times 500B \approx 9MB$。

- **記憶體估計**：如果我們要快取一些經常存取的熱點 URL，需要儲存多少記憶體？如果我們遵循二八法則，即 20% 的 URL 產生 80% 的流量，則我們希望快取這 20% 的熱點 URL。

由於每秒有 1.9×10^4 個請求，因此每天將獲得 17 億個請求，即 $1.9 \times 10^4 \times 3600s \times 24h \approx 17$ 億，要快取這些請求的 20%，需要 170GB 的記憶體，即 0.2×17 億 $\times 500B \approx 170GB$。

21.3.3　系統 API

可以使用 SOAP 或 REST API 來公開服務的功能。以下是用於建立和刪除 URL 的 API 定義。

```
creatURL (api_dev_key, original_url, custom_alias == None, user_name ==
    None, expire_date == None)
```

關鍵參數如下。

- api_dev_key（字串）：註冊帳戶的 API 開發人員金鑰。除其他外，這將用於基於分配的配額限制用戶。

- original_url（字串）：要縮短的原始 URL。

- custom_alias（字串）：URL 的可選自訂鍵。

- user_name（字串）：程式設計中使用的可選用戶名稱。

- expire_date（字串）：縮短的 URL 的可選到期日期。

將傳回縮短的 URL 成功插入，否則傳回錯誤程式碼。

```
deleteURL (api_dev_key，url_key)
```

其中"url_key"是代表要檢索的縮短 URL 的字串。成功刪除將傳回"URL已刪除"。

如何偵測和防止濫用？由於任何服務都可以透過消耗當前設計中的所有金鑰來使用，為了防止濫用，我們可以透過「api_dev_key」限制用戶在特定時間內可以建立或存取的 URL 數量。

21.3.4 核心演算法設計

解題思路：對於每個輸入連結字串，每增加一個連結，對應的數字就增加 1。然後把這個數字轉成 6 個字元的組合，這個 6 個字元來自於 26 個小寫、26 個大寫英文字母以及 10 個數字。

可以使用函式 frombase10tobase62() 把連結對應的數字轉成這 6 個字元，同時記錄這 6 個字元和長連結之間的對應關係，可以利用雜湊表完成。相反，如果 TinyURL 要轉成網頁的連結，直接搜尋 6 個字元的字串對應的長連結就可以了。

程式碼清單 21-2　如何縮短 URL

```python
class Codec:
    """ 初始化計數器，用於生成唯一的短網址 """
    def __init__(self):
        self.count = 0
        self.prefix = "http://tinyurl.com/"  # 短網址的前綴
        # 用於生成短網址的 62 個字元 (0-9, a-z, A-Z)
        self.character = "0123456789abcdefghijklmnopqrstuvwxyzABCDEFGHIJKLMNOPQRSTUVWXYZ"
        self.table={}  # 儲存短網址與原始長網址的對應關係
    """ 將原長 URL 編碼為短 URL """
    def encode(self, longUrl: str) -> str:
        self.count+=1  # 增加計數器，保證每次生成唯一的短網址
        # 定義將計數器轉換為 62 進制的方法
        def convertBase62(count):
```

```
            strs=""
            for _ in range(6):    # 將計數器轉換為 6 位的 62 進制數
                strs=strs+self.character[count%62]    # 取餘數得到對應字元
                count = count//62    # 更新計數器值
            return strs
        shortUrl = convertBase62(self.count)    # 生成 6 位的短網址碼
        self.table[shortUrl] = longUrl    # 儲存短網址與原始長網址的對應關係
        return self.prefix + shortUrl    # 返回完整的短網址
    """ 將短網址還原為其原始的長網址 """
    def decode(self, shortUrl: str) -> str:
        if shortUrl[-6:] in self.table:    # 根據短網址碼找出對應的長網址
            return self.table[shortUrl[-6:]]
```

21.3.5　資料庫設計

關於我們將要儲存的資料性質的一些觀察：需要儲存數十億條紀錄、要儲存的每個物件很小（小於 10^3）、記錄之間沒有任何關係，除非要儲存哪個用戶建立了哪個 URL、服務內容繁重。

因此，我們將需要兩個資料表，一個資料表 URL 用於儲存有關 URL 對應的資訊，另一個資料表 User 用於儲存用戶的資料，如圖 21-3 所示。

URL	
主鍵	Hash: varchar(16)
	OrignalURL: varchar(512)
	CreationDate: datetime
	ExpirationDate: datetime
	UserID: int

User	
主鍵	UserID: int
	Name: varchar(20)
	Email: varchar(32)
	CreationDate: datetime
	LastLogin: datetime

圖 21-3　資料庫需要建立的兩個資料表

我們應該使用哪種資料庫？由於我們可能要儲存數十億行資料，並且不需要使用物件之間的關係（如 Dynamo 或 Cassandra），因此 NoSQL 鍵值儲存是更好的選擇，也易於擴展。但是如果選擇 NoSQL，則無法在 URL 資料表中儲存 UserID（因為 NoSQL 中沒有外鍵），所以，我們需要第三個資料表來儲存 URL 與用戶之間的對應。

21.3.6 資料分區和複製

為了擴展資料庫，需要對其進行分區，以便它可以儲存有關數十億 URL 的資訊。我們需要提出一種分區方案，該方案將資料劃分並儲存到不同的資料庫伺服器中。

1. 基於範圍的分區

可以根據 URL 的首字母或雜湊鍵將 URL 儲存在單獨的分區中。因此，我們將所有以字母"A"開頭的 URL 保存在一個分區中，並將所有以字母"B"開頭的 URL 保存在另一個分區中，以此類推。這種方法稱為基於範圍的分區。甚至可以將某些不經常出現的字母組合到一個資料庫分區中。我們應該靜態地提出這種分區方案，以便始終可以以可預測的方式儲存和搜尋文件。但是這種方法可能導致伺服器不平衡。因為如果將所有以字母"E"開頭的 URL 放入一個資料庫分區中，但後來意識到有太多以字母"E"開頭的 URL，就無法將其放入一個資料庫分區中。

2. 基於雜湊值的分區

在這種方案中，我們對要儲存的物件進行雜湊處理，然後根據該雜湊值確定該物件應進入的資料庫分區。可以使用「鍵」或實際 URL 的雜湊值來確定儲存檔的分區。雜湊函式會將網址隨機分配到不同的分區中，例如，雜湊函式始終可以將任何鍵對應到 1 ~ 256 之間的數值，並且該數值代表儲存物件的分區。這種方法仍然會導致分區超載，這可以透過使用「一致性雜湊」來解決。

21.3.7 快取

我們可以使用一些現成的解決方案（如 Memcache）快取經常存取的 URL，也可以儲存帶有各自雜湊值的完整 URL。在存取後端儲存之前，應用程式伺服器可以快速檢查快取中是否具有所需的 URL。

我們應該擁有多少快取？可以從每日流量的 20% 開始，根據客戶的使用模式，調整所需的快取伺服器數量。由於伺服器可以擁有 256GB 記憶體，因此需要 170GB 記憶體來快取每日流量的 20%，可以輕鬆地將所有快取裝入一台電腦，或者選擇使用幾個較小的伺服器來儲存所有這些熱點網址。

哪種快取逐出策略最適合我們的需求？當快取記憶體已滿，並且要用更新和更熱門的 URL 替換連結時，將如何選擇？對於我們的系統，最近最少使用（LRU）是合理的策略。根據此策略，我們將首先丟棄最近最少使用的 URL。可以使用「連結雜湊圖」或類似的資料結構來儲存 URL 和雜湊值，這將追蹤最近存取了哪些 URL。

為了進一步提高效率，可以複製快取伺服器以在它們之間分配負載。

如何更新每個快取副本？每當發生快取未命中時，伺服器就會存取後端資料庫。無論何時發生這種情況，都可以更新快取並將新條目傳遞給所有快取副本。每個副本都可以透過增加新條目來更新其快取。如果副本已經具有該條目，則可以將其忽略。

21.3.8　負載平衡器

我們可以在系統的三個位置增加負載平衡層。

- 在用戶端和應用程式伺服器之間。
- 在應用伺服器和資料庫伺服器之間。
- 在應用程式伺服器和快取伺服器之間。

最初，可以採用簡單的循環法。在後端伺服器之間平均分配傳入請求。該負載平衡（LB）易於實現，不會帶來任何開支。這種方法的另一個好處是，如果伺服器已停止運行，則 LB 會將其從輪換中刪除，並將停止向其發送任何流量。輪詢負載平衡（RoundRobin LB）的問題是，它不會考慮伺服器負載。如果伺服器超載或運行緩慢，則 LB 不會停止向該伺服器發送新請求。為了解決這個問題，可以放置一個更智慧的 LB 解決方案，該解決方案定期向後端伺服器查詢其負載並根據此負載調整流量。

21.4 設計自動完成功能

自動完成（Auto-Complete，或稱自動補全）功能就是在搜尋時提前顯示輸入建議，使用戶可以搜尋已知或經常搜尋的術語。當使用者在搜尋框中鍵入內容時，它會嘗試根據使用者輸入的字元來預測查詢，並給出建議清單以完成查詢。提前顯示輸入建議可以幫助用戶更好地表達他們的搜尋查詢。這不是要加快搜尋過程，而是要指導用戶並幫助他們構建搜尋查詢。

自動完成功能提供基於用戶輸入的查詢建議清單（作為前綴），得到按排名得分排序的建議。

系統的要求如下。

- **功能要求**：當使用者在查詢中輸入內容時，服務應從輸入的任何內容開始建議十大術語。

- **非功能要求**：應即時顯示，使用者應該能夠在 200ms 內看到輸入建議。

21.4.1 基本系統設計與演算法

我們需要儲存很多字串，以便使用者搜尋任何前綴（Prefix，或稱字首）。我們的服務將建議與指定前綴匹配的下一個術語。例如，如果資料庫包含以下術語：cap、cat、captain、capital，當用戶輸入了"cap"，系統應提示"cap"、"captain"和"capital"。由於我們必須以最小的延遲為大量查詢提供服務，因此需要提出一種方案，該方案可以有效地儲存資料，以便快速對其進行查詢。我們不能依靠某個資料庫來做到這一點，並且需要將索引以高效的資料結構儲存在記憶體中。可以滿足這些目的的最合適的資料結構之一是 Trie，Trie 是樹狀的資料結構，用於儲存片語（phrase，或稱短語、詞組），其中每個節點以順序方式儲存片語的字元。

❖ 如何找到最佳建議？

現在，我們可以找到所有帶前綴的術語，如何知道應該建議的十大術語？一種簡單的解決方案是儲存每個節點處終止的搜尋次數，例如，如果用戶搜尋了 100 次 "CAPTAIN" 和 500 次 "CAPTION"，可以將該數字與片語的最後一個字元一起儲存。因此，如果用戶輸入了 "CAP"，我們知道前綴 "CAP" 下搜尋次數最多的單字（word，或稱單詞）是 "CAPTION"。因此，指定前綴，我們可以走訪其下的子樹，以找到最重要的建議。

❖ 如何更新建議頻率？

由於在每個節點上儲存提前提示建議的頻率，因此也需要更新建議頻率。但是我們只能更新頻率差異，而不能從頭開始重新計算所有搜尋詞。如果要保留最近 10 天內搜尋到的所有字串的計數，則需要從不再包含的時間區段中減去計數，然後添加包含的新時間區段的計數。可以根據每個術語的指數移動平均線（EMA）增加和減少頻率。在 EMA 中，我們更加重視最新資料。在 Trie 中插入新術語後，將轉到該片語的終端節點並增加其頻率。由於在每個節點中儲存前 10 個查詢，因此該特定搜尋字串可能會跳入其他幾個節點的前 10 個查詢中。因此，我們需要更新這些節點的前 10 個查詢。我們必須從節點一直傳回到根，對於每個父節點，檢查當前查詢是否屬於前 10 名，如果是，則更新相應的頻率；如果不是，則檢查當前查詢的頻率是否足夠高，以成為前 10 個查詢的一部分。如果是，則插入此新單字並刪除頻率最低的單字。

❖ 如何從 Trie 中刪除一個術語？

比如由於某些法律問題等原因，我們必須從 Trie 中刪除一個術語。當定期更新發生時，可以從 Trie 中完全刪除這些術語。同時，可以在每台伺服器上增加一個篩選層（Filter，或稱過濾層），該篩選層會在將這些術語發送給用戶之前將其刪除。

21.4.2 主資料結構

Trie 是一個非常適合前綴搜尋的資料結構。為了節省空間，沒有在一個節點中顯示每個字元，而是在一個節點中顯示了共用子字串。例如，"rest"、"restaurant"、"restroom"和"restriction"使用共用的前綴"rest"。在 Trie 中，"rest"儲存在父節點中，將其設置為 True 表示該節點本身是完成狀態，其子分支為"restaurant"、"restroom"和"restriction"。

如果用戶輸入的長度為 L，並且想從包含 N 個單字的 Trie 中，傳回 K 個結果，則平均搜尋時間為 $O(L) + O(N\log(K))$。

- $O(L)$：找到前綴結尾的節點，在最壞的情況下，需要走訪 L 個節點才能獲得該節點。

- $O(N\log(K))$：到達前綴末尾後，必須走訪每個子節點，以便使用前綴收集所有自動完成。最壞的情況是必須走訪整個 Trie。當然，如果要傳回前 K 個結果，將透過最小大小為 K 的最小堆積來解析所有自動完成，這需要 $O(N\log(K))$ 時間。

📄 程式碼清單 21-3　用 Python 實現 Trie

```
class TrieNode(object):
    # 初始化 TrieNode，用字典儲存子節點，預設值為 TrieNode 類型
    def __init__(self):
        self.children = collections.defaultdict(TrieNode)
        self.is_word = False  # 標記單字是否完成（單字結尾）

class Trie(object):
    # 初始化 Trie
    def __init__(self):
        self.root = TrieNode()  # 根節點為 TrieNode
    # 單字插入 Trie
    def insert(self, word):
        #從根節點開始，走訪單字的每個字元，建立對應的子節點
        current = self.root
```

```
        for letter in word:
            # 若字元不在當前節點的子節點中，則建立新節點
            current = current.children[letter]
    current.is_word = True  # 單字插入完成，標記該節點為單字的結尾
# 搜尋單字是否在 Trie 中
def search(self, word):
    # 從根節點開始，使用深度優先搜尋方法檢查每個字元
    node = self.root
    return self.dfs(word, node)  # 使用 dfs 方法進行深度優先搜尋單字
# 檢查 Trie 中是否存在指定的前綴
def startsWith(self, prefix):
    # 從根節點開始，使用深度優先搜尋方法檢查每個字元
    node = self.root
    return self.dfs(prefix, node, False)  # 使用 dfs 方法搜尋前綴
# 深度優先搜尋方法，用於尋找單字或前綴
def dfs(self, string, node, is_word_given=True):
    # string: 要搜索的單字或前綴、node: 當前檢查的節點
    # is_word_given: 若為 True，表尋找單字；False 表尋找前綴
    for i, c in enumerate(string):
        # 若字元不在當前節點的子節點中，表該單字或前綴不存在傳回 False
        if c not in node.children: return False
        node = node.children[c]  # 向下移動到該字元的子節點
    # 若是查單字，傳回該節點是否為結尾；查前綴時只要走訪完成傳回 True
    return node.is_word if is_word_given else True
```

21.4.3 最佳化設計

回應速度是最重要的標準，下面將介紹自動完成功能的最佳化設計。

1. 將排序結果儲存在節點中

為了防止必須走訪每個子樹以獲得一個前綴，可以進行一些預計算並將結果儲存在該前綴 – 終端節點中。在例子中，是帶有該前綴的前 K 個單字的排序清單。

透過這種資料結構，犧牲了空間來獲得更好的性能。前綴搜尋將花費 $O(L)$ 時間，比以前快得多。

指定前綴，走訪其子樹需要花費多少時間？鑒於指定索引所需的資料量，我們可能會構建一棵巨大的樹，甚至走訪一棵子樹也將花費很長時間。由

於我們對延遲的要求非常嚴格，因此需要提高解決方案的效率。那麼可以在每個節點上儲存最佳建議嗎？這肯定可以加快搜尋速度，但需要大量額外的儲存空間。因此可以在傳回給用戶的每個節點上儲存前 10 條建議。為了達到所需的效率，我們必須大幅增加儲存容量，可以透過僅儲存終端節點的引用而不是儲存整個片語來最佳化儲存。要找到建議的術語，我們必須使用終端節點的父節點參考進行走訪。我們還需要將頻率與每個參考一起儲存，以跟蹤最重要的建議。

如何構建這個 Trie？可以有效地自底向上構建 Trie。每個父節點將遞迴呼叫所有子節點以計算其最佳建議及其計數。父節點將合併所有子節點的最佳建議，以確定其最佳建議。

2. 限制字長

大多數用戶輸入時會在 20 個字元前停止，除非他們確切知道要搜尋的內容，可想而知，使用者實際上並不在乎我們的建議。因此不必為長字串和長片語構建子樹，只需在其前綴節點上增加頻繁的長字串就足夠了。

3. Trie 頂部的快取層

在現實世界中，最頻繁的請求中有 20% 佔用了 80% 的流量。如果可以為 20% 的請求留出一個很小的空間，那麼會降低負載壓力，從而大幅度地降低負載。

通常，Trie 儲存在 NoSQL 資料庫中，以確保它的持久性，並且可以很好地擴展到 Google 擁有的大型 Trie 中。對於快取，Redis 是一個不錯的選擇，因為它支持一些在快取排序設置操作中有用的操作，例如，可以更新某些單字的排名得分，而不必讀出整個清單，重新排序並重新插入。

4. 排名分數來源

建議的排名標準可能是什麼？除了簡單的計數之外，對於術語排名，我們還必須考慮其他因素，例如新鮮度、使用者位置、語言、人口統計、個人歷史紀錄等。

如果希望為使用者推薦搜尋頻率最高和最新的詞語，則需要一個聚合器來利用即時資料計算單字的分數，以便不斷更新 Trie。為了做到這一點，首先，要對用戶搜尋進行採樣，並加上時間戳記，以發送到 Map Reduce（MR）作業中去。

然後，MR 作業會計算特定時間區段內所有採樣的搜尋詞的頻率排名得分，並將結果發送到聚合器（無須包含那些低頻結果，因為它們不會在 Trie 中排在前 K 位）。

最後，聚合器將根據單字的舊排名得分和頻率得分（由 MR + 時間因數給出）來計算單字的新排名得分（更新的結果權重更大）。

搜尋單字排名的系統設計如圖 21-4 所示。

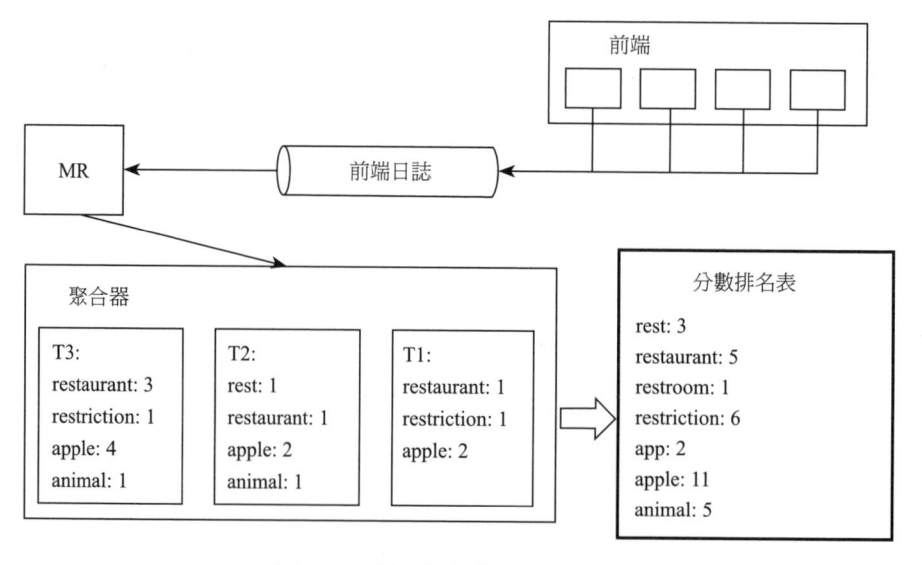

圖 21-4 搜尋單字排名的系統設計

5. 更新 Trie

要更新 Trie，首先對於具有新分數的每個單字，找到它的終端節點並更新分數。然後從下至上，更新每個父節點中的排序單字清單。

如何更新 Trie 呢？假設每天有 50 億次搜尋，則每秒大約有 6 萬次查詢。如果我們嘗試為每個查詢更新 Trie，這將非常耗費資源，也會妨礙讀取請求。解決此問題的一種方法是在一定間隔後離線更新 Trie。

隨著新查詢的到來，我們可以記錄它們並跟蹤它們的頻率。可以記錄每個查詢，也可以進行抽樣並記錄每千個查詢。我們可以使用 MapReduce（MR）設置來定期處理所有紀錄資料，例如每小時一次。這些 MR 作業將計算過去一小時內所有搜尋到的字串的頻率。然後使用此新資料更新 Trie。我們可以獲取 Trie 的當前快照，並使用所有新術語及其頻率更新它。但是我們不應該這樣做，因為不希望讀取查詢被更新 Trie 請求阻止。這時有兩個選擇。

1. 我們可以在每台伺服器上建立該 Trie 的副本以離線進行更新。完成後，可以切換並開始使用它。

2. 另一個選擇是為每個 Trie 伺服器設置一個主從配置。我們可以在主伺服器為流量服務時更新伺服器。一旦更新完成後，可以使從屬伺服器成為新的主控伺服器。然後可以更新舊的主要伺服器，使其開始提供流量。

6. 嘗試複製

為了處理高流量並提高系統可用性，可以建立多個 Trie 副本。每個副本都一個接一個地更新，在更新時，它將停止服務請求。

7. 快照

要進一步提高持久性，可以定期建立快照。這些快照可以儲存在快取中。

8. Trie 分區

分區也是擴大系統規模以增加流量和佔用空間的一種選擇。為了確保分片獲得平衡的負載，可以根據每個前綴獲得多少流量的估算值進行分區。例如，如果 'a'-'ea'、'eb'-'hig'、'hih'-'ke' 獲得相似的負載量，則可以將它們分別放入 shard1、shard2 和 shard3，如圖 21-5 所示。

9. 擴展估算

如果我們要構建與 Google 規模相同的搜尋服務，則預期每天有 50 億次搜尋，每秒將獲得約 6 萬條查詢。由於 50 億次查詢中會有很多重複項目，因此可以假設其中只有 20% 是唯一的。如果只想索引前 50% 的搜尋詞，可以擺脫很多不那麼頻繁搜尋的查詢。假設我們有 1 億個唯一術語，要為其建立索引。

如果平均每個查詢包含 3 個單字，並且每個單字的平均長度為 5 個字元，則平均查詢大小為 15 個字元。假設需要 2B 來儲存字元，則需要 30B 來儲存平均查詢。因此，總儲存空間將需要 1 億 × 30B = 3GB。

可以預期這些資料每天會有所增長，但是也應該刪除一些不再搜尋的術語。如果假設每天有 2% 的新查詢，並且如果維持過去一年的索引，則總儲存量應為 3GB + (0.02 × 3GB × 365 天) = 25GB。

10. 快取

我們應該意識到，將搜尋到的熱點術語建立快取，對我們的服務非常有幫助。一小部分查詢將負責大部分流量。我們可以在 Trie 伺服器之前有單獨的快取伺服器，其中包含最常搜尋的術語及其預輸入建議。應用程式伺服器應在存取 Trie 伺服器之前檢查這些快取伺服器，以查看它們是否具有所需的搜尋詞。

我們還可以構建一個簡單的機器學習模型，該模型可以嘗試基於簡單的計數、個性化或趨勢資料等來預測每個建議的參與度，並快取這些術語。

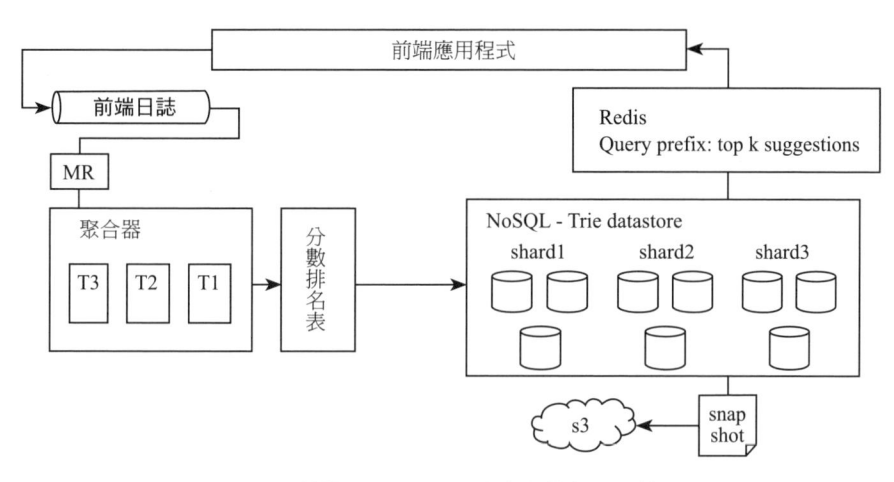

圖 21-5 基於 Trie 分區設計的自動完成系統設計

21.5 設計新聞動態功能

新聞動態（News Feed）是一種網頁或應用程式功能，它通常用於對使用者顯示最新的新聞、資訊、社群媒體貼文、活動更新或其他內容。News Feed 是使用者可以滾動瀏覽的資訊流，通常根據時間順序排列，以便使用者能夠瀏覽最近發布的內容。以下是 News Feed 在不同上下文中的一些常見示例。

- **社群媒體**：社群媒體平臺如 Facebook、Twitter、Instagram 等提供 News Feed 功能，用於顯示使用者關注的人或頁面發布的貼文、圖片、視訊和狀態更新。使用者可以在 News Feed 中與這些內容互動，如點讚、評論和分享。

- **新聞網站**：許多新聞網站提供 News Feed，以顯示最新的新聞報導、文章和博客貼文。這些網站通常根據主題、時間或使用者興趣來組織資訊流。

- **應用程式活動**：在應用程式中，News Feed 可以用於顯示使用者的活動、事件更新、通知和互動。例如，一個社交遊戲應用可以顯示朋友的遊戲成就和邀請信息。

- **電子郵件和消息通知**：電子郵件用戶端和消息應用通常提供 News Feed 功能，以顯示新郵件、消息和通知。用戶可以在此查看和管理他們的通信。
- **訂製信息流**：News Feed 可能還包括使用者可自訂的資訊流，允許使用者選擇他們感興趣的主題、來源或關注的用戶。

News Feed 提供了一種方便的方式，來瀏覽並保存與各種資訊和活動相關的內容。這對於保持更新以及與社群網路、新聞和線上社區互動非常有用。不同的平臺和應用程式會提供不同型別的 News Feed 功能。

因此，讓我們以 Facebook（Meta）為例，並探索其新聞動態功能背後的演算法。這些年來，新聞動態功能演算法已經發生了變化。但是在 2015 年，Facebook 的該功能背後的演算法是 Edge Rank，即基於排名確定貼文順序。

1. 親和力得分

親和力得分表示發布該貼文的人與用戶之間的聯繫程度。例如，用戶與發布者是好朋友，並且會點讚、評論和分享他們的每個貼文，那麼用戶與發布者的親和力得分就很高。因此，該演算法推斷出用戶可能希望查看朋友的貼文。

在計算親和力得分時，通常需要考慮以下因素。

1. **行動**。用戶對貼文做出的每個行動（例如標籤、評論等）都具有相應的分數。因此，用戶與該貼文互動得越多，親和力得分就越高。僅當使用者與貼文互動時，其分數才會被計入。也就是說，當用戶僅閱讀貼文而不點擊或分享時就不會計入該分數。
2. **連結程度**。用戶與發布者的連結被視為計算親和力得分的重要因素。因此，有 50 個共同朋友的發布者將比有 10 個共同朋友的發布者具有更高的親和力得分。

3. **互動時間**。互動時間與親和力得分成反相關。因此，如果發布者發布了一個有關他生日的資訊的貼文，而使用者一週後打開了該社交網站，那麼該貼文大概不會顯示在使用者的首頁上。

2. 邊緣權重

Facebook 上的每個貼文都具有一定權重，顯示其重要程度。簡而言之，用戶對貼文發表評論可能比分享的權重更高。Facebook 開發人員認為用戶更願意打開引人入勝的貼文型別。因此，照片和視訊的權重比連結要高，對照片的評論比對連結的評論更有可能被突出顯示。

3. 時間衰減

隨著時間的推移，貼文開始失去時效性。EdgeRank 演算法不僅要選擇在使用者首頁上顯示的貼文，還要對它們進行排序。

現在，新聞動態功能的演算法已被改進為一種機器學習方法，該方法考慮了 10,000 多個權重。目前，該方法側重於預測出那些會促進用戶主動參與的貼文，透過將更大的權重分配給相應的能使貼文變得個性化和引發討論的參數，並以此來計算分數。

4. 庫存

庫存包括用戶尚未看到的所有貼文。這些貼文包括推薦內容、貼文佇列中排在後面的貼文以及朋友發布的內容。每天有成千上萬的此類貼文，它們必須相互「競爭」才能被「演算法仲裁員」看到。最終，其中只有數百個貼文最終進入使用者的新聞動態首頁。

5. 信息

根據可用資訊對每個貼文進行綜合分析，例如：

- 點讚、評論、分享數量；
- 貼文型別（視訊、圖像、文字）；
- 貼文的發布者；
- 發布時間和日期；
- 網際網路連線速度；
- 使用的裝置型別；
- 封鎖的內容；
- 是否被標記為垃圾郵件；
- 發布時間；
- 前五十名互動用戶；
- 視訊互動（打開視訊、設置全螢幕或高解析度等操作）。

上面的資訊是由使用者產生的，具有一定權重（或稱比重）。例如，分享該資訊的權重比點讚該資訊的權重更大，家人和朋友發布的內容通常比其他發布者的內容權重更高。

6. 預測

然後，將上述資訊用於做出明智的決策。該演算法嘗試根據可用資訊進行預測，以確定用戶希望在其首頁上看到的內容、可能隱藏的內容、積極參與或忽略該內容的可能性。例如，一個來自朋友的貼文，用戶曾經評論過類似的貼文，則該用戶很可能會被預測為對該貼文的內容感興趣。

7. 得分

各個方案中的這些預測值以及權重用於計算相關性得分。然後根據該得分以降冪對貼文進行排序，並傳遞到新聞動態的貼文佇列中。

因此，該演算法又被描述為「排序組織」方法。

21.6 設計 X（Twitter）應用程式

X（以下稱為 Twitter）是最大的社群網路服務之一，使用者可以在其中分享照片、新聞和基於文字的消息。在本節中，我們將設計一種可以儲存和搜尋使用者推文的服務。

1. 設計目標和要求

Twitter 使用者可以隨時更新其狀態，每個狀態都由純文字組成，我們的目標是設計一個允許搜尋所有使用者狀態的系統。

設計一個簡化版的 Twitter，可以讓用戶發送推文、關注或取消關注其他用戶、能夠看見關注人（包括自己）的最近十條推文。

假設 Twitter 擁有 15 億總用戶，每天有 8 億活躍用戶。Twitter 平均每天獲得 4 億個狀態更新。狀態的平均大小為 300B。假設每天會有 5 億次搜尋。搜尋查詢將由與 AND / OR 組合的多個單字組成。我們需要設計一個可以有效儲存和查詢使用者狀態的系統。

2. 容量估算和約束

由於平均每天有 4 億個新狀態，平均每個狀態大小為 300B，因此需要的總儲存量為 4 億 × 300B = 112GB/d，每秒總儲存量為 112GB / 86400s ≈ 1.3MB/s。

3. 系統 API

可以使用 SOAP 或 REST API 來公開服務的功能。搜尋 API 的定義如下。

```
search(api_dev_key, search_terms, maximum_results_to_return, sort, page_token)
```

關鍵參數如下。

- api_dev_key（字串）：註冊帳戶的 API 開發人員金鑰。除其他外，這將用於基於分配的配額限制用戶。

- search_terms（字串）：包含搜尋詞的字串。

- maximum_results_to_return（數量）：要傳回的狀態訊息的數量。

- sort（number）：可選的排序模式，包括最新的優先（值為 0，預設）、最匹配的（值為 1）、最喜歡的（值為 2）。

- page_token（字串）：此權杖將在結果集中指定應傳回的頁面。

- 傳回值：包含有關與搜索查詢匹配的狀態訊息串列的資訊。每個結果元素包含使用者 ID 和名稱、狀態文字、狀態 ID、建立時間、點讚次數等。

4. 設計規劃

從策略規劃上講，我們需要將所有單字儲存在資料庫中，並且還需建立一個索引，以跟蹤哪個單字以哪種狀態出現。該索引將幫助我們快速找到使用者嘗試搜尋的狀態。設計規劃如圖 21-6 所示。

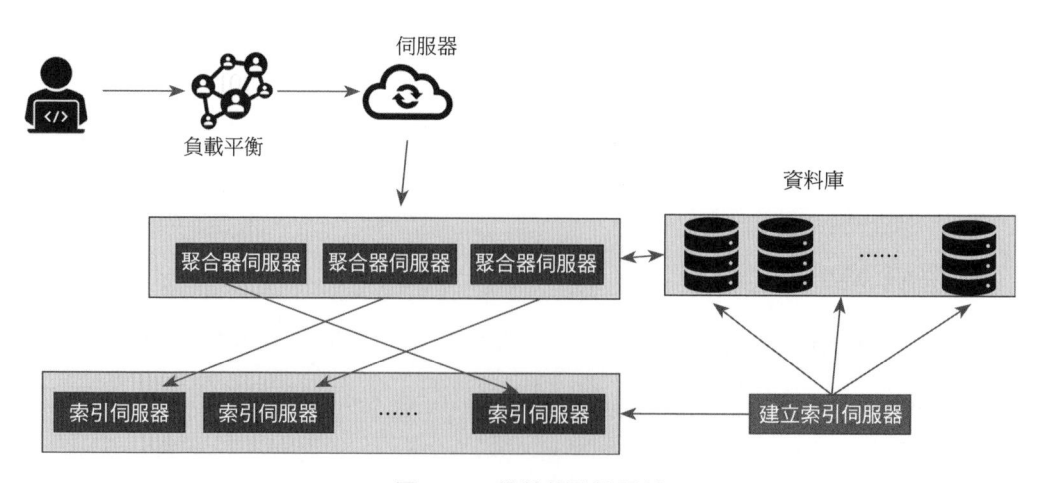

圖 21-6　推特的設計規劃

5. 核心演算法設計

下面詳細介紹核心演算法的設計。

- postTweet(userId, tweetId)：建立一條新的推文，userId 是用戶 ID，tweetId 是推文 ID。

- getNewsFeed(userId)：檢索最近的 10 條推文。每條推文都必須是由此用戶關注的人或者是用戶自己發出的。推文必須按照時間順序從最近發布開始排序。

- follow(followerId, followeeId)：關注一個用戶。

- unfollow(followerId, followeeId)：取消關注一個用戶。

示例如下。

```
Twitter twitter = new Twitter();
// 用戶 1 發送了一條新推文（用戶 id = 1，推文 id = 5）
twitter.postTweet(1, 5);
// 用戶 1 的獲取推文應當傳回一個串列，其中包含一個 id 為 5 的推文
twitter.getNewsFeed(1);
// 用戶 1 關注了用戶 2
twitter.follow(1, 2);
// 用戶 2 發送了一個新推文（推文 id = 6）
twitter.postTweet(2, 6);
// 用戶 1 的獲取推文應當傳回一個串列，其中包含兩個推文，id 分別為 6 和 5
// 推文 6 應當在推文 5 之前，因為它是在 5 之後發送的
twitter.getNewsFeed(1);
// 用戶 1 取消關注了用戶 2
twitter.unfollow(1, 2);
// 用戶 1 的獲取推文應當傳回一個串列，其中包含一個 id 為 5 的推文，因為用戶 1 已經不再關注用戶 2
twitter.getNewsFeed(1);
```

可以利用兩個雜湊表來實現，第一個雜湊表，對應用戶之間的關注關係；第二個雜湊表，對應用戶所發表的推文之間的關係。利用一個時間變數表示推文發布時間，時間變數越大，表示這個推文的發布時間越近。最後可以利用優先佇列獲取最近的 10 個推文。

程式碼清單 21-4　設計簡化版 Twitter

```python
class Twitter(object):

    # 初始化 Twitter 類別
    def __init__(self):
        # 使用字典儲存每個用戶的推文，鍵是 userId，值是推文的集合 ( 推文 ID 和聲望分數 )
        self.users = defaultdict(set)
        # 使用字典儲存每個用戶的關注者，鍵是 userId，值是該用戶關注的用戶集合
        self.followers = defaultdict(set)
        self.reputation = 0  # 記錄推文的聲望分數，初始值為 0

    # 發布推文
    def postTweet(self, userId, tweetId):
        self.reputation += 1  # 聲望分數 +1，作為推文的時間戳 ( 聲望越高推文越新 )
        # 將推文 (tweetId, reputation) 加入到 userId 的推文集合中
        self.users[userId].add((tweetId, self.reputation))

    # 獲取新聞推送
    def getNewsFeed(self, userId):
        # 首先取得 userId 的推文集合，然後取得該用戶關注的其他用戶的推文集合
        tweets = list(self.users[userId])
        followees = self.followers[userId]

        for user_id in followees:
            tweets += self.users[user_id]

        # 將所有推文按聲望排序，取最新的 10 條推文
        most_recent_Tweets = sorted(tweets, key=lambda posts: posts[1],
            reverse=True)[:10]
        return [post[0] for post in most_recent_Tweets]  # 傳回推文 ID 的串列

    # 關注用戶
    def follow(self, followerId, followeeId):
        # 若 followerId 和 followeeId 不相同，則將 followeeId 加入 followerId 的關注串列
        self.followers[followerId].add(followeeId if followerId != followeeId else
            None)

    # 取消關注用戶
    def unfollow(self, followerId, followeeId):
        self.followers[followerId] -= {followeeId}  # 將 followeeId 從關注串列中移除
```

6. 儲存

我們每天需要儲存 112GB 新資料。鑑於海量資料，需要提出一種資料分區方案，以將其有效地分配到多個伺服器上。如果我們計畫未來 5 年將需要以下

儲存：112GB × 365 天 × 5 => 200TB，並且不希望超過 80% 的空間已滿，則需要 240TB。假設我們要為容錯保留所有狀態的額外副本，那麼總儲存需求將為 480TB。如果假設一台現代伺服器可以儲存多達 4TB 的資料，那麼未來五年我們將需要 120 台這樣的伺服器來保存所有必需的資料。

從一個簡單的設計開始，將狀態儲存在 MySQL 資料庫中。假設將狀態儲存在具有兩欄資料的資料表中，即 StatusID 和 StatusText。假設我們根據 StatusID 對資料進行分區。如果 StatusID 在系統範圍內是唯一的，定義一個雜湊函式，該雜湊函式可以將 StatusID 對應到儲存該狀態物件的儲存伺服器。

如何建立系統範圍內的唯一 StatusID？如果每天都有 400M 新狀態，那麼五年內會有多少個狀態物件？4 億 × 365 天 × 5 年 => 7300 億，這意味著我們需要一個 5B 的數值來唯一標識 StatusID。假設有一項服務，可以在需要儲存物件時生成唯一的 StatusID，我們可以將 StatusID 傳送到雜湊函式中，以找到儲存伺服器並將狀態物件儲存在那裡。

7. 索引

索引應該是什麼樣？狀態查詢將由單字組成，因此讓我們建立索引來說明哪個單字來自哪個狀態物件。

首先，估算一下索引的大小。如果我們要為所有英語單字和一些著名名詞（例如人名、城市名稱等）建立索引，並且假設大約有 3×10^5 個英語單字和 2×10^5 個名詞，那麼我們的單字總數將為 5×10^5。假設一個單字的平均長度為五個字元，如果將索引保留在記憶體中，則需要 2.5MB 記憶體來儲存所有單字：$5 \times 10^5 \times 5 = 2.5MB$。假設只將過去兩年中所有狀態物件的索引保留在記憶體中，由於我們將在 5 年內獲得 730B 狀態物件，因此這將在兩年內為我們提供 292B 狀態訊息。鑑於此，每個 StatusID 的大小為 5B，我們將需要多少記憶體來儲存所有 StatusID？答案是 292B × 5 = 1460B。因此，我們的索引就像是一個大型的分散式雜湊表，其中「鍵」

是單字,「值」是包含該單字的所有狀態物件的 StatusID 串列。假設平均每個狀態有 40 個單字,並且由於不會索引介詞(例如"the"、"an"、"and"等),因此假設每個狀態中大約有 15 個單字需要索引,這意味著每個 StatusID 將在索引中儲存 15 次。因此,總記憶體將需要儲存索引:(1460 × 15) + 2.5MB ≈ 21TB。假設進階服務器具有 144GB 記憶體,那麼我們將需要 152 個這樣的伺服器來保存索引。

可以基於兩個標準來分片資料。

1. **基於單字的分片**:構建索引時,我們將走訪狀態中的所有單字並計算每個單字的雜湊值,以找到要對其進行索引的伺服器。要搜尋包含特定單字的所有狀態,只需要查詢包含該單字的伺服器。但是這種方法有兩個問題:① 如果一個單字變得很熱怎麼辦?帶有該單字的伺服器上會有很多查詢。高負載將影響我們的服務性能。② 隨著時間的流逝,與其他單字相比,某些單字最終可能會儲存很多 *StatusID*,因此,在狀態增長時保持單字的均勻分佈非常困難。要從這些情況中恢復,我們必須重新分區資料或使用一致性雜湊。

2. **根據狀態物件進行分片**:儲存時,將 StatusID 傳遞給雜湊函式以搜尋伺服器,並對該伺服器上狀態的所有單字進行索引。在查詢特定單字時,必須查詢所有伺服器,每個伺服器將傳回一組 StatusID。集中式伺服器將匯總這些結果,並將其傳回給用戶。

8. 容錯

索引伺服器停止運行時會發生什麼?我們可以為每個伺服器建立一個輔助副本,並且如果主要伺服器當機了,它可以在容錯移轉後獲得控制權。主要伺服器和次要伺服器將具有相同的索引副本。如果主要伺服器和次要伺服器同時當機怎麼辦?我們必須分配一個新伺服器並在其上重建相同的索引。我們該怎麼做?我們不知道該伺服器上保留了哪些單字和狀態。如果使用「基於狀態物件的共用」,一種解決方案是走訪整個資料庫並使用雜湊函式篩選 StatusID，以找出儲存在此伺服器上的所有必需狀態。但這是低效的，並且在重建伺服器的過程中，無法從該伺服器提供任何查詢，因此會丟失一些本應由使用者看到的狀態。**如何有效地檢索狀態和索引伺服器之間的對應？** 我們必須構建一個反向索引，該索引將所有 StatusID 對應到其索引伺服器，我們的 Index-Builder 伺服器可以保存此資訊。需要構建一個雜湊表，「鍵」是索引伺服器的編號，「值」是一個 HashSet，其中包含保留在該索引伺服器上的所有 StatusID。注意，我們將所有 StatusID 保留在 HashSet 中，這使我們能夠快速從索引中增加或刪除狀態。所以現在只要索引伺服器必須重新構建自身，它就可以簡單地向 Index-Builder 伺服器詢問它需要儲存的所有狀態，然後獲取這些狀態以構建索引。這種方法更高效。為了容錯，我們還應該有一個 Index-Builder 伺服器的副本。

9. 快取

為了處理熱點（或稱熱狀態）物件，我們可以在資料庫前面引入一個快取，例如使用 Memcache，將所有此類熱點物件儲存在記憶體中。在存取後端資料庫之前，應用程式伺服器可以快速檢查快取是否具有該狀態物件。根據客戶的使用方式，我們可以調整所需的快取伺服器數量。對於快取逐出策略，最近最少使用（LRU）更適合我們的系統。

10. 排名

如果要按社交圖的距離、受歡迎程度、相關性等對搜尋結果進行排名，該怎麼辦？假設我們要對狀態進行排名，例如某個狀態獲得的點讚或評論數量等。在這種情況下，排名演算法可以計算「人氣數」(基於點讚次數等)，並且儲存「人氣數」與索引。每個分區可以在將結果傳回到聚合器伺服器之前，根據此受歡迎程度對結果進行排序。聚合伺服器將所有這些結果組合在一起，根據受歡迎程度對它們進行排序，然後將排名靠前的結果發送給用戶。

21.7　設計 Uber/Lyft 應用程式

設計 Uber 和 Lyft 應用程式是開放性的。計程車叫車應用程式可以具有許多功能。首先將問題簡化為 2～3 個核心功能，並圍繞這些功能設計系統，後面可以隨時增加內容。協商這些功能時，請確保與面試官交談。面試官可能想要某個功能，或者不關心某個功能。

詢問面試官是否可以確定使用這些功能，並在以後增加更多功能。

考慮核心功能的好方法。

- 最低可行產品需要具備哪些功能？
- 沒有該功能，系統將不完整嗎？

可以實現的功能清單如下。

- 乘客和司機資料。
- 乘客可以叫車（找附近的司機）；司機可以接送乘客。

1. 用例

乘車應用程式是基於狀態的。司機和乘客都處於不同的狀態，你必須對此進行協調。乘客和司機的不同狀態如下。

- **乘客**：請求乘車、獲知預計到達時間（Estimated Time Arrival，ETA）、乘車去目的地、乘車完畢。
- **司機**：接受或拒絕請求、接送乘客、開車去目的地、接送完畢。

乘客透過按下「請求乘車」按鈕來啟動狀態。系統將搜尋乘客附近可用的司機。然後它將向司機發送請求。如果司機接受，則系統將向司機通知司機的 ETA（定期更新）。它還將為司機提供乘客的位置，同時不對系統中的「地圖」或「路線」做任何事情。這裡假設司機可以使用 Google 地圖來獲取路線。

司機在乘客上車時按下「接到（Pickup）」按鈕，司機和乘客都進入行程螢幕。乘客下車後，司機將按下「結束行程（End Ride）」按鈕。

2. 設計規劃

計程車叫車應用程式的設計規劃如圖 21-7 所示。

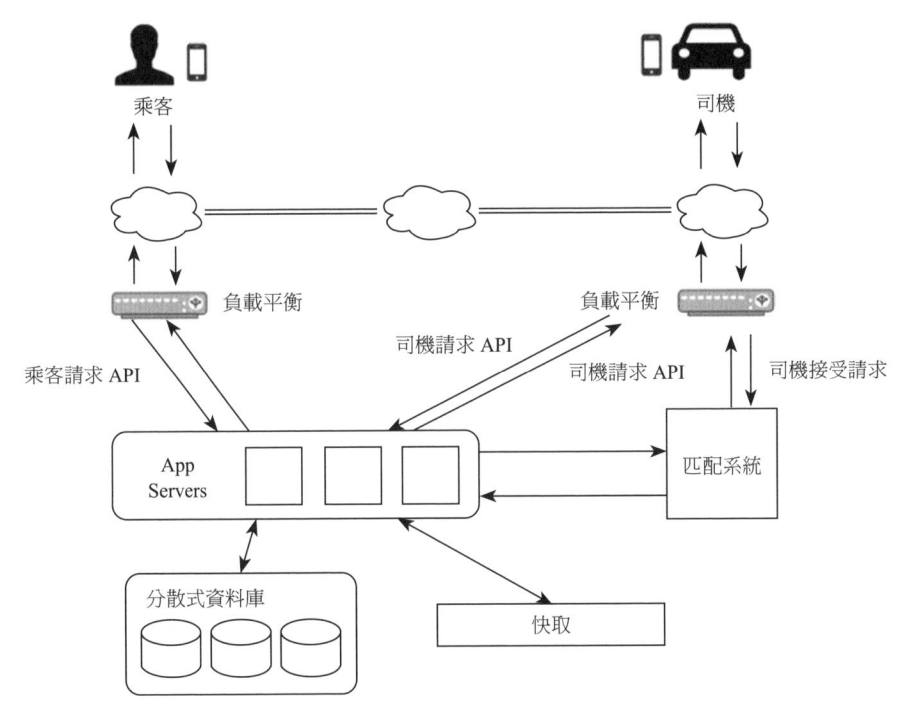

圖 21-7　計程車叫車應用程式的設計規劃

分散式資料庫可以儲存乘客和司機資料（名稱、電子郵件等）。隨著增加更多乘客，分散式資料庫可以很好地擴展。記憶體資料庫用於快速搜尋和更新，可以在這裡儲存如下資訊。

- 上線的司機和乘客的狀態。
- 司機位置（用於將 ETA 發送給乘客）。

以上兩個資訊的更新速度較快，因此記憶體資料庫（例如 Redis）在這裡可以很好地工作。

3. 用戶請求

當乘客請求乘車時，應用伺服器會將乘客設置為「請求」狀態。然後，它將請求發送到匹配系統以搜尋司機。

匹配系統維護一個可用司機的水池（等候狀態）。它在乘客附近找到司機，並向該司機發送請求。如果司機拒絕，系統將繼續向新司機發送請求，直到有一個司機接受或用盡附近的司機為止。

當司機接受時，匹配系統將使用司機資訊回應 App Server。應用程式伺服器將該司機的狀態設置為「接應」狀態（PICKING_UP），並將乘客的狀態設置為「等候」狀態（WAITING）。系統還會通知乘客，司機正在路上。

在每次狀態更改時，都會將該更改通知乘客和司機，以便更新使用者介面。收到通知後，還將發送裝置可能需要的任何其他資訊。例如，當通知乘客已更改為「等候」狀態時，還將計算司機的預計到達時間一起發送，以便乘客的裝置可以顯示預計到達時間。

對所有 API 請求都使用類似的流程。請求轉到 App Server，然後 App Server 處理該請求。這涉及記憶體資料庫的狀態更新，NoSQL 資料庫的設定檔更新，匹配系統的請求和來自匹配系統的請求，以及通知乘客和司機狀態改變。

4. 司機位置更新

需要為所有上班的司機定期更新司機的位置。這可以是應用程式的一部分。應用程式可以定期使用司機的當前位置執行 HTTP 處理常式。該位置只是由 App Servers 寫入記憶體資料庫中，也會發送到匹配系統。

請注意，匹配系統需要保持司機位置的更新。匹配系統在乘客附近找到司機，並在此類查詢的空間索引中儲存每個上班司機的位置。

CHAPTER 22

多執行緒程式設計

多執行緒是程式設計中重要的概念,尤其是對於 Java 開發人員而言。如果你面試 Java 開發人員的職位,則很可能會遇到有關多執行緒的問題。作為面試準備的一部分,你應該花些時間回顧常見的多執行緒問題。在本節中,我們回顧了多執行緒的基本理論以及一些常見的多執行緒面試問題,並提供解題思路。

22.1 多執行緒面試問題

面試中可能會涉及多執行緒程式設計的問題,以評估應聘者的多執行緒知識和技能。以下是一些常見的多執行緒面試問題。

1. 什麼是執行緒?執行緒與行程的區別是什麼?

    執行緒(thread,或稱線程)是程式的基本執行單元,運行在行程的上下文(context)中。

行程（process，或稱進程）是作業系統分配資源的基本單位，一個行程可以包含多個執行緒。區別在於執行緒共用行程的記憶體和資源，而行程有自己獨立的記憶體空間。

2. 什麼是執行緒同步？為什麼執行緒同步很重要？

執行緒同步是一種機制，用於協調多個執行緒的執行，以避免競爭條件和資料不一致。

執行緒同步是重要的，因為它可以確保執行緒之間正確的協作，防止資料損壞和不一致。

3. 什麼是競爭條件（Race Condition）？如何防止競爭條件？

競爭條件是多個執行緒嘗試同時存取和修改共用資源時可能發生的問題。

競爭條件可以透過使用互斥鎖、號誌、條件變數等同步機制來防止。

4. 什麼是鎖死（Deadlock，也稱死鎖或死結）？它的典型特徵是什麼？

鎖死是多個執行緒相互等待對方釋放資源的狀態，導致所有執行緒無法繼續執行。

鎖死的典型特徵包括互斥、占有和等待。

5. 什麼是執行緒池（Thread Pool，或稱線程池）？它的優點是什麼？

執行緒池是一組預先建立的執行緒，用於執行一系列任務，以避免執行緒的頻繁建立和銷毀。執行緒池的優點包括提高性能、降低執行緒建立和銷毀的開銷、控制並行度等。

6. 什麼是號誌（Semaphore，或稱信號量）？它用於解決什麼問題？

號誌是一種同步工具，用於控制多個執行緒對共用資源的存取。

號誌可用於解決生產者 - 消費者問題，和限制並行執行緒數量等問題。

7. 什麼是讀寫鎖（Read-Write Lock）？它用於解決什麼問題？

   讀寫鎖是一種同步機制，用於在多執行緒環境下控制讀取和寫入操作對共用資源的存取。

   讀寫鎖允許多個執行緒同時讀取共用資源，但只允許一個執行緒寫入資源，用於提高讀取操作的並行性。

8. 什麼是條件變數（Condition Variable）？它的作用是什麼？

   條件變數用於在多執行緒中實現執行緒之間的協作，允許執行緒等待某個條件得到滿足。

   條件變數通常與互斥鎖（Mutual exclusion，縮寫為 Mutex）結合使用，用於實現等待和通知機制。

這些問題涵蓋了多執行緒程式設計的基礎知識和一些常見問題。在面試中，可能會根據應聘者的經驗和職位的要求提出更深入的問題。準備這些問題可以幫助應聘者在面試中展示他們的多執行緒程式設計技能。

22.2　實例 1：形成水分子

有兩種氣體──氧氣和氫氣，目標是對其分組以形成水分子（H_2O）。

解題思路：這裡的一個關鍵就是必須有兩個氫原子，這樣才能匹配一個氧原子。

📃 程式碼清單 22-1　形成水分子的多執行緒程式

```
from threading import Lock

class H2O:
    # 初始化 h,o 兩個 Lock
    def __init__(self):
        self.h = Lock()   # 用於控制氫氣 (h) 釋放的鎖
        self.o = Lock()   # 用於控制氧氣 (o) 釋放的鎖
        self.o.acquire()  # 氧氣鎖預設為鎖住,因要等待 2 個氫才釋放氧
        self.count = 0    # 用來計數已經釋放的氫原子數
```

```python
def hydrogen(self, releaseHydrogen: 'Callable[[], None]') -> None:
    self.h.acquire()       # 獲取氫氣鎖，確保只有一個氫原子可以進入
    self.count += 1        # 釋放一個氫原子，並增加計數
    releaseHydrogen()      # 呼叫 releaseHydrogen 方法釋放氫氣
    if self.count == 2:    # 當兩個氫原子釋放後
        self.count = 0     # 重置計數
        self.o.release()   # 釋放氧氣鎖，允許氧原子釋放
    else:
        self.h.release()   # 若沒足夠的氫氣，釋放氫氣鎖允許氫原子進入

def oxygen(self, releaseOxygen: 'Callable[[], None]') -> None:
    self.o.acquire()       # 等待氧氣鎖被釋放，表示兩個氫原子已經釋放
    releaseOxygen()        # 呼叫 releaseOxygen 方法釋放氧氣
    self.h.release()       # 釋放氫氣鎖，允許下一輪的氫氣釋放
```

22.3　實例 2：列印零、偶數、奇數

假設你得到以下程式碼：

```
class ZeroEvenOdd {
    public ZeroEvenOdd(int n) { ... }
    public void zero(printNumber) { ... }   // 只輸入 0
    public void even(printNumber) { ... }   // 只輸入偶數
    public void odd(printNumber) { ... }    // 只輸入奇數
}
```

ZeroEvenOdd 的相同實體將傳遞給三個不同的執行緒：

- 執行緒 A 會執行 zero()，該輸出僅為 0；
- 執行緒 B 將執行 even()，該輸出僅為偶數；
- 執行緒 C 將執行 odd()，該輸出僅為奇數。

每個執行緒都有一個 printNumber 方法來輸出整數。修改指定程式以輸出序列 010203040506⋯，其中序列的長度必須為 $2n$。舉例如下：

- 輸入：$n = 2$
- 輸出：0102

說明：非同步觸發了三個執行緒。其中一個執行 zero()，另一個執行 even()，最後一個執行 odd()。正確的輸出為 "0102"。

解題思路：利用 Python 的 Lock 模組來解決這個問題。每個執行緒都列印資料，但是執行緒之間有同步關係，首先只能列印 0，列印完 0 之後，才能列印奇數或者偶數。奇數列印之後才能列印 0。同理，偶數列印之後才能列印 0。

程式碼清單 22-2 列印零、偶數、奇數的多執行緒程式

```python
from threading import Lock

class ZeroEvenOdd:
    def __init__(self, n):
        self.n = n  # 初始化 n，表示需要輸出的總數
        self.zero_lock = Lock()  # 用來控制 0 的輸出
        self.even_lock = Lock()  # 用來控制偶數的輸出
        self.odd_lock = Lock()   # 用來控制奇數的輸出
        # 初始化時鎖住奇數和偶數的鎖，因為最先輸出的應該是 0
        self.odd_lock.acquire()
        self.even_lock.acquire()

    # printNumber(x) 是輸出 x 的方法，其中 x 是整數
    def zero(self, printNumber: 'Callable[[int], None]') -> None:
        for i in range(1, self.n + 1):  # 執行n次，依次輸出 0
            self.zero_lock.acquire()  # 取得 zero_lock，確保只有 0 可被輸出
            printNumber(0)  # 輸出 0
            if i % 2 == 1:  # 如果 i 是奇數
                self.odd_lock.release()   # 釋放 odd_lock，允許奇數可被輸出
            else:  # 如果 i 是偶數
                self.even_lock.release()  # 釋放 even_lock，允許偶數可被輸出

    def even(self, printNumber: 'Callable[[int], None]') -> None:
        for i in range(2, self.n + 1, 2):  # 依序輸出偶數（從 2 開始，每次加 2）
            self.even_lock.acquire()  # 取得 even_lock，確保只有偶數可被輸出
            printNumber(i)  # 輸出偶數
            self.zero_lock.release()  # 釋放 zero_lock，允許下一個 0 被輸出

    def odd(self, printNumber: 'Callable[[int], None]') -> None:
        for i in range(1, self.n + 1, 2):  # 依序輸出奇數（從 1 開始，每次加 2）
            self.odd_lock.acquire()  # 取得 odd_lock，確保只有奇數可被輸出
            printNumber(i)  # 輸出奇數
            self.zero_lock.release()  # 釋放 zero_lock，允許下一個 0 被輸出
```

CHAPTER 23

設計機器學習系統

23.1 機器學習的基礎知識

本節主要介紹機器學習（Machine Learning，ML）領域中的一些基本概念、機器學習演算法和模型。

23.1.1 什麼是機器學習

機器學習演算法與非機器學習演算法（例如控制交通信號燈的程式）的區別在於，機器學習演算法能夠使程式的運行適應新的輸入。似乎在沒有人工干預的情況下，機器能自我調整運行，這會給人以為機器在學習的印象。但是，在機器學習模型的底層，機器的自我調整運行邏輯與人工編寫的指令一樣嚴格。

那麼，什麼是機器學習模型？

機器學習模型是機器學習演算法的結果。機器學習演算法是揭示資料內潛在關係的過程，可以將其視為函式 F，當指定輸入時，該函式會輸出某些結果。

機器學習模型不是從預先定義的固定功能中提取，而是從歷史資料中得出。因此，當輸入不同的資料時，機器學習演算法的輸出會發生變化，即機器學習模型也會發生變化。

例如，在圖像識別中，可以訓練一種機器學習模型來識別照片中的物件。為了獲得一個能夠分辨照片中是否有貓的模型，可能需要將數千張帶有或不帶有貓的圖像提供給機器學習演算法。所生成模型的輸入將是數位照片，而輸出是布林值，表示在照片上是否存在貓。

上述機器學習模型是將多維像素值映射為二進制值的函式。假設我們有一張 3 像素的照片，每個像素值的範圍是 0 ～ 255。那麼輸入和輸出之間的映射空間將是（256×256×256）×2，大約是 3300 萬。在現實情況中，實現這種映射（機器學習模型）是一項艱巨的任務，其中普通照片占百萬像素，每個像素由三種顏色（RGB，紅綠藍）而不是單個顏色組成。機器學習的任務就是從巨大的映射空間中學習映射。

在這種情況下，發現數百萬像素與「是/否」的答案之間潛在映射關係的過程，就是我們所說的機器學習。在大多數情況下，我們最終學到的是這種關係的近似值。由於其近似性質，會發現機器學習模型的結果通常不是 100% 準確。在 2012 年深度學習得到廣泛應用之前，最佳的機器學習模型只能在 ImageNet 電腦視覺識別挑戰中達到 75% 的準確性。直到今天，仍然沒有一種機器學習模型可以聲稱達到 100% 的準確性，儘管在該任務中有比人類更少的錯誤（< 5%）。

23.1.2 為什麼使用機器學習

首先來討論為什麼我們需要機器學習演算法。

在生活的許多方面都需要機器學習演算法，包括我們每天都要使用的網際網路服務（例如社群媒體、搜尋引擎等）。實際上，正如 Facebook 的一篇論文所揭示的那樣，機器學習演算法變得如此重要，以至於 Facebook 開始重新設計其資料中心，從硬體到軟體，以更好地滿足應用機器學習演算法的需求。

資料顯示，「在 Facebook，機器學習提供了驅動幾乎所有方面的用戶體驗的關鍵功能 …… 機器學習已廣泛應用於幾乎所有服務。」

以下是機器學習在 Facebook 中的一些應用示例。

1. 新聞提要中的排序是透過機器學習完成。
2. 機器學習能確定何時、何地以及向誰展示廣告。
3. 各種搜尋（例如照片、視訊、人物）引擎均由機器學習提供支援。
4. 在我們目前使用的服務（例如 Google 搜尋引擎、Amazon 電子商務平臺）中，可以輕鬆識別出應用機器學習的許多其他場景。

為什麼是機器學習？

機器學習演算法之所以存在，是因為它們可以解決非機器學習演算法無法解決的問題，並且它們具有非機器學習演算法沒有的優勢。

區分機器學習演算法與非機器學習演算法最重要的特徵之一是，它使模型與資料脫鉤，因此機器學習演算法可以適應不同的業務場景或相同的業務案例。例如，既可以應用分類演算法來判斷照片上是否顯示了臉部，也可以應用分類演算法預測用戶是否要點擊廣告。在應用於臉部偵測的情況下，可以使用分類演算法訓練一個模型來判斷照片上是否顯示了臉部，還可以訓練另一個模型來準確判斷照片上呈現了誰。

透過模型和資料的分離，機器學習演算法可以用更靈活、通用和自治的方式解決許多問題，就像人類一樣，機器學習演算法能夠從環境（即資料）中學習並調整其行為（即模型），相應地解決特定問題。

23.1.3　監督學習和無監督學習

對於機器學習問題，首先需要確定它是監督學習問題還是無監督學習問題。任何機器學習問題都從一個資料集開始，該資料集由一組樣本組成，每個樣本都可以表示為屬性元組。

1. 監督學習

機器學習的目標是發現一個盡可能通用的函式，該函式很可能為看不見的資料提供正確的答案。在監督學習（supervised learning，或稱監督式學習）任務中，資料樣本將包含目標屬性 y，也稱為基本事實（已標記資料）。機器學習的任務是訓練一個函式 F，該函式採用非目標屬性 X，並輸出一個近似於目標屬性的值，即 $F(X) \approx y$。目標屬性 y 充當指導學習任務的「老師」，因為它提供了學習結果的基準。因此，該任務稱為監督學習。

2. 無監督學習

與監督學習任務相反，在無監督學習（unsupervised learning，或稱非監督式學習）任務中沒有基本事實。人們期望從資料中學習潛在的模式或規則，而無須將預先定義的基本事實作為基準。

也許有人會懷疑，如果沒有基本事實的監督，機器學習模型是否還有實際應用。答案是肯定的。以下是無監督學習任務的一些應用示例。

1. **聚類分析（cluster analysis，或稱集群分析）**：指定一個資料集，根據資料集中樣本之間的相似性，將相似的樣本聚類為一組。例如，樣本可以是顧客資料，其屬性包括顧客購買的商品數量、顧客在購物網站上停留的時間等，可以基於這些屬性的相似之處，將顧客分為幾組。聚類後，可以針對每個群體設計特定的商業活動，這將有助於吸引和留住顧客。

2. **關聯規則（association rule）**：指定一個資料集，發現樣本屬性中隱藏的關聯模式。例如，樣本可以是顧客的購物車，其中樣本的每個屬性都是商品。透過查看購物車，可能會發現購買啤酒的顧客也經常購買尿布，即購物車中的啤酒和尿布之間有很強的聯繫。經過模型分析，超市可以將那些緊密關聯的商品，重新安排到相近的位置，以促進彼此之間的銷售。

3. 半監督學習

在一個資料量巨大但標記樣本很少的情況下，可能會發現結合監督學習和無監督學習的任務，可以將此類任務稱為半監督學習。

透過將監督學習和無監督學習結合應用於標籤很少的資料集中，能比單獨應用於每個資料集更好地擴展資料集，並獲得更好的結果。

例如，希望預測圖像的標籤，但是只有 10% 的圖像被標記標籤。透過應用監督學習，使用標記的圖像訓練模型，然後將模型應用於預測未標記的圖像。但是僅從少數資料集中進行學習，很難使模型滿足通用性。更好的策略是先將圖像聚類成組（無監督學習），然後將監督學習演算法分別應用於每個組。第一階段的無監督學習可以幫助縮小模型學習範圍，第二階段的監督學習可以獲得更好的標記準確性。

23.1.4 分類模型和迴歸模型

在上一節中，將機器學習模型定義為函式 F，該模型接受某些輸入並生成輸出。通常，根據輸出值的型別，可以進一步將機器學習模型分為分類模型和迴歸模型。如果機器學習模型的輸出是離散值，例如布林值，則稱為分類模型；如果輸出為連續值，則稱為迴歸模型。

1. 分類模型

例如，預測圖像中是否包含貓的模型為分類模型，因為輸出可以用布林值表示，如圖 23-1 所示。更具體地說，輸入可以表示為尺寸為 $H \times W$ 的矩陣 M，其中 H 是圖像的高度（以像素為單位），W 是圖像的寬度。矩陣中的每個元素都是圖像中每個像素的灰階值，即表示顏色強度的 [0, 255] 整數值。該模型的預期輸出將是 0 或 1，表示圖像中是否包含貓。

2. 迴歸模型

例如，考慮房屋外形結構、房地產類型（例如房屋、公寓）以及位置等特徵估算房地產價格的模型，可以將預期輸出視為 p，其中 $p \in R$，因此這是一個迴歸模型。請注意，在此示例中，原始資料並非全都是數值型別，其中某些是字元型別，例如房地產類型。

對於上面的每個房地產，可以將其特徵表示為元素 T，每個元素要麼是數值，要麼是代表其屬性的字元。綜上所述，房地產價格估算模型公式為 $F(T) = p$，其中 $p \in R$。

如圖 23-2 所示，房地產價格迴歸模型中，房屋外型結構是唯一變數，房地產的價格作為輸出。

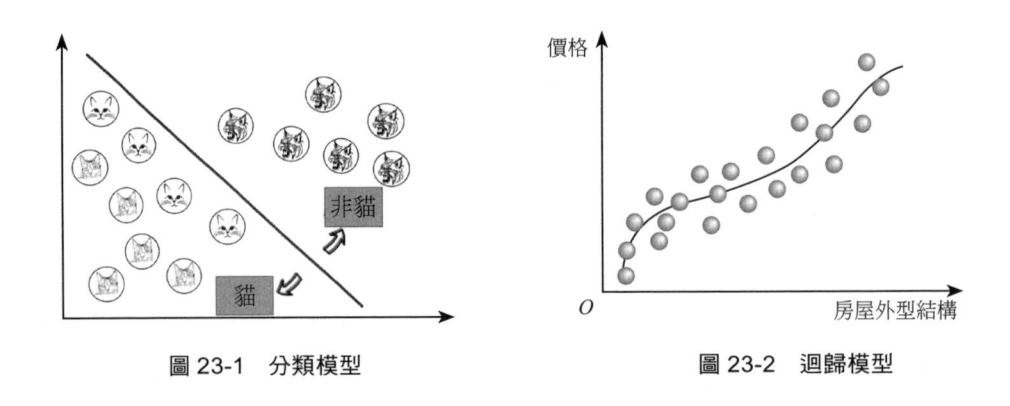

圖 23-1　分類模型

圖 23-2　迴歸模型

另外，還有一些機器學習模型（例如決策樹）可以直接處理非數值特徵，而更多的情況是必須將這些非數值特徵轉換為數值或其他形式。

23.1.5 轉換問題

指定一個現實世界中的問題，有時人們可以輕鬆地表述它，並將其快速歸類於分類或迴歸問題。但有時這兩個模型問題之間的界限不清楚，可以將分類問題轉換為迴歸問題，也可以將迴歸問題轉換為分類問題。

在上面的房地產價格估算示例中，似乎很難預測房地產的確切價格。但是，如果將問題重新設計為預測房地產的價格範圍，而不是具體價格，那麼將會獲得一個更可靠的模型。即將問題轉化為分類問題，而不是迴歸問題。

至於貓圖像識別模型，也可以將其從分類問題轉換為迴歸問題。除了提供二進制值作為輸出之外，還可以定義一個模型，以指出圖像包含貓的機率。這樣，可以比較模型之間的細微差別，並進一步調整模型。例如，對於有貓的照片，模型 A 給出同一張照片的機率為 1%，而模型 B 給出的機率為 49%。儘管兩個模型都沒有給出正確的答案，但可以說模型 B 更接近事實。在這種情況下，通常會應用一種稱為 Logistic 迴歸（邏輯迴歸）的機器學習模型，該模型給出連續的機率值作為輸出，但可用來解決分類問題。

23.1.6 關鍵資料

機器學習工作流程的最終目標是透過對資料的學習建構機器學習模型，資料決定了模型可以達到的性能上限。實際上我們不能期望模型可以從所獲資料範圍之外學到其他知識。

用盲人和大象的寓言來說明上述觀點：一群從未見過大象的盲人，想透過觸摸大象來學習和概念化大象。每個人都觸摸身體的一部分，例如腿、象牙或尾巴等。儘管每個人都獲得了現實的一部分，但都沒有掌握一頭大象的全貌。因此，他們沒有一個人真正瞭解到大象的真實形象。

現在，回到我們的機器學習任務，我們得到的訓練資料可能是大象的腿或象牙，而在測試過程中，我們得到的測試資料的結果應該是大象的完整圖像。在這種情況下，訓練模型表現不佳也就不足為奇了，因為我們一開始就沒有接近現實的高品質訓練資料。

也許有人會懷疑，如果這些資料真的很重要，那為什麼不將諸如大象的完整圖像之類的高品質資料登錄演算法中，而不是輸入大象身體的某些部分圖像。因為面對問題時，我們或機器（就像「盲人」一樣）經常會面臨技術問題（例如資料隱私），或難以收集反映問題本質特徵的資料。

在現實世界中，我們所獲得的資料可能反映了一部分現實，也可能存在一些雜訊（noise），甚至與現實相矛盾。無論採用哪種機器學習演算法，都無法從包含過多雜訊或與實際情況不一致的資料中學習任何知識。

23.1.7 機器學習工作流程

在本節中，我們討論建構機器學習模型的典型工作流程。

首先，如果不提及資料，就無法談論機器學習。資料對於機器學習模型與火箭發動機的燃料一樣重要。

毫不誇張地說，資料決定了機器學習模型的建構方式。

機器學習專案的工作流程如圖 23-3 所示。

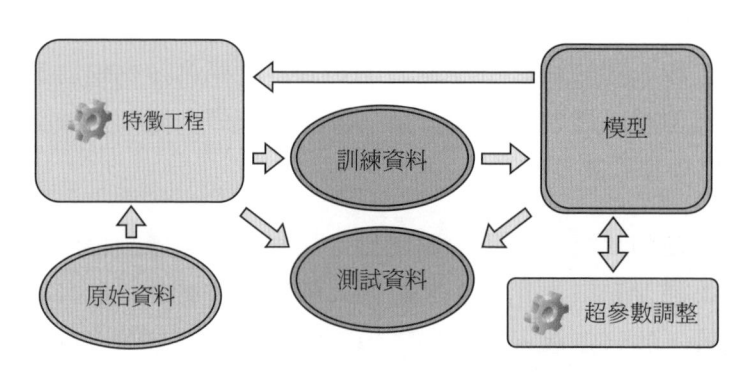

圖 23-3 機器學習專案的工作流程

從原始資料開始，首先確定要解決的機器學習問題類型，即監督學習還是無監督學習。

對於監督學習演算法，根據模型的預期輸出進一步確定生成模型的類型，是分類模型還是迴歸模型。

一旦確定了要建構的模型類型，便可以繼續執行特徵工程，將資料轉換為所需格式。常見的特徵工程如下。

將資料分為兩組：訓練資料和測試資料。訓練資料在過程中用於訓練模型，而測試資料則用於測試或驗證我們建構的模型是否足夠通用，可以應用於未知數據。

原始資料可能不完整，因此，需要用各種策略（例如用平均值填充）來填補那些缺失的值。

原始資料可能包含字串型別變數，例如國家/地區、性別等。由於演算法的限制，經常需要將這些字串型別變數轉換為數值型別變數。

一旦資料準備就緒，我們便選擇一種機器學習演算法，並開始向演算法提供準備好的訓練資料，這就是模型的訓練過程。在訓練過程結束並獲得模型後，我們將使用測試資料對模型進行測試，這就是模型的測試過程。

如果模型訓練效果沒有達到預期，則需要回到訓練過程，並調整模型參數，這就是超參數調整。之所以叫做「超」參數，是因為這些調整的參數是與模型交互的最外層介面，將對模型的基礎參數產生影響。例如，對於決策樹模型，其超參數之一是樹的最大高度。一旦在訓練之前手動設置，它將限制決策樹的基礎參數，即決策樹最終可以增長的分支和葉子的數量。

23.1.8　欠擬合和過擬合

對於監督學習演算法，例如分類和迴歸，在兩種常見情況下，其生成的模型不能很好地擬合（fitting，意思為吻合）數據：欠擬合（underfitting，或稱擬合不足、乏適）和過擬合（overfitting，或稱過度擬合、過適）。

監督學習演算法的一個重要度量是泛化，泛化度量了從訓練資料得出的模型預測未知數據的期望屬性的程度如何。當我們說一個模型是欠擬合或過擬合時，就意味著該模型不能很好地推廣到未知數據。

非常適合應用於訓練資料的模型，不一定能很好地擴展應用於未知數據。原因如下。

1. 訓練資料只是從現實世界中收集的樣本，僅代表現實的一部分。因此即使模型能完全匹配於訓練資料，也無法很好地與未知數據擬合。

2. 收集的資料不可避免地包含雜訊和錯誤。與資料完美契合的模型還會錯誤地捕獲不想要的雜訊和錯誤，最終導致對未知數據進行預測時出現誤差。

在深入探討欠擬合和過擬合的定義之前，在此展示分類任務中的欠擬合、擬合和過擬合模型的示例，如圖 23-4 所示。

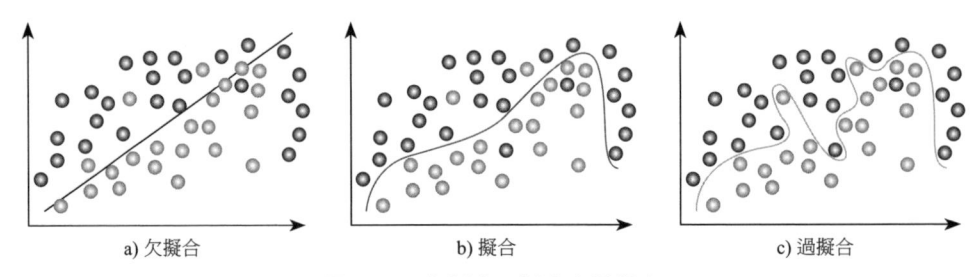

圖 23-4　欠擬合、擬合和過擬合

1. 欠擬合

欠擬合的模型是與訓練資料不太匹配的模型，即預測結果與實際情況大相徑庭的模型。

欠擬合的原因之一可能是該模型對資料過於簡化，因此無法捕獲資料中的隱藏關係。

從圖 23-4 a 可以看出，為了分離樣本（即分類），簡單的線性模型（一條線）無法清晰地區分不同類別的樣本之間的邊界，從而導致錯誤分類。

為了避免欠擬合的問題，可以選擇一種替代演算法，該演算法能夠從訓練資料中生成更複雜的模型。

2. 過擬合

過擬合模型是非常適合應用於訓練資料的模型，即預測時的偏誤很小或沒有錯誤，但是它不能很好地推廣到未知數據。

與欠擬合的情況相反，過於複雜的模型能夠擬合幾乎全部資料，因此會陷入雜訊和錯誤的陷阱。從圖 23-4c 可以看出，該模型設法在訓練資料中減少錯誤分類，但更有可能偶然發現了未知數據。

與欠擬合情況類似，為了避免過擬合，可以嘗試更換演算法，該演算法可以從訓練資料中生成更簡單的模型。另一種常見的解決方法是，繼續使用生成過擬合模型的原始演算法，但是在演算法中增加一個正則化項（regularization term），即對過於複雜的模型進行懲罰，以使該演算法可以在實現資料擬合的同時生成更簡單的模型。

23.1.9 偏誤和變異數

1. 什麼是偏誤和變異數

偏誤（bias，或稱偏差）是指模型預測結果與正確值之間的誤差值，而變異數（variance，或稱方差）是指這些預測在模型迭代過程中變化的程度。偏誤通常反映了在訓練資料上構建的模型與「真實模型」之間的距離。

由於基礎資料集的隨機性，所得的模型將產生一系列預測。偏誤可衡量這些模型的預測與正確值的差距。高偏誤可能導致演算法錯過特徵與目標輸出之間的相關關係（欠擬合）。

因變異數引起的誤差表現在針對指定資料點的模型預測上。假設可以多次重複整個模型的建構過程，變異數衡量了針對指定資料點的預測，在模型的不同實現之間有多少變化。高變異數可能導致演算法對訓練資料中的隨機雜訊進行建模（modeling，或稱模型化），而不是對預期的輸出進行建模（過擬合）。

下面列出了一些影響偏誤和變異數的因素。

- 巨量資料集會導致低變異數。
- 小資料集會導致高變異數。
- 少量特徵點會導致高偏誤，低變異數。
- 大量特徵點會導致低偏誤，高變異數。
- 複雜模型會導致低偏誤。
- 簡化模型會導致高偏誤。

2. 偏誤和變異數的作用

偏誤和變異數可以用作評估機器學習模型表現的指標。對機器學習模型的評估如圖 23-5 所示，橫軸表示變異數，縱軸表示偏誤。對機器學習模型的評估猶如飛鏢遊戲，機器學習模型扮演「飛鏢選手」的角色。圖 23-5 中的每個點對應於機器學習模型的預測結果。預測結果距靶心點越近，就表示離目標值越近。

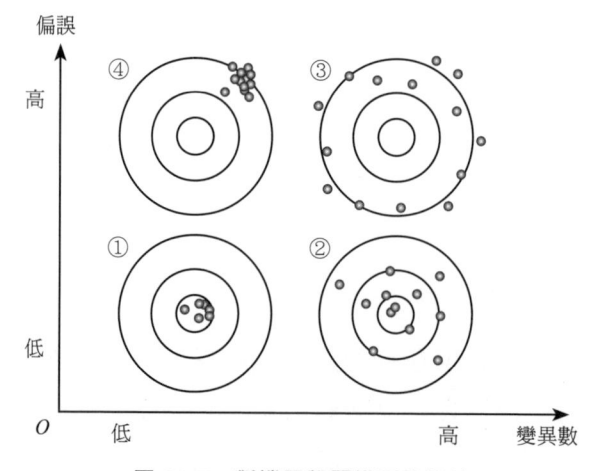

圖 23-5　對機器學習模型的評估

可以將機器學習模型分為以下 4 種不同類型。

1. 理想的機器學習模型的評估結果應位於圖 23-5 的 ①，偏誤和變異數都較小。一個優秀的「飛鏢選手」很少錯過靶心，同樣，一個好的學習模型總能做出正確的預測。

2. 在理想的機器學習模型評估結果的右側，是「公平」的機器學習模型的評估結果（圖 23-5 的 ②），它設法得分（即低偏誤），但是「飛鏢」遍佈各處（即高變異數）。處於該區域的機器學習模型通常演算法複雜，有時可能會訓練得到一些優秀的模型，但是整體來說，模型性能不太理想。該評估結果在沒有獲得好的模型的情況下也稱為過度擬合，即模型對無關的雜訊過於關注。

3. 圖 23-5 的 ③，是一個「可怕」的機器學習模型的評估結果，它既有很高的偏誤又有很高的變異數，模型無法從資料中提取有效資訊。該模型產生的預測不相關（高偏誤），同時模型預測與其策略不一致，而是隨機猜測（高變異數）。

4. 在「可怕」的機器學習模型的評估結果旁邊，是「天真」的機器學習模型的評估結果，偏誤高而變異數低。「天真」的機器學習模型經常採用一些簡單的策略，這也是為什麼它產生穩定輸出（低變異數）的原因。但是，該模型採用的策略過於簡單，無法從資料中捕獲基本資訊，從而生成擬合不足的模型。

3. 偏誤和變異數的平衡

圖 23-6 描述了模型複雜度與偏誤和變異數之間的相關性。

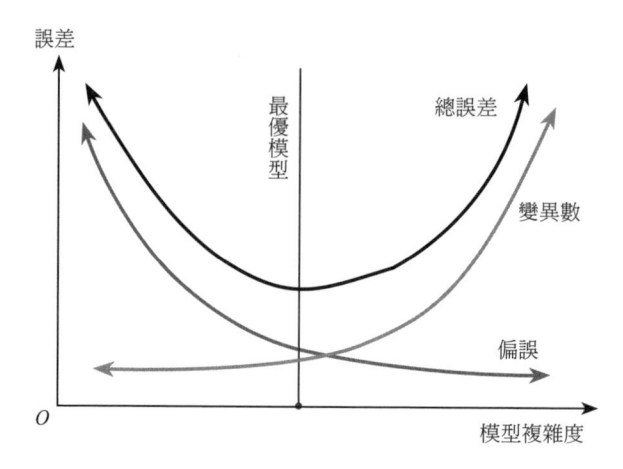

圖 23-6　偏誤和變異數的平衡

由圖 23-6 可以看出：當模型變得更複雜時，它可能會更好地擬合訓練資料，偏誤會減小。同時，當模型變得更複雜時，由於模型對資料中的雜訊變得更加敏感，因此變異數增大。

一個好的模型應該具有較低的偏誤和變異數。但是，由於這兩個屬性相互矛盾，很難同時做到，因此需要找到模型複雜度的最佳平衡點，以獲得最佳結果。

通常可以透過調整模型的參數來調整其偏誤和變異數。例如，為分類問題建構決策樹時，如果沒有任何約束，則決策樹可能會過度生長，以適應所有訓練資料（包括雜訊資料）。對於指定的訓練資料，我們可能會獲得具有低偏誤的決策樹模型。但是，對於未知數據，它可能最終會帶來高偏誤和高變異數，因為它過度擬合了訓練資料。為了減輕過度擬合問題，可以施加一些約束來限制決策樹的增長，例如設置一棵決策樹可以生長的最大深度，但這可能導致更高的偏誤。但是，我們可以得到一個在未知數據上，具有較低變異數以及較低偏誤的模型，該模型經過訓練可以更通用。

在本節中，我們闡明了偏誤和變異數的概念，這是與模型相關的特徵。這些特徵會在應用模型解決特定機器學習問題的場景中表現出來。因此，為了測量偏誤和變異數，應該將模型應用於指定問題的一組訓練資料中。

模型的偏誤和變異數是在問題的背景下定義，即訓練資料、機器學習任務和損失函式（loss function）等因問題而異。通常，不提及上下文就說模型具有很高的偏誤或高變異數是不公平的。例如，線性迴歸演算法對於圖像分類問題，可能是一個糟糕的模型（高偏誤和高變異數），而在一些資料集僅包含少量屬性的簡單分類問題中，線性迴歸演算法的表現卻很出色。

指定一個問題，模型的偏誤和變異數通常不固定。可以調整參數以在偏誤和變異數之間取得平衡。總體而言，當模型的複雜度增加時，模型的偏誤會減小，而變異數會增大。

23.2 機器學習的進階知識

23.2.1 處理不平衡的二進制分類

資料不平衡通常是指在分類問題中，資料類型沒有被平均平等地表示。例如，有一個帶有 100 個實例（列）的二進制分類問題，其中 80 個實例被標記為 Class-1，20 個實例被標記為 Class-2。

這是一個不平衡的資料集，並且 Class-1 實例與 Class-2 實例的數量之比為 80：20（即 4：1）。

除了嘗試不同的演算法之外，常見的處理資料不平衡的方法還有如下幾種。

(1) 嘗試收集更多資料

我們通常需要搜集更多的資料，但是需要考慮不同類型之間的資料平衡。

(2) 嘗試更改評價指標

我們通常使用以下指標來衡量一個模型的指標。

- **混淆矩陣**：將預測細分到一個表中，該表顯示正確的預測（對角線）和不正確預測的類型（分配了哪些類型的不正確預測）。

- **精度**（Precision）：精度（或稱精確度、精密度）是指在所有被模型預測為正類型的樣本中，有多少樣本是真正的正類型，它表示了模型的準確性。Precision = True Positives /（True Positives +False Positives），其中 True Positives（TP，正陽性）是模型將正類型樣本分類為正類型的數量，False Positives（FP，假陽性）是模型錯誤地將負類型樣本分類為正類型的數量。

- **召回率**（Recall）：召回率是指在所有實際上是正類型的樣本中，有多少樣本被模型正確地預測為正類型，表示了模型偵測正類型的能力。Recall = True Positives /（True Positives + False Negatives），其中 False Negatives（FN，假陰性）是模型錯誤地將正類型樣本分類為負類型的數量。

- **F1 分數**（或 F 分數）：精度和召回率的加權平均值。

- **Kappa**：是一種用於衡量分類一致性的統計指標。它通常用於評估兩名評分員或分類模型之間的一致性或協議。

- **ROC**（Receiver Operating Characteristic）**曲線**：一種用於評估二進制分類模型性能的圖形工具。ROC 曲線顯示了不同閾值下的真正例率（即召回率）與假正例率之間的關係，有助於選擇適當的分類模型閾值和權衡模型性能。

(3) 嘗試重新採樣

可以向代表性不足的類型中添加實例的副本，也可以從代表過多的類型中刪除實例的副本。

(4) 嘗試懲罰模型

模型可能會在訓練過程中對少數群體犯下分類錯誤。而採用懲罰手段會使模型偏向於少數群體。通常，懲罰分或權重的處理方式是專門針對機器學習演算法，例如 Penalized-SVM 和 Penalized-LDA。如果被鎖定在特定的演算法中而無法重新採樣，或者結果不佳，則最好使用懲罰的方式。它提供了另一種平衡類型的方法。設置懲罰矩陣有時很複雜，很可能需要嘗試各種懲罰方案，並尋找其中最適合具體問題的方案。

(5) 嘗試不同的視角

從不同的角度思考問題。例如，這裡可能要考慮的兩個角度是異常偵測和更改偵測。

23.2.2　高斯混合模型和 *K* 平均的比較

兩種方法都屬於聚類演算法。假設將資料分為三個集群。對於 *K* 平均（k-means，或稱 *K* 均值），首先假設指定資料點屬於一個集群。然後在指定資料點上，確定一個點屬於紅色集群。在下一次迭代中，可能會修改其分類，並確定它屬於綠色集群。但是，在每次迭代中，絕對可以確定該點屬於哪個集群。那麼，這是一項確定的任務。

如果我們無法確定，那應該怎麼辦？假設它有 70% 的機會屬於紅色集群，有 10% 的機會屬於綠色集群，有 20% 的機會屬於藍色集群。這就是一項不確定的任務。而高斯混合模型有助於表達這種不確定性。起初，我們對每個點的集群分配一個機率。並且隨著它的不斷迭代，不斷改變其機率。該過程包含了任務分配的不確定性。

K 平均演算法主要求最小化的 $(x - u_k)^2$，而高斯混合模型主要求最小化的 $(x - u_k)^2 / \sigma^2$，其中 σ^2 為樣本變異數。從這裡可以看出，高斯混合模型考慮了變異數。*K* 平均僅計算常規的歐幾里得距離。換句話說，*K* 平均計算距離，而高斯混合模型計算加權距離。

23.2.3　梯度提升

梯度提升是一種整合學習方法，它透過組合多個弱學習器（通常是決策樹）來建構一個強大的預測模型。梯度提升方法的主要特點是透過迭代訓練來不斷改進模型的性能，以最小化損失函式。

下面是梯度提升方法的一般步驟。

1. **初始化模型**：首先，使用一個基本的弱學習器（例如，單層決策樹或淺層神經網路）初始化模型。

2. **迭代訓練**：這是梯度提升的核心部分。模型會進行多輪的迭代，每一輪都會根據前一輪的錯誤來調整模型以降低損失函式。在每一輪中，一個新的弱學習器（通常是決策樹）會被訓練，以便捕捉之前模型未能正確預測的樣本的特徵。

3. **梯度下降**：在每一輪中，梯度下降演算法用來最小化損失函式。它透過計算損失函式的梯度來確定如何調整模型的權重，以便在新的弱學習器中更好地擬合誤差樣本。

4. **權重更新**：訓練出的新弱學習器會與之前的學習器組合起來。每個學習器都有一個權重，用於確定其在最終模型中的相對貢獻。

5. **終止條件**：梯度提升會進行多輪迭代，直到滿足某種停止條件，比如達到指定的迭代次數或損失降低到一定程度。

梯度提升方法的主要優點如下。

- 具有很好的預測性能，能夠很好地擬合複雜的資料。
- 能夠處理各種型別的資料，包括數值型和類別型資料。
- 可以進行特徵選擇，幫助識別重要特徵。
- 可以解決迴歸和分類問題。

梯度提升樹是梯度提升方法的一個常見實現，其中基本學習器是決策樹。XGBoost、LightGBM 和 CatBoost 等軟體庫都提供了高效的梯度提升樹實現，廣泛應用於資料科學和機器學習競賽中。這些軟體庫最佳化了訓練過程，提供了許多參數調整選項，以及防止過擬合的機制。

AdaBoost（自適應增強，或稱自我調整增強）也是一種梯度提升方法的實現。其自我調整在於：前一個基本分類器分錯的樣本會得到加權，加權後的全體樣本再次被用來訓練下一個基本分類器；同時，它會在每一輪中加入一個新的弱分類器，直到達到某個預期的足夠小的錯誤率或達到預先指定的最大迭代次數。

AdaBoost 中的決策樹是弱學習器，能夠單一分割，因其簡短而被稱為決策樹樁（decision stump，或稱單層決策樹）。AdaBoost 的工作原理是對觀測值進行加權，將更多的精力放在難以分類的實例上，而將更少的精力放在已經處理好的實例上。依次增加新的弱學習器，使它們的訓練主要集中在更困難的資料模式上。

實現梯度提升涉及 3 個要素：需要定義一個最優的損失函式；讓學習能力較弱的分類器做出預測；實現一個模型，以增加弱學習器，最小化損失函式。

梯度提升演算法是一種貪婪演算法，可以快速擬合訓練資料集。它可以受益於正則化方法，該方法會懲罰演算法的各個部分，並透過減少過度擬合來提高演算法的性能。下面將介紹基本梯度提升演算法的 4 種功能：約束、加權更新、隨機抽樣、懲罰性學習。

23.2.4　決策樹的約束

建構樹的時候約束越多，模型中需要的樹就越多，反之，對單個樹的約束越少，則需要的樹就越少。

以下是決策樹的建構可能施加的一些約束。

1. **樹的數量**：通常向模型中增加更多的樹時，過擬合的速度可能非常慢。建議不斷增加樹的數量，直到觀察不到進一步的改善為止。
2. **樹深**：樹越深，模型越複雜，通常，設置為 4～8 的深度可以得到更好的結果。

3. **節點數或葉子數**（例如深度）：它們會限制樹的大小，但如果使用其他約束，則不會限制為對稱結構。

在考慮分割之前，對每個分割的樹上節點的訓練資料量施加最小約束。對損失的最小改進，就是對樹上任何分割的改進約束。

23.2.5 加權更新

使每棵樹的預測值順序相加，並加權每棵樹對該總和的貢獻，以減慢演算法的學習速度。這種加權稱為收縮率或學習率。

每次更新僅透過學習率 v 進行縮放。結果是學習速度減慢，因此需要向模型中增加更多的樹，接著又需要花費更多的訓練時間，從而在樹的數量和學習率之間進行權衡。

23.2.6 隨機梯度提升

隨機梯度提升（Stochastic Gradient Boosting，SGD Boosting）是梯度提升方法的變種，用於解決迴歸和分類問題。它採用了隨機梯度下降的構想，以提高訓練速度。以下是隨機梯度提升的主要步驟。

- **初始化模型**：與傳統梯度提升一樣，SGD Boosting 從一個基本的弱學習器（通常是決策樹）開始初始化模型。

- **隨機樣本採樣**：與傳統梯度提升不同，SGD Boosting 在每一輪迭代中僅從訓練資料中隨機採樣一部分樣本，而不是使用整個資料集。這一步是 SGD Boosting 的關鍵，因為它加速了訓練過程。

- **計算梯度**：對於每一輪迭代，SGD Boosting 計算在採樣樣本上的損失函式梯度。與整個資料集計算梯度不同，SGD Boosting 使用小批量資料，因此估計的梯度通常會有一些雜訊。

- **更新模型**：SGD Boosting 使用估計的梯度來更新模型的參數，以減少損失函式。這一步驟類似於標準的隨機梯度下降。

- **終止條件**：SGD Boosting 迭代多輪，通常在達到指定的迭代次數或損失達到一定程度時終止。

SGD Boosting 的主要特點如下。

- **更快的訓練速度**：由於使用隨機樣本採樣，SGD Boosting 通常比傳統梯度提升更快，特別是在大型資料集上。

- **能夠處理大規模資料**：由於隨機採樣，SGD Boosting 能夠有效地處理大規模資料。

- **穩健性**：由於雜訊梯度的存在，SGD Boosting 對一些程度上的資料雜訊和異常值具有一定的穩健性（robustness，或稱魯棒性）。

然而，SGD Boosting 也有一些缺點，包括由於隨機性引入了不穩定性，以及需要更仔細的微調（fine-tuning，或稱調優）。因此，是否選擇 SGD Boosting 取決於具體的問題和資料。Python 中的函式庫（如 Scikit-Learn）提供了 SGD Boosting 的實現，可以方便地在實際問題中應用。

23.2.7 懲罰性學習

除了約束它們的結構之外，還可以對參數化的樹施加其他約束。不採用將 CART 這樣的經典決策樹用作弱學習器的方式，而是使用一種迴歸樹的方式。迴歸樹作為一種經過修改的樹的形式，在葉節點（也稱為終端節點）中具有數值。在某些文獻中，樹的葉節點中的數值可以稱為權重。因此，可以使用流行的正則化函式對樹的葉節點權重進行正則化，例如 L1 權重正則化和 L2 權重正則化。

附加的正則化項有助於使最終的學習權重變得更加平滑，從而避免過度擬合。直觀上看，正則化時傾向選擇那些具有簡單預測功能的模型。

23.3 機器學習面試

23.3.1 機器學習面試評分重點

1. 性能和容量

在機器學習系統上工作時，我們的目標是在確保滿足容量和性能的服務水準協定（SLA）時改進指標（參與率等）。

基於性能的 SLA 可確保在指定的時間段內（例如 500ms）傳回 99% 的查詢。容量是指系統可以處理的負載，例如，系統可以支援 1,000 QPS。主要在建構機器學習系統的以下兩個階段中，進行性能和容量的討論。

- **訓練階段**：建構預測器需要多少訓練資料和計算能力？
- **評估階段**：為了滿足模型和容量需求，我們必須滿足哪些 SLA？

在機器學習系統（例如搜尋排名、推薦和廣告預測）中，分層 / 渠道建模方法是解決資料規模和相關性問題的合適方法，同時能保持較高的性能和可檢查的容量。在這種方法中，當文件數量非常龐大時，可以從相對較快的簡單機器學習模型開始。如果查詢「電腦科學」，則可能有 1 億個檔案（文檔）。

在以後的每個階段中，模型都會繼續增加複雜度和執行時間，但是在前期該模型需要在數量減少的檔案上運行。例如，第一階段可以使用線性模型，而最後階段可以使用深度神經網路。

2. 訓練資料收集策略

機器學習模型直接從提供給它的資料中學習，並基於該資料，針對指定任務建立或完善其規則。因此，如果訓練資料不足、不相關或有偏誤，那麼即使演算法性能再好也變得無用。

訓練資料的品質和數量，是決定你可以在機器學習最佳化任務中，能走多遠的重要因素。資料收集技術主要涉及以下方面：

1. **用戶**：用戶與現有系統的互動（線上）資料。
2. **人工標記**（離線）：群眾外包（或稱眾包）和開源資料集，例如 BDD100K 資料集。
3. **自動資料標記**。

此外，可以利用其他創新資料收集技術。例如，對於物件偵測器或圖像分割器之類的使用可視資料的系統，可以使用 GAN（生成對抗網路）來增強訓練資料。

除了資料收集以外，還有其他要考慮的方面：資料分割、訓練、測試 / 驗證、資料量、資料篩選（過濾）。其中，篩選資料非常重要，因為模型將直接從篩選後的資料中學習。

3. 線上測試

成功的機器學習系統必須透過在不同場景的測試來評估其性能，這有助於在模型設計中引入更多創新。對於機器學習系統，「成功」可以透過多種方法進行衡量。

在進行線上測試時，A／B 測試方法對於衡量新功能或系統更改的影響非常有益。在 A／B 測試中，通常會修改網頁或螢幕以建立其第二版本。對比原始版本與第二版本的效果。

我們還可以在此階段透過回測和長期運行的 A／B 測試，來衡量長期影響。

線上測試過程如圖 23-7 所示。

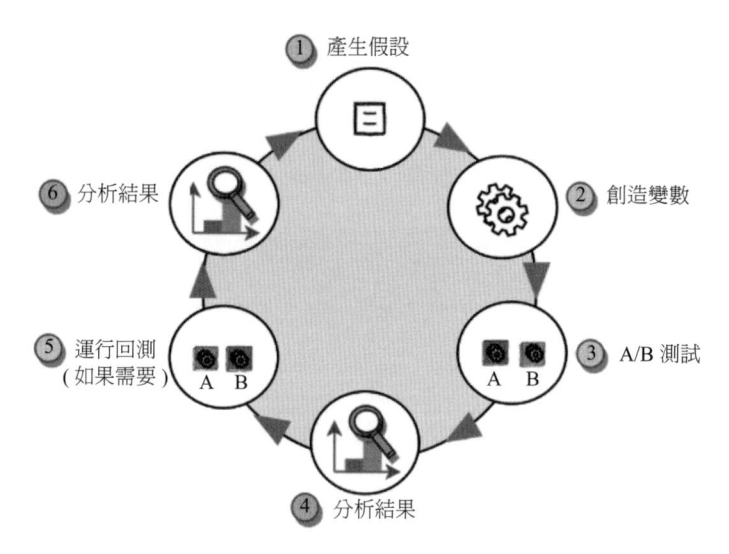

圖 23-7　線上測試過程

23.3.2　機器學習面試的思路

機器學習是對電腦演算法的研究，旨在解決複雜問題，並且在語音理解、搜尋排名、信用卡欺詐偵測等領域的應用上取得了顯著的進步。

機器學習面試的思路如圖 23-8 所示。

圖 23-8　機器學習面試的思路

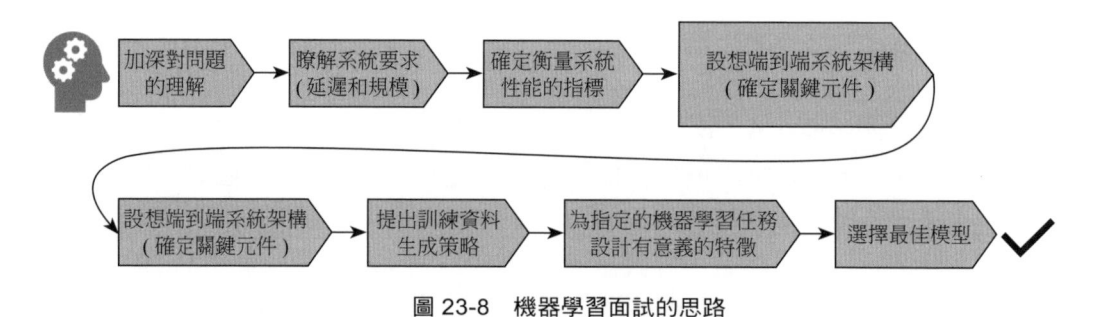

從最簡單的模型（即邏輯迴歸）開始，快速嘗試不同的模型，過程簡述如下。

1. **對問題進行分析**：確定要解決的問題屬於機器學習的哪一類，迴歸、分類、聚類、監督還是無監督。然後分析場景，指出問題的目標（度量標準，要最佳化的目標）是什麼。

2. **資料**：明確在哪裡和如何獲取什麼資料，如何儲存和檢索資料，要使用什麼特徵等等。這裡需要使用特徵工程。例如，特徵歸一（normalization）化、平滑和分組化；使用 L1 正則化、決策樹等進行特徵選擇。

3. **模型**：常用的模型包括邏輯迴歸、決策樹、增強決策樹、隨機森林、支援向量機（或稱支持向量機）、類神經網路（artificial neural network，簡稱神經網路）、隱藏式馬可夫（或稱隱瑪律可夫）、貝葉斯網路、貝葉斯邏輯迴歸、高斯混合、K 平均、主成分分析等，需要知道各個模型的權衡取捨。

4. **訓練和評估**：訓練模型，並評估模型效果。這裡可以使用交叉驗證。如果要考慮擴展的話，則通常選擇分散式系統，比如 Hadoop 和 MapReduce。

5. **再次訓練**。

6. **調整模型**。

7. **部署模型**。

8. **考慮如何對模型中增加新的需求和功能，如何與其他產品組合**。

9. **考慮一下機器學習端到端的問題**。在訓練模型之後要做什麼？這個模型表現如何？如何調整一個機器學習模型？如何評估和連續部署機器學習模型？

23.4　實例 1：搜尋排名系統

面試官要求你為搜尋引擎設計搜尋相關性系統，並在搜尋引擎結果頁面上顯示結果。

23.4.1　題目解讀

透過以下三個方面來整合題目要求：範圍、規模和個別化設計。

1. 範圍

面試官給的題目範圍比較寬泛，這時你要勇敢提問，確認面試官的意圖。舉例來說，你對面試官的第一個問題可以是這樣：「您所說的搜尋引擎，是像 Google 或 Bing 這樣的通用搜尋引擎，還是像亞馬遜產品搜尋那樣的專業搜尋引擎？」

當你深入尋找解決方案時，對問題的範圍界定至關重要。假設你針對 Google 搜尋或 Bing 搜尋之類的常規通用搜尋引擎來整合思路，那麼接下來的討論將適用於所有類型的搜尋引擎。

最後，可以將該問題精確地描述為：建構一個通用搜尋引擎，該搜尋引擎傳回有關「程式語言」等查詢的相關結果。

對此，需要建構一個機器學習系統，該系統透過相關性順序對查詢提供結果。因此，應聚焦於搜尋排名問題。

2. 規模

一旦知道要建構通用搜尋引擎，下一步要確定系統規模。有兩個重要的問題：你想透過此搜尋引擎啟用多少個網站？你期望每秒處理多少個請求？

假設你有數十億個檔案（或稱文檔）可供搜尋，並且搜尋引擎每秒可以查詢約 1 萬個查詢。

3. 個別化設計

要確定的另一個重要問題是搜尋者是否是登入用戶。這將定義你可以結合使用的個別化等級，以改善結果的相關性。這裡假定用戶已登入，並且可以存取其個人資料及其歷史搜尋資料。

23.4.2　指標分析

讓我們探索一些指標，這些指標將幫助你衡量一個搜尋的「成功」解決方案。為機器學習模型選擇度量標準至關重要。機器學習模型直接從資料中學習。因此，選擇錯誤的度量會導致模型針對完全錯誤的標準來進行最佳化。

有兩種型別的指標可以評估搜尋查詢的成功程度：線上指標、離線指標。

我們將在即時系統中作為用戶交互的一部分來計算的指標稱為線上指標。同時，離線指標使用離線資料來衡量搜尋引擎的品質，而不依賴於從系統用戶那裡獲得的直接回饋。

1. 線上指標

線上設置中，搜尋會話的成功與否取決於用戶的操作。在每個查詢等級，你可以將「成功」定義為用戶按一下結果的操作。其中一個簡單的基於點擊的指標是點擊率。

點擊率定義為點擊次數與展示次數的比值。例如，當載入搜尋引擎結果頁面，並且用戶看到結果時，將其視為一次展示，按一下該結果就是一次成功點擊。

點擊率的一個問題可能是，不成功的點擊也被錯誤地計入，例如停留時間非常短暫的點擊。你可以透過將資料篩選為僅考慮停留時間較長的點擊來解決此問題。

到目前為止，我們一直在考慮基於單個查詢的搜尋會話。但是，搜尋過程可能跨越多個查詢。例如，搜尋者最初查詢「義大利食品」，發現結果不是自己想要的，並進行了更具體的查詢：「義大利餐廳」。有時，搜尋者可能需要查詢多次，才能找到他們想要的結果。

理想情況下，你希望搜尋者能以盡量少的查詢次數在結果頁面上找到想要的答案。因此，搜尋時間也是追蹤和衡量搜尋引擎是否成功的重要指標。

2. 離線指標

衡量成功搜尋會話的離線指標，通常由受過訓練的評估者人工提供。這要求評估者客觀地對查詢結果的相關性進行評分，同時要遵守明確定義的準則，並將這些評分匯總到整個查詢樣本中。

23.4.3 架構

本節主要介紹搜尋排名系統的架構，以及它在處理搜尋者查詢時發揮的作用。

搜尋引擎的架構如圖 23-9 所示。

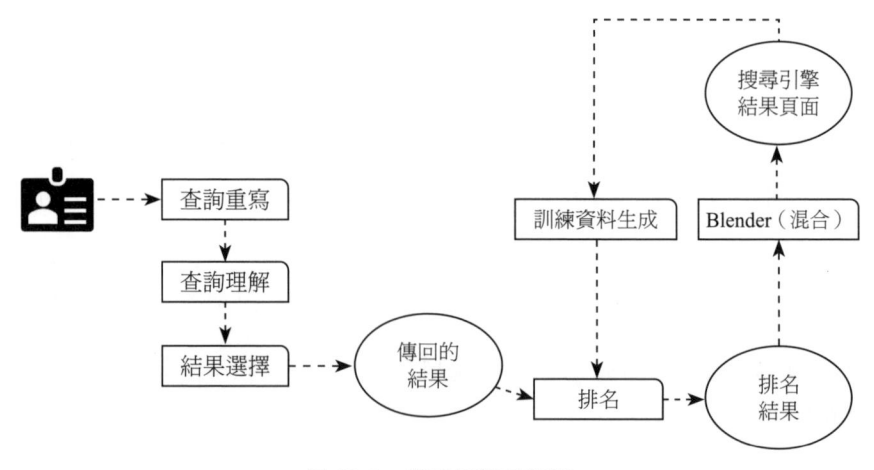

圖 23-9 搜尋引擎的架構

1. 查詢重寫

如果搜尋者查詢的關鍵字很差，而且遠遠不能清晰描述搜尋者的實際資訊需求，那麼就需要使用查詢重寫來增加召回率，即檢索得到更大的一組相關結果。查詢重寫涉及多個功能元件，如下所述。

(1) 拼寫檢查

拼寫檢查是搜尋體驗不可或缺的一部分，被認為是現代搜尋引擎的必要功能。透過拼寫檢查功能，系統可以糾正基本的拼寫錯誤（如將"itlianrestaurat"改成"italian restaurant"）。

(2) 查詢擴展

查詢擴展透過在用戶查詢的關鍵字中增加術語來改善搜尋結果。這些擴展術語最大程度地減少了搜尋者的查詢與結果之間的不匹配。

因此，在糾正了拼寫錯誤之後，我們想擴展術語，例如，查詢「義大利餐廳」時，應該將「餐廳」擴展到食品或食譜，以查看該查詢的所有潛在候選者（即網頁結果）。

2. 查詢理解

該階段包括理解清楚查詢背後的用戶主要意圖，例如，查詢「加油站」的用戶有可能對附近地點感興趣，而查詢「地震」的用戶則可能想瞭解新聞。用戶意圖將有助於系統選擇最佳查詢結果並對其進行排名。

3. 結果選擇

網路上有數十億個相關網頁。因此，我們選擇結果的第一步，是找到與搜尋者的查詢相關的大量網頁。一些常見的查詢（例如「體育」可以匹配數百萬個網頁，結果選擇的作用，是從數百萬個結果篩選出最相關的結果的較小子集。

結果選擇更著重於召回。它使用一種更簡單的技術來對數十億個網頁進行篩選，並檢索可能具有相關性的結果。

4. 排名

排名是指利用機器學習演算法來找到搜尋結果的最佳順序（這也稱為學習排名）。

如果來自結果選擇階段的結果數量非常大（超過 10^4），並且傳入流量也非常巨大（每秒超過 10^4 QPS 或查詢），則可以在多個階段選擇不同的排名模型的複雜度和大小。在排名的多個階段中，可以僅在最重要的最後階段，才使用複雜的模型。對於大型搜尋系統，這可以降低計算成本。例如，針對某個查詢傳回了 10^5 個結果，在排名過程的第一階段，可以使用快速線性機器學習模型對它們進行排名。在第二階段，可以利用複雜模型（例如深度學習模型）來搜尋第一階段給出的前 500 個結果的最佳化順序。

選擇演算法時，請記住要考慮模型執行時間。並且，在大規模機器學習系統中，成本與收益之間的權衡始終是重要的考慮因素。

5. 混合

混合元件（或稱組件）會提供來自不同搜尋領域的相關結果，例如圖像、視訊、新聞、本地結果和部落格（blog，或稱博客）文章。

搜尋「義大利餐廳」時，可能會混合顯示網站、本地結果和圖像結果，並透過使結果更相關來使搜尋者對查詢結果感到滿意。

還要考慮的一個重要方面是結果的多樣性，你可能不想僅顯示來自同一來源（網站）的所有結果。

最終，混合元件會回應搜尋者的查詢，輸出搜尋引擎結果頁面（SERP）。

6. 訓練資料生成

該元件使用機器學習來構成搜尋排名系統的迴圈。它從回應查詢而顯示的搜尋引擎結果頁面中獲取線上用戶參與資料,並生成正面和負面的訓練實例。然後,機器學習模型將生成的訓練資料用於訓練,以對搜尋引擎結果進行排名。

7. 分層模型方法

分層模型方法從回應查詢得到的大量結果中,篩選出最相關的結果。分層模型方法如圖 23-10 所示。下面詳細介紹一下大型搜尋系統的這種配置。

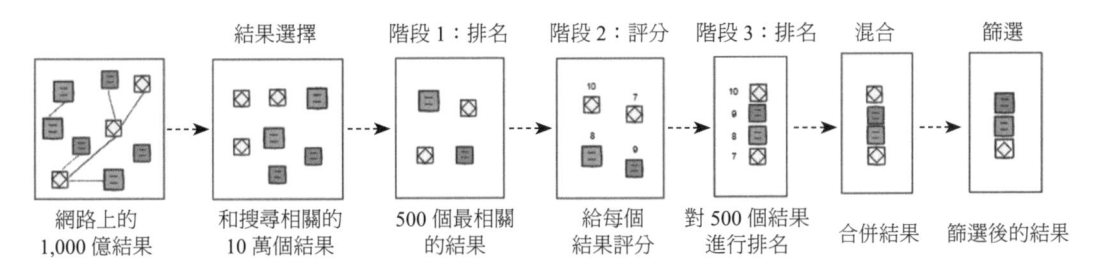

結果選擇　階段 1：排名　階段 2：評分　階段 3：排名　混合　篩選

網路上的 1,000 億結果　和搜尋相關的 10 萬個結果　500 個最相關的結果　給每個結果評分　對 500 個結果進行排名　合併結果　篩選後的結果

圖 23-10　分層模型方法

使用分層模型方法時,你可以在每個階段選擇適當的機器學習演算法,這也是從可伸縮性角度考慮。

如圖 23-10 所示,假定你首先從索引中選擇 10 萬個匹配結果用於回應搜尋者的查詢,然後使用兩階段排名,第一階段從 10 萬個減少到 500 個結果,第二階段是對這 500 個結果進行排名。混合來自不同搜尋領域的結果,並且進一步篩選不相關的結果,從而獲得良好的用戶體驗。這只是一個示例配置,需要指出的是,應該根據容量需求以及測試情況進行演算法選擇,以查看在每層上的結果的相關性。

23.4.4　結果選擇

本節將介紹在結果選擇階段一些常用的方法。

從網際網路上的 1,000 億個檔案中，檢索出與搜尋者的查詢相關的前 10 萬個檔案，如圖 23-11 所示。

網路上的 1,000 億個檔案　　　和搜尋相關的 10 萬個檔案

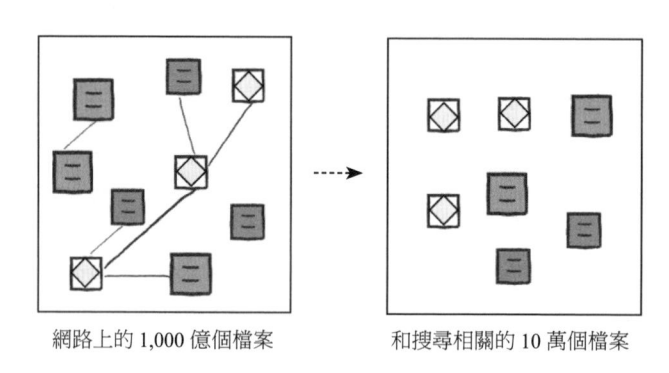

圖 23-11　文件選擇

1. 反向索引

這涉及反向索引（Inverted index，或稱倒排索引）的概念與應用。反向索引是一種索引資料結構，用於儲存從內容（如單字或數字）到其在一組檔案中的位置的映射，如圖 23-12 所示。

2. 檔案選擇流程

搜尋者的查詢不僅與單個檔案匹配，還可能會匹配許多具有不同相關程度的檔案。

如圖 23-13 所示，在例子中，當用戶輸入「義大利餐廳」時，那麼查詢元件就會知道用戶需要尋找義大利美食。

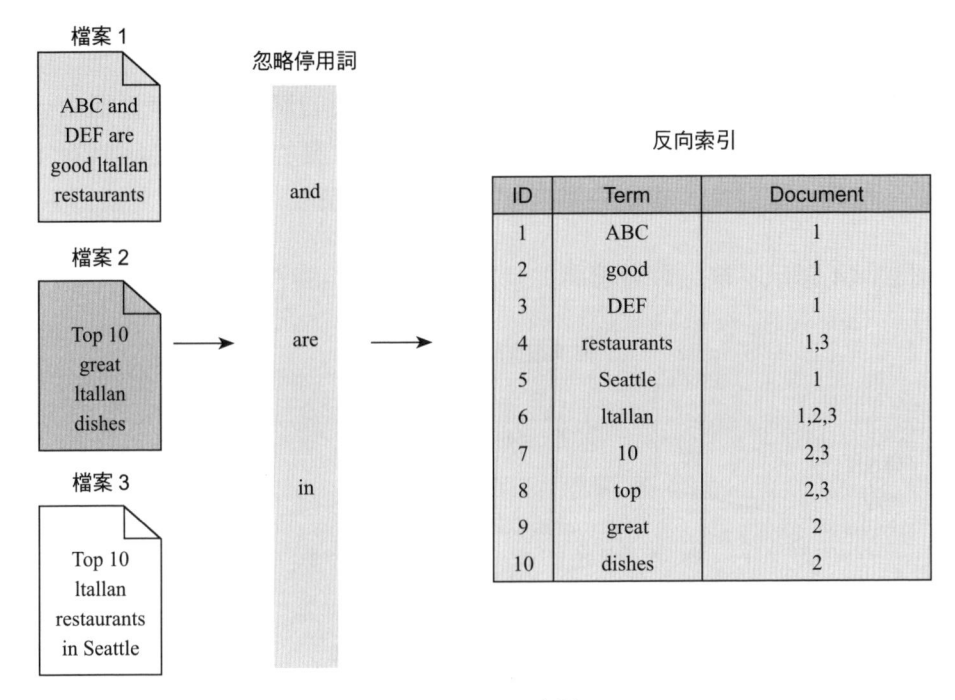

檔案 1: ABC and DEF are good ltallan restaurants

檔案 2: Top 10 great ltallan dishes

檔案 3: Top 10 ltallan restaurants in Seattle

忽略停用詞：and、are、in

反向索引

ID	Term	Document
1	ABC	1
2	good	1
3	DEF	1
4	restaurants	1,3
5	Seattle	1
6	ltallan	1,2,3
7	10	2,3
8	top	2,3
9	great	2
10	dishes	2

圖 23-12　反向索引

查詢關鍵字包括多個單字：義大利餐廳

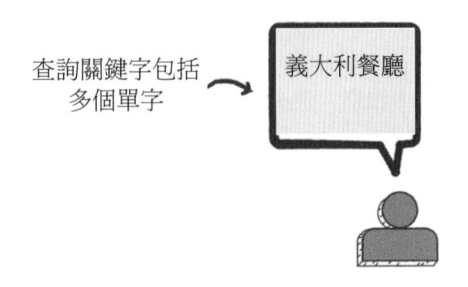

圖 23-13　搜尋者的查詢

檔案選擇標準如下。

搜尋檔案（匹配項 " 義大利 " 以及 { 匹配項 " 餐廳 " 或者 " 美食 "}）

我們將進入索引並根據上述選擇標準檢索所有檔案。在檢查每個檔案是否符合選擇標準的同時，我們還將為它們分配一個相關性評分。在檢索過程結束時，檔案將根據相關性得分排序。然後，從這些檔案中選擇前 10 萬個檔案。

3. 相關性評分方案

一種基本的相關性評分方案是利用所涉及因素的簡單加權線性組合，每個因素的權重取決於其在確定相關性評分中的重要性，常用的因素有字詞匹配、檔案受歡迎度、查詢意圖匹配、個別化匹配。

圖 23-14 顯示了線性評分器將如何為檔案分配相關性評分。

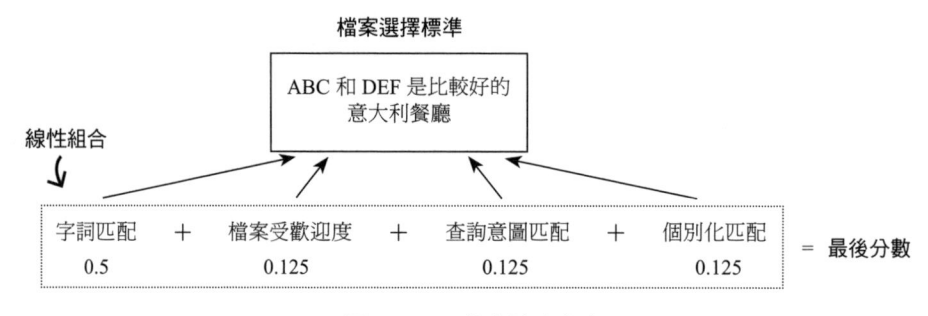

圖 23-14 基本計分方案

讓我們看一下每個因素對相關性評分的貢獻。

(1) 字詞匹配

字詞匹配在檔案的相關性評分中占 0.5 的權重。查詢關鍵字中包含多個單字，使用每個單字的反向檔案頻率來衡量其匹配程度。查詢中重要單字的匹配權重更高。例如，「義大利語」的單字匹配程度，對檔案的相關性評分的貢獻可能更大，即具有更大的權重。

(2) 檔案受歡迎度

該檔案的受歡迎程度的值會儲存在索引中。在檔案的相關性評分過程中，其值將被賦予 0.125 的權重。

(3) 查詢意圖匹配

查詢意圖匹配將為檔案的相關性評分貢獻 0.125 的權重。對於「義大利餐廳」這一查詢，可能表明搜尋者存在非常強烈的本地意圖。因此，對於本地檔案的查詢意圖匹配，將賦予 0.125 的權重。

(4) 個別化匹配

該因素為檔案的相關性評分帶來 0.125 的權重。它基於許多方面對檔案滿足搜尋者的個人要求的程度進行評分。例如，搜尋者的年齡、性別、興趣和位置。

我們也可以使用機器學習透過相似的過程來分配這些因素的權重，並在排名階段使用。

4. 特徵工程

讓我們設計一些有意義的訓練資料特徵，來訓練搜尋排名模型。特徵生成過程的一個重要方面是首先考慮，將在我們的特徵工程過程中扮演關鍵角色的主要參與者。進行搜尋的 4 個主要參與者是搜尋者、查詢內容、檔案、上下文語境。

我們可以根據上述主要參與者為搜尋排名問題生成很多特徵。這些特徵如圖 23-15 所示。

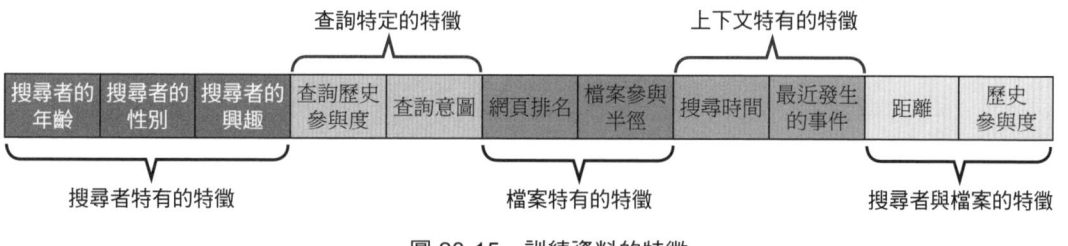

圖 23-15　訓練資料的特徵

(1) 搜尋者特有的特徵

假設搜尋者已登入，則可以使用搜尋者的資訊作為模型的特徵，根據其年齡、性別和興趣來訂製結果。

(2) 查詢特定的特徵

- **查詢歷史參與度**：對於相對熱門的查詢，歷史參與度可能非常重要。你可以將查詢的歷史參與度用作特徵。例如，假設搜尋者查詢「地震」，從歷史資料中我們知道，此查詢將導致搜尋者與新聞群元件互動，即大多數搜尋「地震」的人都在尋找有關最近地震的新聞。因此，在對查詢檔案進行排名時，應考慮此因素。

- **查詢意圖**：查詢意圖特徵使模型可以識別搜尋者在鍵入查詢關鍵字時，正在尋找的資訊類型。模型使用此特徵為與查詢意圖匹配的檔案分配更高的等級。例如，如果查詢「披薩餐廳」，則對應本地意圖。因此，該模型將對搜尋者附近的披薩店給予較高的排名。一些常見的查詢意圖有新聞、本地、商業等。我們可以從查詢理解元件中獲取查詢意圖。

(3) 檔案特有的特徵

- **網頁排名**：檔案的等級可以用作特徵。要估算所考慮檔案的相關性，我們可以查看連結到該檔案的檔案的數量和品質。

- **檔案參與半徑**：檔案參與半徑可能是另一個重要特徵。如果我們的查詢具有本地意圖，我們將選擇具有本地範圍的檔案，而不是具有全域範圍的檔案。

(4) 上下文特有的特徵

- **搜尋時間**：透過搜尋時間，模型可以根據上下文資訊，顯示該時間營業的餐廳。

- **最近發生的事件**：搜尋者可以查詢與擴展有關的最近發生的事件。

(5) 搜尋者與檔案的特徵

- **距離**：對於查詢附近位置的查詢，我們可以使用搜尋者座標與匹配位置之間的距離，作為衡量檔案相關性的一個特徵。考慮一個人搜尋附近的餐廳的情況，排名模型將選擇與附近餐廳有關的檔案，並且基於搜尋者的座標與檔案中的餐廳之間的距離對檔案進行排名，如圖 23-16 所示。

圖 23-16　距離特徵

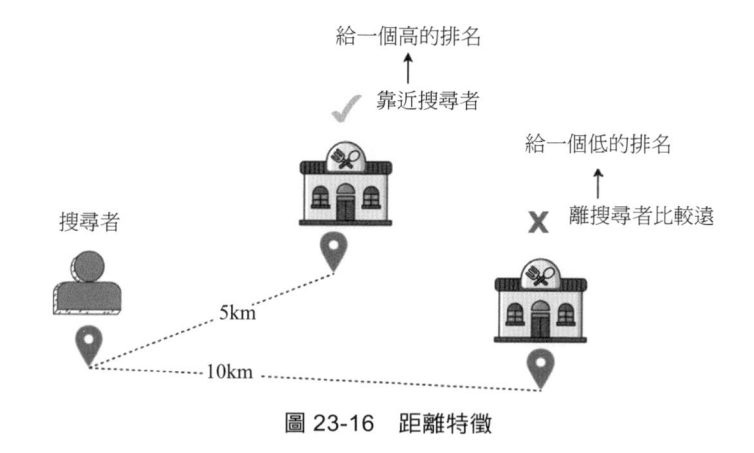

- **歷史參與度**：另一個有趣的特徵是搜尋者對檔案結果類型的歷史參與度。例如，如果某人過去更多地與視訊文件接觸，則表明視訊文件通常與該人更相關。與特定網站或檔案的歷史互動也可能是一個重要信號，因為用戶可能正在嘗試再次搜尋這類檔案。

(6) 查詢與檔案的特徵

根據指定查詢和檔案，我們可以生成大量特徵。

- **文字匹配**：文字匹配不僅可以體現在檔案標題中，還可以體現在檔案的元資料（metadata，或稱元數據、中繼資料、詮釋資料）或內容中。如圖 23-17 所示，包含查詢關鍵字和檔案標題之間的文字匹配，以及查詢關鍵字和檔案內容之間的文字匹配。這些文字匹配項可以用作特徵。

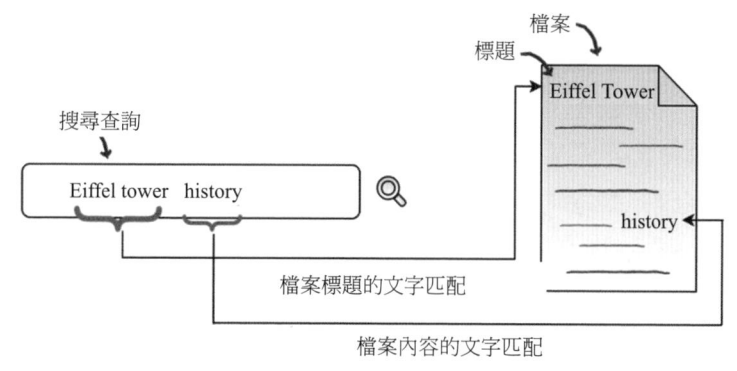

圖 23-17　文字匹配

- **一元片語和二元片語**：可以查看每個一元片語和二元片語的資料，以實現查詢和檔案之間的文字匹配。例如，查詢「西雅圖旅遊指南」將產生三個關鍵字：西雅圖、旅遊、指南。這些關鍵字可能會與檔案的不同部分匹配。例如，「西雅圖」可能與檔案標題匹配，而「旅遊」可能與檔案內容匹配。同樣，我們也可以檢查二元組和三元組的匹配情況。所有這些文字匹配都可以導致模型使用多個基於文字的特徵。

- **TF-IDF 匹配分數**：基於查詢和檔案之間的文字匹配的相似性評分。TF（term frequency，詞頻或稱術語頻率）結合了每個術語對檔案的重要性，而 IDF（inverse document frequency，反向檔案頻率）告訴我們特定術語提供了多少資訊。

- **查詢檔案的歷史參與度**：先前參與的檔案可以是用於確定搜尋結果的最佳排名的有益特徵。

- **點擊率**：用戶在回應特定查詢時所顯示的檔案的歷史參與度。檔案的點擊率可以幫助模型進行排名。例如，在對「巴黎旅遊」的查詢中，可能會發現艾菲爾鐵塔網站的點擊率最高。因此，該模型將形成一種理解，即每當有人查詢「巴黎旅遊」時，艾菲爾鐵塔相關的檔案和網站都是最吸引人的。然後，它可以在檔案排名中使用此資訊。

- **嵌入**：使用嵌入模型以向量的形式表示查詢和檔案，這些向量提供有關查詢和檔案之間關係的重要參考，如圖 23-18 所示。

嵌入模型以如下方式生成向量。

如果檔案與查詢位於相同的主題和概念上，則其向量類似於查詢的向量。我們可以使用此特徵來建立一個稱為「嵌入相似度得分」的特徵。在查詢向量和每個檔案向量之間計算相似性分數，以測量其與查詢的相關性。相似性評分越高，檔案與查詢的相關性就越高。

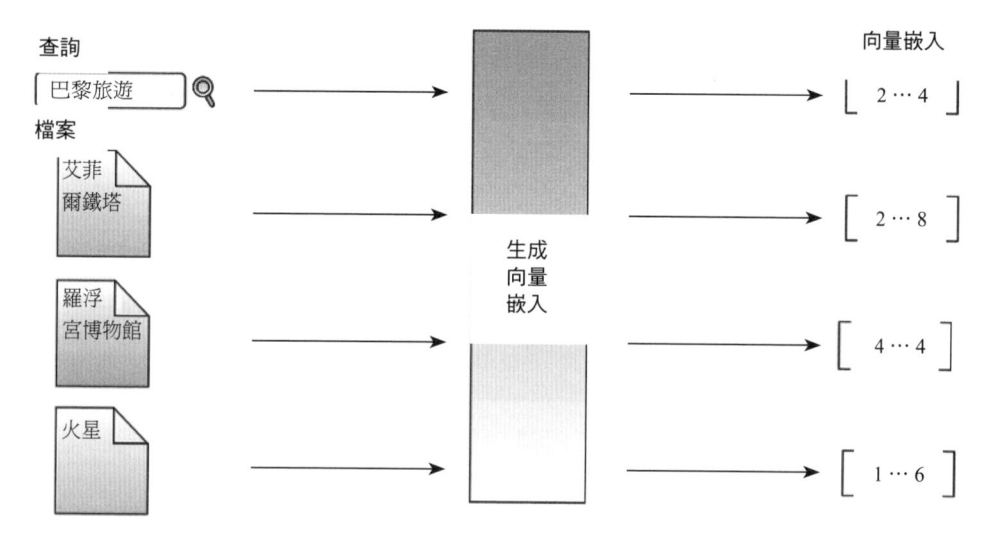

圖 23-18　嵌入演算法分別為查詢和檔案生成向量

根據查詢選擇 3 個檔案，即「艾菲爾鐵塔」、「羅浮宮博物館」和「火星」。我們使用嵌入技術為查詢和每個檢索到的檔案生成向量。針對每個檔案向量為查詢向量計算相似性分數。可以看出，「艾菲爾鐵塔」文件的相似性得分最高。因此，它是基於嵌入相似度的最相關的檔案。

23.4.5　訓練資料生成

本節主要介紹為搜尋排名問題生成訓練資料的方法。

1. 訓練資料生成的逐點方法

訓練資料由每個檔案的相關性分數組成。損失函式每次將一個檔案的分數視為絕對排名。因此，模型經過訓練，可以分別預測每個檔案與查詢的相關性。按這些檔案分數對結果清單進行簡單排序即可獲得最終排名。

在採用逐點（pointwise）方法時，當每個檔案的相關性分數採用少量的有限的值時，我們的排名模型可以使用分類演算法。例如，如果旨在簡單地將檔案分類為相關或不相關，則相關性評分將為 0 或 1。這將使我們能夠透過二進制分類問題來近似處理排名問題。

2. 正負訓練實例

實質上可以透過回應查詢來預測用戶對檔案的參與度。相關檔案是成功吸引搜尋者的檔案。例如，有搜尋者查詢了「巴黎旅遊」，並且以下結果顯示在搜尋引擎結果頁面上。

Paris.com
Eiffeltower.com
Lourvemusuem.com

我們將資料標記為正 / 負或是相關 / 不相關。

假設搜尋者未與 Paris.com 進行互動，而是與 Eiffeltower.com 進行了互動。在點擊 Eiffeltower.com 時，他們在網站上停留了 2 分鐘，然後進行了註冊。註冊後，他們傳回搜尋引擎結果頁面並按一下 Lourvemusuem.com，在那裡停留了 20 秒。

這一系列事件可以生成三筆訓練資料。「Paris.com」將是一個負面實例，因為它沒有參與度，用戶跳過了該連結，並與其他兩個連結進行了互動，這兩個連結將成為正面實例。

3. 常見問題：負面實例不足

可能會出現一個問題，即如果用戶僅使用搜尋引擎結果頁面上的第一個檔案，那麼我們可能永遠也不會獲得足夠的負面實例來訓練我們的模型。這種情況很常見。為了解決這個問題，我們使用了隨機的負面實例。例如，所有顯示在第 50 頁上的搜尋結果可視為負面實例。

對於上面討論的查詢，生成了 3 筆訓練資料。搜尋引擎每天可能會收到 500 萬個此類查詢。平均而言，每個查詢我們可能會生成兩筆資料，一筆為正面實例，一筆為負面實例。這樣，我們每天將產生 1,000 萬個訓練資料實例。

在整個星期內，用戶的參與度可能會有所不同。例如，工作日的參與度可能與週末不同。因此，我們將使用一週的查詢來捕獲訓練資料生成過程中的所有模式。以這種速度，我們最終將獲得大約 7,000 萬筆訓練資料。

4. 訓練資料分割

我們可以隨機選擇三分之二的資料，將其用於模型訓練，其餘三分之一可用於模型的驗證和測試，如圖 23-19 所示。

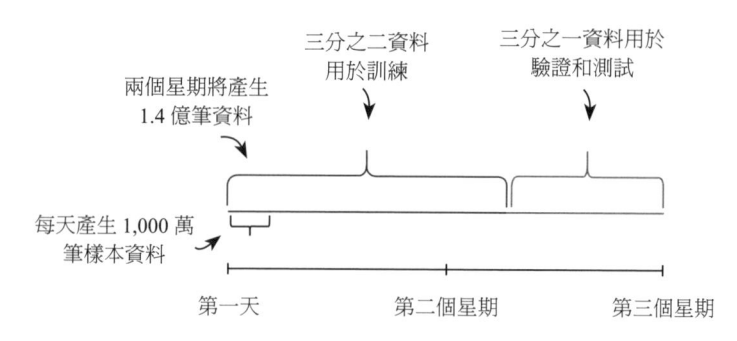

圖 23-19　分割資料以進行訓練、驗證和測試

23.4.6　排名

讓我們看看如何設計搜尋排名模型。如架構部分所述，與單個查詢匹配的檔案數量可能非常大。因此，對於大型搜尋引擎而言，採用分層模型方法是很有意義的。在模型的頂層可以查看大量檔案，並使用更簡單、更快速的演算法進行排名；在底層使用複雜的機器學習模型，對少量檔案進行排序。

接下來採用分階段方法。

假設第一階段將透過結果選擇元件接收 10 萬個相關檔案。在此層中進行排名之後，將這個數字減少到 500，確保將最相關的結果轉發到第二階段（也稱為檔案召回）。

第二階段將負責對檔案進行排名，以使最相關的結果以正確的順序放置。

第一階段的模型將著重於前 500 個結果中，前 5～10 個相關檔案的召回，而第二階段將確保前 5～10 個相關檔案的準確性。

1. 第一階段

當我們嘗試在此階段將檔案從大集合限制為相對較小的集合時，重要的是不要錯過針對小集合進行查詢的高度相關的檔案。因此，這一層需要確保將最重要的相關檔案轉發到第二階段。這可以透過逐點（pointwise）方法來實現，用二進制分類將問題近似為相關或不相關。

一般在這個階段，我們會選擇相對簡單的機器學習演算法，比如邏輯迴歸。相對複雜度小的線性演算法，例如邏輯迴歸或小型 MART（Multiple Additive Regression Tree，多重可加迴歸樹，或稱多重加性迴歸樹）模型，非常適合對大量檔案進行評分。在此階段，對於相當大的檔案資料庫，快速地為每個檔案評分的能力至關重要。

為了分析模型的性能，將查看 ROC 曲線（receiver operating characteristic curve，接收者操作特徵曲線，或稱接收器工作特性曲線）的曲線下面積（AUC）。例如，在不同的特徵集上訓練兩個模型 A 和 B，則 AUC 將幫助我們確定哪個模型的性能更好，如圖 23-20 所示。

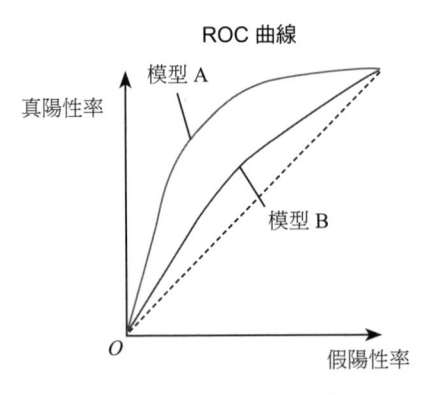

圖 23-20　模型 A 優於模型 B

我們可以觀察到模型 A 優於模型 B，因為其曲線下的面積更大。

2. 第二階段

如前所述，第二階段的主要目標是找到最佳化的排名順序。這是透過將目標從對單個資料點的最佳化，更改為對成對資料點的最佳化來實現。在學習排名的成對最佳化中，模型並非試圖使分類錯誤最小化，而是試圖以正確的順序獲取盡可能多的檔案配對，如圖 23-21 所示。

圖 23-21　最佳化目標為成對資料點

LambdaMART 是一種用於排序問題的機器學習演算法，它是一種經過最佳化的梯度提升方法，主要用於解決搜尋引擎排名、推薦系統和其他需要排序的應用。

LambdaMART 演算法的特點如下。

- **基於決策樹的排序**：LambdaMART 使用決策樹作為基本學習器。每個決策樹用於預測項的相關性得分。

- **排序損失**函式：LambdaMART 最佳化的是排序相關性的損失函式。這個損失函式不僅考慮了每個項的相關性得分，還考慮了它們在排序中的位置。LambdaMART 試圖透過迭代學習來最小化這個排序損失函式。

- **梯度提升**：LambdaMART 使用梯度提升方法，透過組合多個決策樹，以便逐步改進模型性能。每一輪迭代，模型會根據之前的錯誤和梯度資訊訓練一個新的決策樹，以更好地擬合排序資料。

- **修正因數**：LambdaMART 引入了一個修正因數（Lambda）來調整模型的學習目標。這個因數考慮了排序中每個項的重要性，以便更好地調整模型的權重。

- **模型組合**：在 LambdaMART 中，許多決策樹被訓練，每個樹都對排序中的不同部分進行建模。最後將這些樹的結果組合起來，生成最終的排序。

LambdaMART 演算法在排序問題中表現出色，特別是在需要考慮多個相關性因素和複雜排序任務的情況下。它通常需要大量的訓練資料，並且需要仔細調整參數，以獲得最佳性能。這種演算法在資訊檢索領域和線上廣告排名等領域非常流行，因為它可以提供高品質的排序結果。許多機器學習函式庫和框架（如 LightGBM 和 XGBoost）提供了對 LambdaMART 的實現，以方便在實際應用中使用。

LambdaRank 是一種基於神經網路的方法，利用成對損失函式對文件進行排名。基於神經網路的模型相對較慢，並且需要更多的訓練資料。因此，在選擇這種建模方法之前，訓練資料的大小和容量是關鍵問題。用於成對，最佳化的線上訓練資料生成方法，可以為大量的流行搜尋引擎，生成排名資料實例。因此，這是生成足夠多的成對資料的一種選擇。

假設訓練資料包含成對的檔案 (i, j)，其中 i 的排名高於 j。LambdaRank 模型的學習過程如下。對於指定的查詢，必須對兩個檔案 i 和 j 進行排名。提供這兩個檔案對應的特徵向量 x_i 和 x_j 給模型，模型計算其相關性分數（即 s_i 和 s_j），使得檔案 i 的排名高於檔案 j 的機率接近基本事實的機率。最佳化函式試圖使排名倒置的情況最少。

我們可以計算排名結果的規範化折扣累積增益，以比較不同模型的性能。

23.4.7　篩選結果

進一步根據搜尋結果篩選結果。

到目前為止，你已經為搜尋者的查詢選擇了相關結果，並將它們按相關性順序排列。這項工作似乎已經完成。但是，你可能必須篩選掉看起來與查詢相關但不適合顯示的結果。

1. 排名後的結果集

結果集可能包含以下問題。

- 令人反感。
- 引起錯誤資訊。
- 試圖散佈仇恨。
- 不適合兒童。
- 存在歧視。

儘管這些結果可能有具有良好的用戶參與度，但它們仍然是不合適的。

我們如何解決這個問題？我們如何確保所有年齡段的用戶，都可以安全地使用搜尋引擎，並且不會散布錯誤資訊和仇恨？

2. 機器學習問題

從機器學習的角度來看，我們希望有一個專門的模型來從排名結果集中刪除不合適的結果。正如針對搜尋排名問題所討論的那樣，我們需要訓練資料、特徵和分類器來篩選這些結果。

3. 訓練資料

我們可以使用以下方法來生成訓練資料，篩選不合適的結果。

- **人類評估者**：人類評估者可以識別需要篩選的內容，因此可以從評估者那裡蒐集有關上述錯誤資訊的資料，並從他們的回饋中訓練一個分類器，該分類器可以預測特定檔案不適合在搜尋引擎結果頁面上顯示的可能性。

- **線上用戶回饋**：成熟的網站為用戶提供了報告不合適結果的選項。因此，生成資料的另一種方法，是透過這種線上用戶回饋資料訓練另一個模型以篩選此類結果。

4. 特徵

我們可能想為篩選模型專門增加一些特徵。例如，網站歷史報告率、專門術語、網域名稱、網站描述、網站上使用的圖像等。

5. 分類器

得到訓練資料後，你可以利用邏輯迴歸、MART 或深度神經網路等分類演算法建立分類器。

與排名部分的討論類似，對建模演算法的選擇取決於資料量、系統容量要求、演算法的測試結果，以瞭解使用該建模技術可減少多少不合適的結果。

23.5 實例 2：Netflix 電影推薦系統

23.5.1 題目解讀

我們每天使用的大多數平臺都使用推薦系統，舉例如下。

- 亞馬遜首頁推薦了我們可能感興趣的個別化產品。

- Pinterest（圖片分享社群網站）提要中，充滿了我們可能會根據趨勢和歷史瀏覽記錄而喜歡的標籤。

- Netflix 根據我們的喜好推薦熱門電影等。

在本節中，我們將討論 Netflix 電影推薦系統，類似的技術也可以應用於幾乎所有其他推薦系統。

1. 問題描述

面試官要求你實現針對 Netflix 用戶的電影推薦。那麼，你的任務是提出電影推薦建議，並使用戶觀看推薦電影的機會最大化。

導致 Netflix 成功的主要因素是其推薦系統。其推薦演算法在將正確的內容帶給正確的用戶方面做得很好。與 Netflix 的推薦系統不同，早期其他的推薦系統僅可以簡單地推薦熱門電影，而不考慮特定用戶的偏好，最多只能查看觀眾過去的觀看紀錄，並推薦相同類型的電影。

Netflix 的推薦方法的一個關鍵方面是，他們找到了推薦與用戶常規選擇似乎不同內容的方法。但是，Netflix 的推薦並非基於瘋狂的猜測，而是基於其他用戶的觀看紀錄，這些用戶與相關用戶具有一些共同的模式。這樣，用戶就可以發現原本無法找到的新內容。

使用 Netflix 觀看的電影的用戶中，有 80% 是受其推薦推動，而不是搜尋並觀看特定節目。

當前的任務是建立這樣一種推薦系統，該系統可以使觀眾著迷，並向他們介紹各種各樣的內容，從而擴大他們的視野。

2. 問題範圍

現在讓我們定義問題的範圍如下。

1. 截至 2019 年，該平臺的用戶總數為 1.635 億。

2. 每天有 5,300 萬國際活躍用戶。

因此，你必須為每天需要良好建議的大量用戶建構一個系統。

在機器學習領域中，建立推薦系統的一種常見方法是將其看作分類問題，以預測用戶參與內容的可能性。因此，問題陳述將是：「根據用戶和上下文（時間、位置和季節）預測用戶對每部電影的參與可能性，並使用該分數推薦電影。」

3. 問題分析

預測每部電影的參與機率，然後根據該得分對電影進行排序。此外，由於我們的主要重點是讓用戶觀看大多數推薦電影，因此推薦系統將基於隱式回饋（具有二進制值：用戶已觀看電影、未觀看）。

讓我們看看為什麼使用隱式回饋作為機率預測指標，而不是使用顯式回饋來預測電影評分並對電影進行排名。

建立一個推薦系統，以預測電影的用戶評分，目的是推薦用戶給予較高評價的電影。

4. 用戶回饋的類型

通常，對於給定的建議，有兩種類型的用戶回饋（或稱反饋），如圖 23-22 所示。

- **顯式回饋**：用戶提供對推薦的明確評估。例如，用戶將電影評為五顆星（滿分為五顆星）。在此，推薦問題將被視為評分預測問題。

- **隱式回饋**：隱式回饋是從用戶與推薦電影的互動中提取的。它本質上是二進制的。例如，用戶觀看了電影（記為 1），或者他們沒有觀看電影（記為 0）。在此，推薦問題將被視為排名問題。

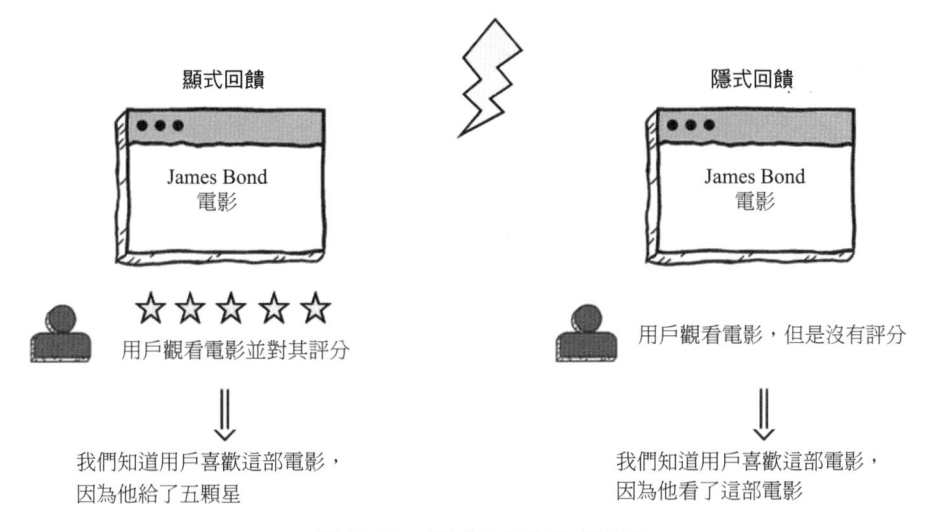

圖 23-22　顯式回饋和隱式回饋

利用隱式回饋的一個主要優點是，它允許蒐集大量的訓練資料。這能使我們更深入了解用戶，從而提供更精準的個別化推薦。

但是，對於顯式回饋，情況並非如此。人們很少在看完電影後對電影進行評分，如圖 23-23 所示。

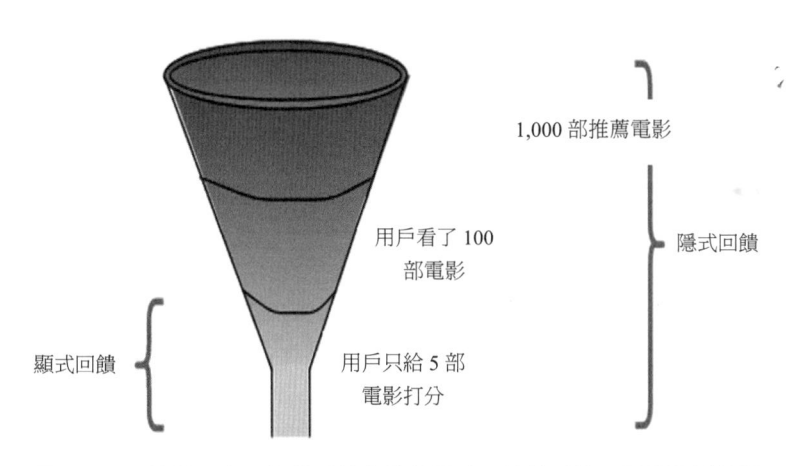

圖 23-23　基於顯式回饋的系統與基於隱式回饋的系統可用的資料差異

23.5.2 指標分析

讓我們看一下用於判斷推薦系統性能的線上和離線指標。我們將研究可用於評估電影推薦系統性能的不同指標。

像其他任何最佳化問題一樣,有兩種類型的度量標準,可以衡量電影推薦系統的成功程度。

- **線上指標**:線上指標用於在 A / B 測試期間,透過對即時資料進行線上評估來查看系統的性能。

- **離線指標**:離線指標用於離線評估中,該評估可類比模型在生產環境中的性能。

我們可能會訓練多個模型,並使用保留的測試資料(用戶與推薦電影的歷史互動)來進行離線評估和測試。如果有性能提升的工程設計,我們將選擇性能最佳的模型,進行即時資料線上 A / B 測試,如圖 23-24 所示。

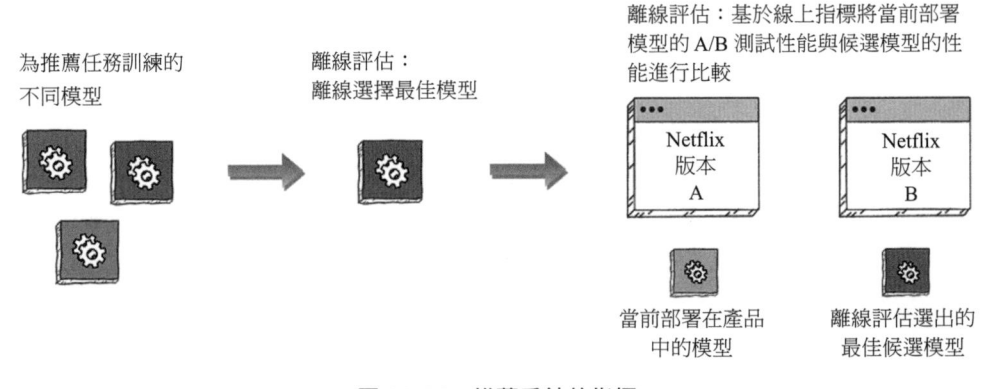

圖 23-24 推薦系統的指標

以下是常用的線上指標。

1. 參與率

    推薦系統的成功與用戶參與的推薦電影數量成正比。參與率可以幫助我們對推薦系統進行衡量。但是,用戶可能按一下了推薦的電影,但覺得不夠有趣，所以無法完成觀看。因此，僅透過推薦建議來衡量參與率不夠完整。

2. 平均視訊數量

除了參與率，我們還可以考慮用戶觀看的平均視訊數量。這裡只應統計用戶至少花費一定時間觀看的視訊（例如超過 2 分鐘）。

但是，當涉及用戶開始觀看推薦的視訊，但又發現它們不夠有趣以至於無法完成時，此指標可能會出現問題。

一個推薦系列通常有幾個視訊，因此觀看一個視訊然後不繼續觀看其他，也表明用戶沒有找到有趣的內容。因此，僅測量觀看的平均視訊數量，可能會錯過總體用戶對推薦內容的滿意度。

3. 觀看時間

觀看時間用於衡量用戶根據會話中的推薦，花費在觀看內容上的總時間。這裡的關鍵是用戶能夠找到有意義的推薦，從而使他們花費大量時間觀看它。

為了直觀地說明為什麼觀看時間，是比參與率和平均視訊數量更好的指標，考慮兩個用戶 A 和 B 的示例。用戶 A 參與了 5 個推薦，花了 10 分鐘觀看其中三個推薦。用戶 B 參與了兩個推薦，在第一個推薦上花費 5 分鐘，然後在第二個推薦上花費 90 分鐘。儘管用戶 A 參與了更多推薦內容，但對用戶 B 的推薦建議顯然更成功。

因此，觀看時間是用於線上跟蹤電影推薦系統的一個很好的指標。

建立離線測量集的目的，是為了能夠快速評估我們的新模型。離線指標應該能夠告訴我們，新模型是否會改善推薦品質。

常用的離線指標包括：平均精度（mAP@N）以及平均召回率（mAR@N）。

精度 P 是針對我們預測結果而言的，它表示的是預測為正的樣本中有多少是真正的正樣本。那麼預測為正就有兩種可能了，一種就是把正類預測為正類（TP），另一種就是把負類預測為正類（FP），也就是 $P = \dfrac{TP}{TP + FP}$。

而召回率 R 是針對樣本而言的，它表示的是樣本中的正例中有多少被預測正確。那也有兩種可能，一種是把原來的正類預測成正類（TP），另一種就是把原來的正類預測為負類（FN），也就是 $R = \dfrac{TP}{TP + FN}$。

23.5.3 架構

我們看一下推薦系統的架構，如圖 23-25 所示。考慮將大型電影集中的最佳推薦作為多階段排名問題，這是有道理的。讓我們看看為什麼。

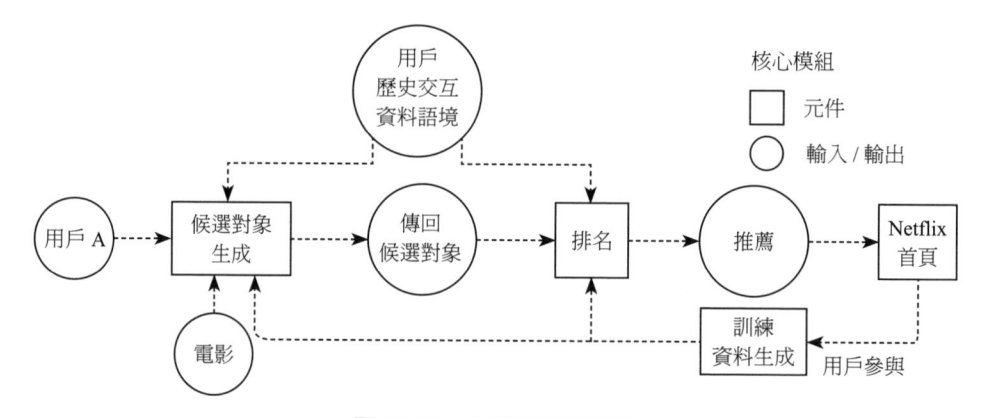

圖 23-25 推薦系統架構圖

我們有大量的電影可供選擇。此外，我們需要複雜的模型來提出足夠出色的個性化建議。但是，如果嘗試在整個語料庫上運行一個複雜的模型，則它在執行時間和計算資源使用方面將是低效的。

因此，將推薦任務分為兩個階段。

1. **階段 1**：候選電影產生。
2. **階段 2**：候選電影排名。

階段 1 使用更簡單的機制，篩選整個語料庫以獲取可能的推薦建議。階段 2 對階段 1 給出的候選電影使用複雜的策略，以提出個別化的建議。

1. 候選對象生成

候選對象生成是為用戶提出建議的第一步。鑒於用戶與電影和上下文的歷史互動，該元件使用多種技術來搜尋用戶的候選電影。

此元件著重於提高召回率，這意味著它著重於蒐集可能從各個角度吸引用戶興趣的電影。例如，基於歷史用戶興趣，選擇與本地趨勢等相關的電影。

2. 排名

排名元件將根據候選資料生成元件所生成的候選電影，利用用戶的感興趣程度對其評分。此元件著重於更高的精度，即它將著重於前 k 個推薦內容的排名。

3. 訓練資料生成

用戶對其 Netflix 首頁上的推薦內容的參與，將有助於為排名元件和候選生成元件生成訓練資料。

23.5.4　特徵工程

下面設計候選物件生成和排名模型的特徵。這些特徵可以分為以下幾類。

1. 基於用戶的特徵。
2. 基於上下文的特徵。
3. 基於電影的特徵。
4. 電影與用戶的交叉特徵。

1. 基於用戶的特徵

可以用作推薦模型的基於用戶的特徵如下。

- **年齡**：此特徵將允許模型學習適合不同年齡組的內容類型，並相應地推薦內容。

- **性別**：模型將瞭解基於性別的偏好，並相應地推薦內容。

- **語言**：此特徵將記錄用戶的語言。模型可以使用它來查看電影語言是否與用戶常用的語言相同。

- **國家或地區**：此特徵將記錄用戶所在的國家或地區。來自不同國家或地區的用戶，具有不同的內容優先選項。此特徵可以幫助模型學習地理偏好並相應地調整建議。

- **平均觀看時間**：此特徵表示用戶是喜歡看長片還是看短片。

- **上一次觀看的電影類型**：用戶觀看的上一部電影的類型，可以作為他們接下來可能想要觀看的電影的提示。

以下是一些具有稀疏表示的基於用戶的特徵參數（源自歷史交互模式）。該模型可以使用這些特徵來找出用戶優先選項。

- user_actor_histogram：此特徵是基於長條圖的向量，該長條圖顯示了活躍用戶與 Netflix 上所有演員之間的歷史互動。它記錄用戶在其中每個演員演出的情況下觀看電影的百分比。

- user_genre_histogram：此特徵是基於長條圖的向量，該長條圖顯示了活躍用戶者與 Netflix 上所有類型的電影之間的歷史互動。它將記錄用戶觀看的每種類型電影的百分比。

- user_language_histogram：此特徵是基於長條圖的向量，該長條圖顯示了活躍用戶與 Netflix 媒體上所有語言之間的歷史交互。它記錄用戶觀看的每種語言內容的百分比。

2. 基於上下文的特徵

提出上下文相關的建議可以改善用戶的體驗。以下是旨在捕獲上下文資訊的一些特徵。

- **季節**：可以根據一年中的四個季節來設計用戶偏好。此特徵將記錄一個人觀看電影的季節。例如，假設某人在夏季觀看了標有「夏季」（Netflix 標籤）的電影。因此，該模型可以瞭解人們在夏季喜歡「夏季」電影。

- **假日**：此特徵將記錄即將到來的假期。人們傾向於觀看以假期為主題的內容。例如，Netflix 發推文說，耶誕節假期前的 18 天裡，每天有 53 人觀看了電影《聖誕王子》。而假期也將因地區而異。

- days_to_upcoming_holiday：查看假期開始前幾天，用戶開始觀看以假期為主題的內容非常有用。該模型可以推斷應該向特定假日用戶推薦假日主題電影的天數。

- time_of_day：用戶也可能根據一天中的時間觀看不同的內容。

- day_of_week：用戶者觀看模式也會隨著一週的變化而變化。例如，用戶可能更喜歡在週末觀看電影。

- **裝置**：觀察用戶使用的裝置可能是有益的。可能的觀察結果是，用戶在忙碌時傾向於在手機上觀看較短片長的內容，在有更多閒置時間時選擇在電視上觀看片長更長的內容。因此，當用戶用行動裝置登入時，可以推薦短片長的節目，而用電視登入時，則可以推薦片長較長的節目。

3. 基於電影的特徵

我們可以利用電影的基礎資訊建立許多有用的特徵。

- **公共平臺評分**：此特徵可以說明公眾對電影的看法，例如 IMDB / 爛番茄評分。

- **收入**：我們可以增加電影在 Netflix 發行之前產生的收入。此特徵可以幫助模型確定電影的受歡迎程度。

- time_passed_since_release_date：該特徵表示自電影上映日期以來經過了多少時間。

- time_on_platform：記錄電影在 Netflix 上存在的時間也很有益。

- media_watch_history：觀看歷史紀錄（觀看次數）表明其受歡迎程度。一些用戶可能希望緊貼潮流，只專注於觀看流行電影，則可以為他們推薦流行電影。其他人可能喜歡獨立電影，可以給他們推薦類似的電影。

- **類型**：記錄內容的主要類型，例如喜劇、動作、紀錄片、經典、戲劇、動畫等。

- movie_duration：影片持續時間。該模型可以將其與其他特徵結合使用，以瞭解用戶可能會因為忙碌的生活方式而偏愛較短的電影，反之亦然。

- content_set_time_period：電影講述的故事所處的年代或時間。例如，用戶可能更喜歡講述 20 世紀 90 年代故事的電影。

- content_tags：Netflix 獎勵用戶來觀看電影，以便為電影建立詳細、描述性強且特定的標籤。例如，可以將電影標記為「視覺衝擊」、「懷舊」。這些標籤極大地幫助模型瞭解不同用戶的品味，並找到用戶品味和電影之間的相似之處。

- release_country：電影發行的國家/地區。

- release_year：電影發行的年份。

- release_type：發行類型，如廣播、DVD 或串流媒體發行。

4. 電影與用戶的交叉特徵

為了瞭解用戶的喜好，將用戶與電影的歷史互動作為特徵非常重要。例如，如果用戶觀看了許多克里斯多福·諾蘭的電影，那麼可以為該用戶推薦類似的電影。一些基於交互的特徵如下。

- user_genre_historical_interaction_3months：在過去 3 個月中，用戶所觀看的電影中，相同類型的電影所占的百分比。例如，如果用戶在過去 3 個月內觀看的 12 部電影中有 6 部是喜劇，則特徵值為 0.5。

- user_genre_historical_interaction_1 year：此特徵與 user_genre_historical_interaction_3months 類似，但以一年的時間間隔計算。它顯示了用戶與型別之間關係的長期趨勢。

- user_and_movie_embedding_similarity：用戶與電影的嵌入相似度。可以將用戶交互的電影的標籤嵌入用戶，並將其標籤嵌入電影。這兩個嵌入之間的點積相似性也可以用作特徵。

- user_actor：用戶觀看的電影中，與候選推薦的電影具有相同演員的電影所占的百分比。

- user_director：用戶觀看的電影中，與候選推薦的電影的導演相同的電影所占的百分比。

- user_language_match：用戶的語言和電影的語言相匹配。

- user_age_match：觀看特定電影的年齡段。例如，電影 A 大部分（超過 80%）的時間由 40 歲以上的人觀看。那麼在推薦電影 A 時，將查看被推薦的用戶是否在 40 歲以上。

23.5.5　候選電影的產生

生成候選電影的目的，是選擇最終推薦給用戶的前 k 部電影（比如 1000 部）。因此，模型任務是從超過 100 萬個可用電影中選擇這些電影。

1. 候選生成技術

常用的候選生成技術包括：協同篩選、基於內容的篩選、基於嵌入的相似度。每種技術都有其選擇優秀候選電影的優勢，在進行排名之前，我們將所有這些技術結合在一起以生成完整清單。

2. 協同篩選

在協同篩選中，可以根據歷史觀察找到與活躍用戶相似的用戶。然後，透過與這些相似用戶協作，為活躍用戶生成候選電影。有兩種執行協作篩選的方法：最近鄰居和矩陣分解。

1. 最近鄰居

    用戶 A 與用戶 B、用戶 C 相似，因為他們都看過電影《全面啟動》和《星際效應》。因此，可以說用戶 A 的最近鄰居是用戶 B 和用戶 C，用戶 B 和 C 喜歡的其他電影可以作為推薦給用戶 A 的候選對象。

2. 矩陣分解

    矩陣分解透過將「用戶 —— 電影」矩陣分解為兩個較低維的矩陣：用戶個人資料矩陣（$n \times M$），該矩陣中的每個用戶都由一行資訊表示，該行資訊是 M 維的潛在向量；電影資料矩陣（$M \times m$），該矩陣中的每個電影都由一列資訊表示，該列是 M 維的潛在向量。M 是用來估算用戶電影回饋矩陣的潛在因素的數量，n 是用戶數量，m 是電影數量。M 比實際用戶數和電影數小得多。

3. 基於內容的篩選

基於內容的篩選，使我們可以根據用戶交互的電影的特徵或屬性提出推薦建議。因此，推薦建議往往與用戶的興趣相關。這些特徵來自元資料（例如類型電影演員、簡介、導演等）以及手動分配的電影描述性標籤（例如視覺衝擊、懷舊、神奇生物、角色發展、冬季等）。

4. 使用深度神經網路生成嵌入向量

有了用戶 u 對電影 m 的回饋（u, m），就可以利用深度學習來生成潛在的嵌入向量，以代表電影和用戶。生成嵌入向量後，利用 KNN 演算法（K 近鄰法，找出 k 個最近的鄰居）找到想要推薦給用戶的電影。

如圖 23-26 所示，將網路設置為兩個部分，其中一個部分僅提供電影稀疏（sparse）和稠密（dense，或稱密集）特徵，而另一個部分僅提供用戶稀疏和稠密特徵。第一部分的最後一層的啟動，將形成電影的嵌入向量（m）。同樣，第二部分的最後一層的啟動，將形成用戶的嵌入向量（u）。頂部的組合最佳化功能旨在最小化 u 和 m（預測的回饋）的點積與實際回饋標籤之間的距離。

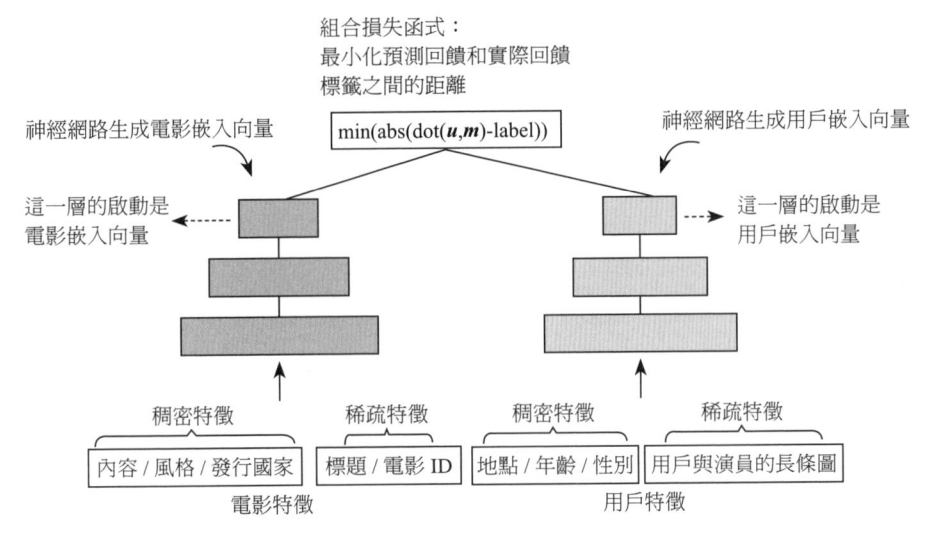

圖 23-26　透過具有組合損失函式的神經網路生成用戶和電影嵌入向量

我們要最佳化的函式是 min(abs(dot(u, m) - label))，其中 dot 表示點積（dot product，或稱內積），label 表示實際回饋標籤，這個函式用來衡量用戶和相關電影之間的關聯性。當電影與用戶優先選項對齊時，實際回饋標籤為正，否則為負。為了使預測的回饋遵循相同的模式，網路以如下方式學習用戶和電影嵌入方式：如果用戶喜歡該電影，則它們的距離將最小；如果用戶不喜歡該電影，則它們的距離將最大化。

5. 候選對象選擇

假設你必須為每個用戶生成兩個候選推薦電影，如圖 23-27 所示。生成用戶和電影嵌入向量後，應用 KNN 為每個用戶選擇候選對象。從圖 23-27 中可以看出，用戶 A 最近的鄰居是電影 B 和電影 C，這是基於較高的嵌入相似度而判斷的。而對於用戶 B，電影 D 是最近的鄰居。

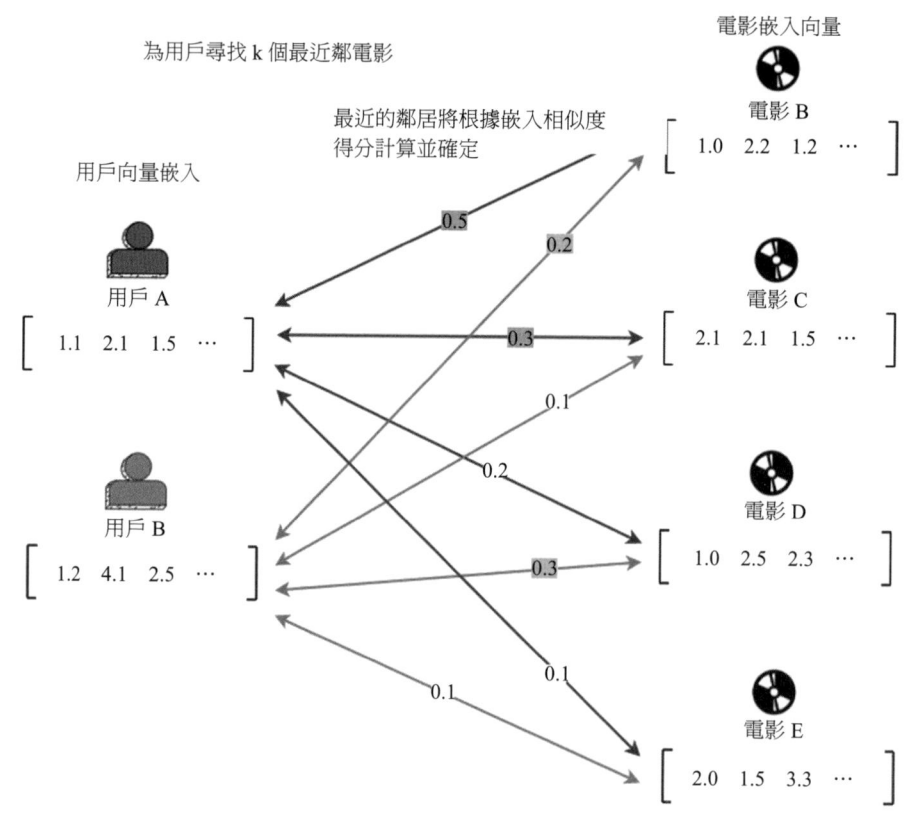

圖 23-27　根據用戶的嵌入相似度找到 k 個最近鄰電影

6. 技術的優缺點

讓我們看一下上面討論的候選物件生成方法的優缺點。

協同篩選可以僅基於用戶的歷史交互來建議候選物件。與基於內容的篩選不同，它不需要領域知識即可建立用戶和電影檔案。它也能夠捕獲通常難以基於內容進行篩選的資料。但是，協同篩選存在冷啟動問題，在系統中很難找到與新用戶相似的用戶，因為他們的歷史互動較少。另外，由於沒有用戶對此提供回饋，因此不能立即推薦新電影。

神經網路技術也存在冷啟動問題。媒體和用戶的嵌入向量在神經網路的訓練過程中被更新。但是，如果是新電影或新用戶，則兩者都分別收到和給出較少的回饋實例。在這種情況下，基於內容的篩選效果更好。但是，需要用戶提供一些有關他們的偏好的初始輸入才能開始生成候選對象。有了初始輸入後，便可以將用戶的個人資料與媒體資料進行匹配。

23.5.6　訓練資料生成

下面針對用戶隱式回饋為推薦任務生成訓練資料。

1. 生成訓練樣本

將用戶操作解釋為正面和負面訓練實例的一種方式，這裡的正面和負面基於用戶觀看電影的持續時間來判斷。例如，用戶最終觀看了大部分片長（80%或以上）推薦的電影，這是正面實例；用戶忽略了電影，或觀看了較短片長（10%或以下）的電影，這是負面示例。

如果用戶觀看的電影的片長百分比在 10% 到 80% 之間，則將其放入不確定性區域。但是此百分比不能清楚地表明用戶的喜好程度。例如，假設用戶觀看了電影片長的 55%，如果考慮到他們足夠喜歡並觀看，可以認為這是一個正面的例子。但是，可能有人向用戶推薦了這部電影，或者用戶基於行銷推廣打開這部電影，因此不能認為是正面實例。

因此，為避免此類誤解，僅在較為確定時，才將示例分別標記為正面或負面。

2. 平衡正面和負面的訓練實例

每次用戶登入時，Netflix 都會提供很多建議。但是用戶無法觀看所有電影，這仍然不能顯著提高正負訓練實例的比例。因此，與正面的例子相比，我們擁有更多的負面訓練實例。為了平衡正面訓練樣本與負面訓練樣本的比例，可以對負面樣本進行隨機降採樣。平衡了正面和負面訓練樣本，可以防止分類器偏向包含更多例子的一側。

3. 加權訓練實例

到目前為止，所有訓練實例的權重均為 1。Netflix 的業務目標主要是增加用戶在平臺上花費的時間。因此，可以根據實例對會話時間的貢獻來進行加權。在這裡，假設預測模型的最佳化功能在其目標實現過程中使用了每個實例的權重。

23.5.7 排名

排名模型從上述候選對象生成的多個來源中，抽取相關性最高的候選對象。然後，建立所有候選對象的集合，並根據用戶觀看該電影內容的機會對候選對象進行排名，如圖 23-28 所示。

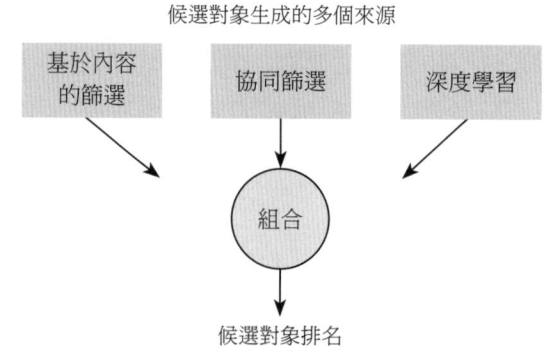

圖 23-28　候選對象生成模型

下面介紹幾種方法來預測觀看電影的可能性。

1. 邏輯迴歸或隨機森林

訓練簡單模型有多種原因，例如訓練資料有限，模型評估能力有限。

在嘗試更複雜的模型之前,需要一個初始基準來瞭解如何減小測試資料損失。與我們在特徵工程部分討論的其他重要特徵一起,來自不同候選演算法的輸出分數,也是排名模型損失函式的相當重要的輸入。最小化測試錯誤並選擇用於訓練和正則化的超參數至關重要,這可以使我們在測試資料上獲得最佳結果。

2. 具有稀疏和稠密特徵的深度神經網路

對這個問題進行建模的另一種方法是建立深度神經網路。由於 Netflix 資料量龐大,並且要求模型具備較好的評估能力,因此,使用深度神經網路建模是一個好的選擇。

由於想要預測用戶是否會觀看電影,因此需要針對此學習任務訓練具有稀疏和稠密功能的深度神經網路。此類網路中提供兩個特徵,極為強大的稀疏特徵可以是用戶以前觀看過的電影和用戶的搜尋詞。對於這些稀疏特徵,可以將網路設置為歷史觀看電影和搜尋詞嵌入向量,作為學習任務的一部分。這些歷史觀看電影和搜尋詞的嵌入向量在預測用戶下一個觀看的電影時會發揮非常強大的作用。它們將允許模型根據用戶最近與平臺上電影內容的互動來實現個性化推薦與排名。

對於深度神經網路,你應該設置多少層?每層應使用多少個神經元(neuron)?找到這些問題的答案的最佳操作是,從帶有基於 ReLU 激勵函式的神經元的 2～3 個隱藏層開始,然後逐步調節參數,以減少測試錯誤。通常,增加更多的層和神經元起初會有所幫助,但其實用性會迅速降低。相對於錯誤率的下降,計算和時間成本將會更高。

3. 重新排名

用戶頁面上的前 10 項建議非常重要。在系統給出預測機率並相應地對結果進行排名之後,可以對結果重新排序。

由於各種原因（例如為推薦建議增加多樣性），需要對結果進行重新排名。考慮這樣一個場景：熱門推薦頁面所推薦的前 10 部電影都是喜劇。對此，模型可能決定在前 10 種推薦中只保留每種型別中的 2 種，這樣，可以在熱門推薦頁面中為用戶提供 5 種不同類型的電影。

如果進一步考慮歷史觀看紀錄對推薦的影響，那麼重新排名會很有幫助。將以前觀看過的電影移到推薦清單下方，可以讓用戶看到更多新內容。

矽谷頂尖 Python 工程師面試攻略｜資料結構、演算法、系統設計

作　　者：任建峰 / 全書學
譯　　者：資訊種子研究室
企劃編輯：江佳慧
文字編輯：王雅雯
設計裝幀：張寶莉
發 行 人：廖文良

發 行 所：碁峰資訊股份有限公司
地　　址：台北市南港區三重路 66 號 7 樓之 6
電　　話：(02)2788-2408
傳　　真：(02)8192-4433
網　　站：www.gotop.com.tw
書　　號：ACL071900
版　　次：2025 年 07 月初版
建議售價：NT$600

國家圖書館出版品預行編目資料

矽谷頂尖 Python 工程師面試攻略：資料結構、演算法、系統設計 / 任建峰, 全書學原著；資訊種子研究室譯. -- 初版. --
臺北市：碁峰資訊, 2025.07
　　面；　公分
ISBN 978-626-425-007-8(平裝)

1.CST：Python(電腦程式語言)　2.CST：電腦程式設計
312.32P97　　　　　　　　　　　　114000936

商標聲明：本書所引用之國內外公司各商標、商品名稱、網站畫面，其權利分屬合法註冊公司所有，絕無侵權之意，特此聲明。

版權聲明：本著作物內容僅授權合法持有本書之讀者學習所用，非經本書作者或碁峰資訊股份有限公司正式授權，不得以任何形式複製、抄襲、轉載或透過網路散佈其內容。

版權所有・翻印必究

本書是根據寫作當時的資料撰寫而成，日後若因資料更新導致與書籍內容有所差異，敬請見諒。若是軟、硬體問題，請您直接與軟、硬體廠商聯絡。